재물을 부르고 사람을 살리는
부동산 생활풍수

재물을 부르고 사람을 살리는

부동산
생활풍수

조인철 지음

평 단

일러두기

❶ 옛 글과 인용글은 각주로 출처를 밝혔다.

❷ 한자어는 처음 등장하는 것, 문맥의 흐름상 필요한 부분에서 한자를 병기하였다.

❸ 부호의 쓰임은 다음과 같다.

〈 〉: 단행본, 문집, 잡지, 신문 등

〈 〉: 논문, 영화, 지도, 기사 등

❹ 발음상 된소리가 나는 경우는 외래어표기법에 따라 거센소리로 표기했다. (예: 니껜세께이 → 니켄세케이)

※ 이 책은 건축학 박사이며 건축가인 저자의 연구 결과물입니다. 따라서 본문에 거론된 아파트 단지, 기업 빌딩, 관청 건물 등은 학술적 이론을 설명하기 위한 하나의 사례로 제시된 것이며, 그 해석 또한 저자의 주관적이고 학문적인 견해임을 밝혀둡니다. 사진 자료를 협조해주신 서울지하철공사와 조선일보 춘천마라톤 조직위원회, 동아일보 동아마라톤 사무국 여러분께 감사의 말씀을 드립니다.

무릇 살터를 잡는 데에는	大抵卜居之地
첫째, 지리가 으뜸이고	地理爲上
다음으로 생리가 좋아야 하며	生利次之
다음으로 인심이 좋아야 하고	次則人心
다음으로 산과 물이 있어야 한다.	次則山水

- 《택리지》에서

머리말

　최근 한국 풍수계는 여러 측면에서 크게 변화하는 양상을 보여주고 있다. 첫째, 풍수술 전수 방법에서 단순히 절대적인 진리로 간주되며 전해져 내려온 교조도제식풍수教條徒弟式風水가 학문적으로 객관화되고 체계화되는 정규학교풍수正規學校風水로 변하고 있다. 둘째, 풍수를 대하는 태도에서 감성 위주의 풍수가 과학과 논리의 풍수로 변하고 있다. 셋째, 풍수 적용 분야에서 죽은 자를 위한 묘자리를 보는 음택 위주의 풍수가 살아 있는 사람을 위한 집과 땅을 보는 양택 위주의 풍수로 변하고 있다.

　'부동산 생활풍수'에 관한 책을 펴내게 된 것은 이러한 한국 풍수계의 변화 양상과 무관하지 않다. 나는 2002년에 부동산 114(주)에서 주관한 부동산 교육프로그램에서 풍수 강좌를 맡아 강의를 한 적이 있다. 그 후 여러 단체와 매체의 초빙에 응하여 꾸준히 부동산 풍수에 관련된 강의를 해왔다. 이 책은 그동안의 강의 내용과 부동산 생활풍수에 대한 내 연구의 결과물이다. 다시 말해 부동산 생활풍수를 본격적으로 다룬 책이다.

　이 책은 일반인을 위한 풍수 교양 서적이자 건축인을 위한 풍수지침서이다. 또한 부동산에 관심이 있는 사람들에게는 투자처의 선정에서부터 마케팅 전략까지 두루 섭렵할 수 있는 부동산풍수참고서이다. 나는 건축가로서 대지, 건물, 도로 등의 생활환경을 풍수적인 관점에서 다루었는데, 특히 건축에 대한 풍수 이야기를 비중 있게 다루었다. 이 책을 처음부터 끝까지 꼼꼼하게 읽는다면, 부동산에 대한 풍수적 안목을 높일 수 있을 것으로 확신한다.

복잡한 풍수 이론을 거의 다루고 있지 않기 때문에 풍수에 대한 아무런 기초지식 없이도 이 책의 내용을 이해할 수 있을 것이다. 또한 독자들의 이해를 돕기 위해 많은 사진과 그림을 설명과 함께 첨부했다. 그래서 약간의 인내심을 가진 독자라면, 별 어려움 없이 읽을 수 있을 것으로 생각한다. 개인적으로는 풍수, 건축, 부동산에 관심이 있는 사람들이 많이 읽어주기를 기대한다.

풍수에 대한 관심이 높아지고 독자층이 늘어나면서 풍수 관련 서적이 많이 출간되고 있다. 이렇게 많은 풍수책 중에서 학문적인 논리 체계를 제대로 갖춘 책은 손꼽을 정도이다. 이 졸저도 중구난방식으로 출간된 이러한 풍수 관련 책들과 별반 다르지 않다는 평가를 받지는 않을까 하는 걱정이 앞선다. 하지만 이런 우려에도 서둘러 이 책을 세상에 내놓는 이유는 아직까지 부동산 생활풍수를 전문적으로 다룬 책이 거의 없기 때문이다. 나는 이 책이 '부동산 생활풍수에 대해 나름의 논리를 가진 것'으로 받아들여졌으면 한다. 또한 '부동산 생활풍수'라는 새로운 분야를 여는 계기가 되기를 바란다. 부동산 풍수학의 첫걸음을 내딛는 것인 만큼 부족하고 서툰 점이 있을 것으로 생각된다. 여기에 독자 여러분의 아낌없는 성원과 질타를 부탁드린다.

산만한 원고를 가지런하게 정리하여 좋은 책으로 만들어준 평단문화사 편집부에 감사의 말씀을 드린다. 그리고 어려운 출판 여건에도 출판을 흔쾌히 허락해준 최석두 사장님과 좋은 출판사를 소개해준 형산 정경연 선생님께 고마운 마음을 전한다.

2007년 봄,
자연과건축 연구실에서 조인철

| 차례 |

3부 주변 환경을 분석하고 마케팅하기

1

부동산을
풍수적으로 보기

제 1 장

부동산을 보는 색다른 관점

　　사람들은 나름대로 여러 가지 관점으로 세상을 본다. 여기 세상을 보는 새로운 관점이 있다. 그것은 '풍수적'으로 보는 것이다. 풍수적으로 본다는 것은 바로 '기의 세계관'으로 본다는 것이며, 이때 기의 세계관은 '입자의 세계관'과 대조적인 개념이라 할 수 있다.

　　너와 나를 구분하고 절대적 가치를 추구하는 것이 입자의 세계관이라면 너와 나보다는 우리를, 절대적 가치보다는 상대적 가치에 비중을 두는 것이 기의 세계관이다.

　　입자의 세계관으로는 보이지 않고 기의 세계관으로만 보이는 분야가 있다. 그것이 바로 기운의 영역이다. 이 책은 기의 세계관으로 터의 기운을 읽는 법에 대해서 다루고 있다.

터의 기운을 읽다 - 풍수는 터잡기 술법

사람들은 제각기 다양한 가치기준으로 세상을 판단하고 추측한다. 가치관은 시대별·지역별·인종별로 다를 수 있다. 엄밀하게 말하면 동시대·동일지역·동일민족이라고 하더라도 세대 간·계층 간의 가치관은 서로 다를 수 있다. 따라서 자신이 갖고 있는 한 가지의 관점만으로 상황을 판단하고 가부를 결정할 경우 실패하기 쉽다.

올바른 판단을 하기 위해서는 다양한 관점에서 여러 각도로 분석하는 것이 필요하다. 어떤 상황이나 대상을 정확하게 판단하고자 할 때 어떤 관점으로 볼 것인가 하는 것은 중요한 문제이다. 특히 부동산에 대한 투자 여부를 결정할 때 손해를 보지 않고 성공하기 위해서는 다각도로 관찰하고 분석하여야 한다.

부동산을 '풍수적으로 본다'는 것은 부동산을 보는 색다른 관점이다. 풍수는 터잡기에 대한 내용을 주로 다루고 있다는 측면에서 부동산과는 밀접한 관련이 있다.

공인중개사 자격증을 갖고 있는 사람들의 숫자만 전국에 22만 명이다.[1] 매년 10만 명 이상이 이 시험에 응시하고 있다. 예전 복덕방처럼 '장기 두고, 바둑 두면서' 찾아오는 손님을 기다리던 시대는 지나갔다. 이제는 무한경쟁시대에 공인중개사도 예외일 수 없기 때문에 직접 발로 뛰면서 명품 부동산과 고객을 찾아가야 한다.

찾아가는 영업을 효과적으로 하기 위해서는 좋은 투자상품을 확보하고 있어야 한다. 좋은 투자상품은 어디에 있을까? 사실 좋은 상품은 널려 있다. 조금만 시각을 달리하면 숨겨져 있는 명품 부동산을 많이 발견할 수 있다. 그러면 투자 가치가 있는 상품인지 아닌지는 어떻게 알 수 있을까? 터의 기운을 읽으면 그것이 보인다. 그렇다면 터의 기운은 어떻게 읽을 수 있을까? 그것이 이 책에서 다루고 있는 내용이다.

부동산 영업도 이제 발상의 전환을 해야 한다. 부동산 풍수가 이러한 발상 전환의 한 축이 되는 역할을 할 것으로 기대해 본다. 투자 가치가 있는 물건을 찾아내고 그것을 투자자와 연결시켜 주는 사업을 하고자 하는 사람에게 이 책은 큰 도움이 될 것이다. 부동산 풍수학적 시각은 부동산 투자 여부를 판단함에 있어 꼭 필요한 새롭고 중요한 관점 중의 하나이기 때문이다.

독자 가운데는 풍수가 부동산과 밀접한 관계가 있다는 사실을 일찍이 깨닫고 이에 관한 공부를 하기 위해서 관련 서적을 섭렵한 이들이 많을 것이다. 그런데 그러한 책을 읽다 보면 얻고자 하는 내용과는 거리가 먼 이야기로 채워져 있어 실망하는 경우가 적지 않다. 기존의 풍수 관련 서적들은 풍수의 전통이론에 얽매여 있어 어려운 내용을 설명하느라 지면의 많은 부분을 할애

[1]
〈공인중개사 시험에 14만 7천 명 신청〉,
〈중앙일보〉, 2006년 9월 1일 기사 참조.

하고 있는 것이 사실이다. 책의 제목만 '양택풍수'니 '부동산 풍수'니 하면서도 사실은 '묘지풍수'만 열거하고 있는 정도이다. 여기에서는 풍수이론의 중심이 되는 용龍 · 혈穴 · 사砂 · 수水 · 향向에 관해 핵심만 알기 쉽게 설명하고 굳이 불필요한 내용은 싣지 않았다.

기의 세계관 – 기, 생기 · 살기

풍수라고 하면 많은 사람들이 '좌청룡 · 우백호'를 먼저 떠올리는데, 사실 풍수학의 요체는 '생기生氣'이다.[2] 풍수이론은 어떻게 하면 '생기가 있는 터'를 찾고, 또 '생기가 있는 집'을 만들 것인지에 대한 고민이 집적된 것이다. 풍수에서 말하는 생기가 무엇인지 이해하기 위해서는 먼저 넓은 범위의 '기氣'에 대해 알아야 한다. 풍수학자인 최창조는 "풍수를 이해하는 데 가장 중요한 개념은 의심할 여지없이 기이다"[3] 라고 선언하였다.

인간을 중심에 두고 '기'를 세 가지의 기운으로 구분하면, 천기天氣 · 지기地氣 · 인기人氣가 된다. 생기는 이러한 삼재三才(천지인)의 기운이 조화를 이룰 때 생성되는 기운이다.

천기 · 지기 · 인기는 각각 천문天文 · 지리地理 · 인사人事에 관련되어 있고, 시간 · 공간 · 인간과 관련되어 있다. 그래서 풍수는 천지인天地人의 기운을 다루는 학문이다. 특히 살아 있는 사람에게 인사의 길흉화복은 아주 중요한 문제임에 틀림없다.

좀더 구체적으로 말하면 풍수는 땅기운地氣을 중

2
생기의 반대 개념에 해당하는 것은 살기殺氣이다.

3
최창조, 《좋은 땅이란 어디를 말함인가》, 서해문집, 1990, p.30.: 이 책은 《한국의 풍수사상》과 더불어 풍수이론 서적의 대표적인 것으로 《한국의 풍수사상》에 비해 비교적 이해하기 쉽게 구성되어 있다. 풍수초학자가 읽어볼 만하다.

표 1-1 천지인의 상관관계

천	지	인
천기	지기	인기
천문	지리	인사
시간	공간	인간

심으로 여러 기운을 해석하고 활용하는 학문이라고 할 수 있다. 또한 풍수는 공간을 위주로 하고 시간을 부수적인 좌표로 하여, 인간의 입장에서 분위기雰圍氣를 파악하는 학문이라고도 할 수 있다.

'기로 본다'는 것은 무슨 말인가? '기로 사물을 본다'는 것은 '기의 세계관'으로 대상을 파악하는 것이다. '기의 세계관'은 초·중·고등학교의 정규 교과과정에서는 거의 다루지 않는 분야이다. 그래서 정규 교육을 받은 사람조차 기의 세계관을 생소하게 느낀다. 기의 세계관은 세상의 모든 것이 '기'로 이루어져 있다는 관점에서 출발한다.

초·중·고등학교의 교과서에 나오는 내용은 대부분 서양의 철학과 과학을 바탕으로 하고 있다. 그런데 서양철학과 동양철학 사이에는 근본적인 차이점이 있다. "고대 서양철학은 일종의 고체적인 어떤 것을 구상의 모형으로 삼아 객관존재를 표시하는 개념인 물질로 만들었다. 물질원소를 표시하는 영어로는 원자Atom, 분자Molecule, 전자Electron가 있다. 희랍어에서 원자라는 말은 더이상 나눌 수 없는 미세한 고체 단위를 지시하는 말이다."[4] 한편 "중국 고대 철학자들은 기체를 모형으로 삼아 객관존재를 표시하는 개념으로 삼았다. 먼저 기 개념에는 형질이 없으며, 어떤 경우에는 형질이 있지만 매우 미세

[4]
장입문張立文 외, 《기의 철학》, 김교빈 외 역, 예문서원, 2004, p.58.

하다. 따라서 기는 어디로든 들어갈 수 있으며 없는 곳이 없어서 물과 불, 풀과 나무, 날짐승과 들짐승, 인간 등의 일체의 천지 만물에 관통해 있다."[5] 서양철학은 고체입자를 모델로 발전하였으며, 불변의 '절대적 진리'가 무엇이냐에 관심을 기울여왔다. 기체를 모델로 전개해온 동양철학은 변화무쌍한 '상대적 가치'에 더 관심을 두고 있다.[6] 그래서 동양철학과 서양철학은 출발점과 전개 논리가 서로 다르다.

　동양과 서양이 서로 다른 세계관을 갖고 있음을 극명하게 보여주는 연구 결과가 있다. 동·서양 학생이 함께 공부하면서도 어떤 사물과 대상을 판단하는 데 있어서 서로 다른 관점을 보여준다는 것이다.[7]

　'입자粒子의 세계관'에 입각하여 서양식 교육을 받은 사람에게 갑자기 '기의 세계관'을 들이대면 당황하게 된다. 어느 쪽의 세계관이 우월하다고 단정할 수는 없다. 다만 어느 쪽도 고집하지 말고 다양하게 보자는 것이다. 세상의 물질이 고체·액체·기체의 상태로 존재하므로 입자의 세계관으로도 보고, 기의 세계관으로도 보고, 가능하다면 '액상液狀의 세계관'으로도 보자. 기의 세계관은 동양철학적 내용을 담고 있으며 세상의 모든 상황이나 대상을 판단하는 일종의 잣대로서 광범위한 적용이 가능하다. 하지만 여기에서 다루고 있는 '기의 세계관'은 '부동산에 관한 것'으로 범위를 좁혀 살펴보기로 한다.

5
장입문 외, 앞의 책, p.59.

6
김용옥, 《동양학 어떻게 할 것인가》, 통나무, 1987.: 기의 철학에 대한 내용 참조.

7
리처드 니스벳, 《동양과 서양, 세상을 바라보는 서로 다른 시선: 생각의 지도》, 최인철 역, 김영사, 2004 참조.: 서양에서 유학생활을 하는 동양 학생의 경우 서양식 교육을 받기 이전의 경험이나 지식이 대상을 판단하는 데 영향을 미친다. 결국 동양 출신의 학생과 서양에서 계속 생활해온 서양 학생은 서로 간의 관점의 차이를 드러내게 된다.

기로 꿰뚫어 본다 – 기감에도 이론이 있다

'기로 꿰뚫어 본다'고 하면 무슨 도사道士 같은 이야기를 하느냐고 반문할 수도 있을 것이다. 기의 세계관으로 세상을 판단할 때 반드시 도사가 되거나 타고난 감각이 있어야 하는 것은 아니다.

역사적으로 살펴보면, 오랜 수행을 통해서 '득도한 여러 고승'이 있다. 풍수 분야에서는 도선국사道詵國師(827~898 추정, 신라 말 승려)와 무학대사無學大師(自超, 1327~1405 추정)가 대표적인 분들이다. 그들은 상황을 판단함에 있어서 기감氣感에 의해 직관적으로 판단하지만 정확한 결론을 내렸다. 때로는 나라의 앞길을 밝히고 미래를 예언하기도 했다. 이것을 일부에서는 '기감에 의한 판단'이라고 한다.

요즘의 풍수사들 중에도 일부 이러한 기감 풍수를 내세우고 활동하는 이들이 있다. 그런데 신뢰할 수 없는 경우가 대다수이다. '기감에 의한 판단 능력'은 오랫동안 용맹정진한 이들에게만 주어지는 것으로 국가적 대사나 미래를 걱정하는 대화두大話頭에만 효력을 나타내는 것이다. 기감이라는 것은 정말 판단하기 어려워서 모든 연구와 검토를 끝낸 뒤 최종적인 결정 단계에서만 사용해야 한다.

이 책의 내용은 주로 부동산과 관련된 '기의 판단 방법'에 대한 것이다. 기감에 의한 판단도 아무런 이론 없이 무조건 직관에 의존하는 것은 위험한 일이다. 인간은 '기'에 대해서 오랜 시간 관심을 가져왔으며, '기의 변화 원리'를 체계화 · 이론화하기 위해 많은 노력을 기울여왔다. 이 책은 기감에 대한 축적된 관심과 이론을 정리한 것이다.

좀더 구체적으로 말하면, 이 책은 부동산을 '풍수적으로 본다'는 내용을 담고 있다. 물론 내용 중에는 나의 막연한 주관적 느낌을 드러내는 것도 있다. 주제가 기에 대한 것이다 보니 일부 논리적 비약이 드러나는 내용이 포함되어 있음을 미리 밝혀둔다.

사실 기의 분야는 광범위하다. 이 책에서는 그 가운데 '기의 세계관'에 대한 협의狹義의 개념인 '풍수의 세계관', 즉 '풍수적 사고'를 다루고 있다. 군이 부동산 풍수학을 정의한다면 풍수에서 다루고 있는 기의 개념을 바탕으로 부동산을 판단하는 학문이라고 할 수 있다.

이 책에서는 부동산학으로서 부동산 풍수학 이외의 분야는 모두 '부동산 일반학'이라고 지칭하였다. 또한 '부동산 풍수학'이라고 정의하기 이전의 광범위한 풍수의 이론적인 것들은 '풍수이론'이라고 하였다. 여기에서 다루고 있는 내용은 부동산 풍수학의 개론적인 내용이다. 이를 바탕으로 독자들 스스로 내공을 키워가기를 바란다.

제 2 장

기의 풍수적 이해

　기는 '기 자체'를 말하는 경우와 '기의 변화 원리'를 말하는 경우로 구분하여 이해해야 한다. 부동산 풍수학에서는 현재의 기보다 앞으로 기가 어떻게 변화해갈 것인지에 더 관심을 둔다. 기의 이론에는 음양론, 오행론, 구성론, 12운성론 등이 있다. 음양론과 오행론의 일부만 알아도 내용을 이해하는 데 아무런 어려움이 없을 것이다.

　풍수의 목적은 생기를 받고 살기를 피하는 것이다. 현대의 도시환경은 인조환경으로 살기가 가득하여 생기보다 살기에 대한 깊이 있는 공부가 필요하다.

기란 무엇인가 - 기의 변화 원리

앞에서 풍수의 가장 중요한 개념은 기氣이며, 풍수의 목적은 생기生氣를 받는 것임을 언급하였다. 그렇다면 '기란 무엇인가', 풍수에서 말하는 '생기란 무엇인가'에 대해서 생각해볼 필요가 있다. 천지인天地人 삼재三才 외에 좀더 구체적으로 기에 대해서 살펴보고자 한다.

기를 이해하기 위해 관련 서적도 읽고, 소위 '기를 한다는 사람' 여럿을 만나보기도 했다. 기가 무엇인가[1]라는 것은 철학적이면서 과학적인 질문이므로 깊이 있게 답할 수는 없다. '세상의 모든 것이 기이며, 기로 이루어져 있다'는 세계관을 받아들이면, 이 책을 이해하는 데 별 어려움이 없을 것이다.

하지만 부동산 풍수학의 관점에서 '기를 어떻게 이해할 것인가' 하는 질문은 꼭 짚고 넘어가야 할 사항이다.

성리학에서 말하는 이기일원론이니 이기이원론

1

마루야마 도시아키, 《기란 무엇인가》, 박희준 역, 정신세계사, 1989. 또는 장입문 외, 《기의 철학》, 김교빈 외 역, 예문서원, 2004.: 두 책은 다양한 관점에서 기를 다루고 있어 기를 이해하는 데 많은 도움이 된다.

이니 하는 것은 기氣(기 자체)와 이理(기의 변화 원리)를 하나로 볼 것인지 아니면 별개로 볼 것인지에 대한 논란이다. 즉, 기론氣論과 이론理論이 하나냐 둘이냐의 문제이다. 세상 만물은 이理에서 기氣, 기에서 질質, 질에서 형形, 형에서 물物로 변화하는데, 인간이 인식할 수 있는 범위는 기에서 물까지이고 이理는 인식의 범위 밖에 있다.[2] 인식의 밖에 있다는 것은 인간의 감각기관이 아닌 생각이나 의식에 의해서 추론할 수 있다는 것을 말한다. 여기에서 이理와 기氣를 구분하여 볼 것인지 하나로 볼 것인지를 깊이 있게 논할 수는 없다. 그것은 철학적인 문제이다. 다만 음양론, 오행론 등이 동양철학에서 말하는 이론理論과 기론氣論을 모두 포함하고 있는지의 여부만 이해하면 될 것 같다.

　기라는 것은 '기 자체'만이 아니라 사실은 '기의 변화 원리'까지도 포함하는 것으로 이해해야 한다. 왜냐하면 기는 고정불변의 것이 아니라 항상 변화하는 존재이기 때문이다. 어떻게 보면 기 자체보다는 기의 변화하는 방향과 추이가 더 중요하다고 할 수 있다. 부동산 풍수학에서도 '현재의 기'보다는 앞으로 기가 어떻게 변화해갈 것인지에 더 많은 관심을 두고 있다. 기의 변화 원리를 안다면 반드시 성공하는 투자를 할 수 있을 것이다.

기이론 엿보기 – 음양오행론

　옛 사람들은 세상이 모두 기로 이루어져 있는데, 그 기가 어떤 성격을 가지고 있고 앞으로 어떠한 기로 변화할 것인지에 관심이 많았다. 어떤 대상을 이해하기 위해 가장 먼저 해야 하는 일은 분류하는 것

2 류승국 박사, 한국철학연구소, 특강, 2005년 12월 17일.: 소이연所以然에 대해서도 설명하였는데, 그런 이치가 무엇이냐 하는 것은 물리적인 진실physical truth이 아니라 논리적 진실logical truth을 말하는 것이다. 성리학의 연구는 물리적 진실을 추구하는 것이 아니라 논리적 진실을 추구하는 학문이라는 것이다.

이다.

기를 파악하고자 음기陰氣과 양기陽氣로 구분한 것이 음양론陰陽論이다. 모든 세상의 기를 크게 음기와 양기로 양분하여 생각하는 것인데, 이기론理氣論의 입장에서 보면 기론氣論에 해당된다. 그런데 기를 음양론으로 이해한다는 것은 기 자체만을 두고 말하는 것이 아니라 기의 변화 원리까지도 포함하는 것이다. 음양론의 내용 중에는 음 속에 양이 있고 양 속에 음이 있다는 주역적 논리, 음과 양이 합해져야 길하다는 음양교합陰陽交合의 논리, 순수한 음과 순수한 양이 되어야 길하다는 정음정양靜陰靜陽의 논리가 포함되어 있다. 이것들은 음기와 양기 자체를 말하는 것이 아니라 음ㆍ양기의 변화 원리를 말하는 것으로, 기론氣論이 아니라 이론理論³이라고 할 수 있다. 음양론은 기를 말하면서 그 변화 원리를 말하므로 음양이기론이라고도 할 수 있다.

기를 음과 양으로 분리해서 보는 것과 유사한 방식으로 생기生氣와 살기殺氣로 구분하여 보는 시각이 있다. 생기ㆍ살기의 개념은 부동산 풍수학에서 많이 거론되는 주제이기도 하다. 세상의 기를 인간의 입장에서 구분하는 것인데, 이로운 것은 생기, 해로운 것은 살기라고 한다.

풍수의 목적 중 하나는 추길피흉趨吉避凶이다. 길한 것을 따르는 것은 생기를 따르는 것이고, 흉한 것을 피하는 것은 살기를 피하는 것이다. 추길趨吉이 앞에, 피흉避凶이 뒤에 온다. 전통사회와 달리 현대사회에서는 길吉과 생기를 좇아가기보다는 흉凶과 살기를 피하는 것이 우선이다. 왜냐하면 현대의 도시환경은 인조환경人造環境으로 살기가 가득하기 때문이다. 그래서 현대사회에서는 생기보다 살기에 대한 깊이 있는 공부가 필요하다.

3
장입문 외, 《리의 철학》, 안유경 역, 예문서원, 2004, p.362.: "리理는 음양의 기가 운동ㆍ변화하는 규율을 가리킨다. 우주 만물을 구성하는 기본요소인 음양의 기는 운동ㆍ변화하지 않을 때가 없는데, 이처럼 끊임없이 운동ㆍ변화하는 과정 속에서 일정한 관계와 질서가 있으니 이것이 바로 리이다."

표 2-1 음양의 변화 원리

구분	내용
소음소양론 극음극양론	양 속에 음이 있고 음 속에 양이 있다. 음이 극하면 양이 되고 양이 극하면 음이 된다.
음양교합론	음은 양을 만나고 양은 음을 만나야 길하다.
정음정양론	맑은 음은 음끼리, 맑은 양은 양끼리 있어야 길하다. 부정을 타지 않은 맑은 기운끼리 결합해야 한다.

생기살기론에도 음양론과 유사한 점이 있다. 음의 기운이 극도에 이르면 양의 기운으로, 양의 기운이 극도에 이르면 음의 기운으로 변화하듯이 생기도 극에 이르면 살기로, 살기도 극에 이르면 생기로 변한다. 또한 생기 속에 살기가 있고 살기 속에 생기가 있다. 이것이 생기살기론의 이기론理氣論이다.

기를 오행의 5가지 기운으로 구분하는 것은 음양론과 같은 이분법적 사고가 아니라 관계성을 중시하는 구조주의적 관점[4]이다. 오행은 우리가 잘 알고 있듯이 목·화·토·금·수이다. 오행론은 기를 말하는 것이기도 하지만 그 원리를 설명하는 것이기도 하다. 오행의 기운은 그림에서 보듯이 서로 순환하면서 변화한다. 오행의 중요한 개념은 5가지의 오행기가 숫자 배열처럼 일렬로 서 있는 것이 아니라 상생상극의 관계를 유지하면서 빙빙 돌며 운행한다는 것이다.

기론氣論이 아닌 이론理論으로서 오행론의 핵심적인 사항은 상생상극론相生相剋論이다. 상생론은 목생화木生火, 화생토火生土, 토생금土生金, 금생수金生水, 수생목水生木이다. 상생론은 두 기운 사이에 주

[4] 소두영, 《구조주의》, 대우학술총서·인문사회과학 14, 민음사, 1986, p.205.: "구조언어학에서 출발한 구조주의는 이상 본론에서 직·간접으로 적시된 바와 같이 …… 세계는 사물 그 자체보다 그 사상事象의 내부요소들의 관계에 의하여 규정되고 성립되어진다. …… 주어진 어떤 상황에 있어서나 모든 요소의 특질은 그 자체로서는 아무런 적극적 의미나 중요성을 지니는 것이 아니고, 그 상황에 내포되어 있는 다른 모든 요소에 대하여 한 요소가 가지고 있는 관계에 의하여 소극적으로 그 특성이 규정지어진다는 것이다. 곧 실체나 경험이나 그 완전한 의미는 그것이 한 부분을 이루고 있는 구조에 통입되었을 때 비로소 인식될 수 있는 것이다."

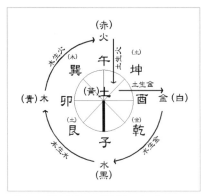

그림 2-1 오행방위배속과 상생상극. 목·화·토·금·수의 순환관계를 알 수 있다.

고받는 관계를 말하는데, 한쪽은 일방적으로 주는 쪽이고 한쪽은 일방적으로 받는 쪽이다. 예를 들어 목생화의 상생관계에서 목은 일방적으로 주는 쪽이고 화는 일방적으로 받는 쪽이다. 신문기사 등에서 흔히 볼 수 있는 '상생정치'니 '상생토론'이니 하는 것과는 그 개념이 다르다는 점에 유의해야 한다.

상극론은 목극토木克土, 토극수土克水, 수극화水克火, 화극금火克金, 금극목金克木이다. 상극론은 두 기운 사이에 일방적으로 누르고 눌리는 관계를 말한다. 목극토의 상극관계라면 목이 일방적으로 토를 제압하는 관계를 말한다. 오행론은 오행의 기를 말하고 있지만 그 변화의 원리를 설명하는 것이기도 하다. 따라서 오행론도 기론氣論과 이론理論을 모두 포함하고 있다고 할 수 있다.

그 밖에 구성론과 12운성론이 있는데, 이 책에서는 적용되지 않는 이론이므로 개념적인 설명만 하고 넘어가도록 한다. 구성론은 하늘의 북두칠성과 좌보성·우필성의 9개의 별과 연관된 이론이다. 세상의 여러 기운을 각기 탐랑·거문·녹존·문곡·염정·무곡·파군·좌보·우필이 가진 기운으로

표 2-2 오행의 상생상극

구분	1	2	3	4	5	비고
상생론	목생화	화생토	토생금	금생수	수생목	비보, 설기
상극론	목극토	토극수	수극화	화극금	금극목	염승, 압승

분류하여 해석하는 것이다. 북두칠성은 예부터 인간의 길흉화복과 연관되는 것이었으며, 미래 기운의 흐름을 알려주는 나침반으로 간주되었다. 구성론의 9가지의 기운도 변화 원리가 있는데, 주로 주역팔괘와 결합하여 변화하며 변화 형식에 따라 소유년가 또는 대유년가로 구분되기도 한다. 이것은 다소 복잡한 이론이므로 여기에서는 생략한다.[5] 구성론도 기론氣論과 이론理論을 모두 포함하고 있다. 12운성론은 12포태론이라고도 한다. 기운을 모두 포 · 태 · 양 · 생 · 욕 · 대 · 관 · 왕 · 쇠 · 병 · 사 · 묘의 12가지 단계로 구분하는 시간성의 개념이 포함된 이론으로, 세상의 모든 만물이 태어나서 성장하고 쇠하고 죽는 과정에 있다고 보고 이를 반영하여 정립한 것이다. 12단계 중 내가 지금 어떤 단계에 있는지에 따라 길흉을 보게 된다. 대개의 향법상에는 음양론과 결합되어 운용되는데, 양기일 경우 일정한 기준점에서 좌선左旋하고, 음기일 경우 우선右旋하여 12단계를 배속한다. 12운성론은 어디를 포태배속의 시작점으로 삼을 것인지와 좌선배속할 것인지, 우선배속할 것인지가 중요한 변수가 된다. 또한 앞의 이론들처럼 기론氣論과 이론理論을 모두 포함한다. 그 밖에 '팔괘론', '삼합이론三合理論', '납갑이론納甲理論' 등이 있다.

음양사상과 오행사상은 출발점이 서로 다른 것으로 알려져 있는데, 어떤 시기에 서로 마주치면서 접합이 이루어져서 음양오행설이라는 하나의 설로 등장하였다. 세상의 여러 상황을 음양오행으로 설명하니까 그럴듯한 하나의 설로 정착된 것이다. 더욱 논리적으로 다듬어지게 되면 설說은 하나의 논論이 되고 하나의 학學이 될 수 있다. 풍수사상 또는 풍수설이라 하기도 하고 풍수학이라고 하듯이 음양오행사상, 음양오행설, 음양오행론, 음양오행학이라고 하는 것이다. 기에 대한 이야기는 이 정도로 하고 이제 집과 땅을 보러 가자.

5
조인철, 〈풍수향법의 논리체계와 의미에 관한 연구〉, 성균관대학교 대학원 박사학위논문, 2005 참조.

2

집·땅 보러 가기

제 3 장

땅을 풍수적으로 본다

− 땅의 기운을 살핀다

　땅은 살아 있고 그 정신이 있다고 보는 것이 풍수이다. 풍수에서 땅의 정신, 즉 지령을 가장 잘 표현하고 있는 것은 형국론이다. 부동산 풍수학에서 형국론은 미신적인 부분도 있지만 토지를 개발하거나 마케팅할 때 고려해야 할 중요한 대상이 된다.

　좋은 터는 어떤 곳일까? 좋은 터의 기준은 쓰는 사람과 용도에 따라 달라진다. 부동산 풍수학에서는 완벽한 명당은 없다고 간주하므로 결국 땅의 단점을 보완할 수 있는 비보와 염승의 개념을 알아야 한다.

땅은 살아 있다

| 신령스러운 땅 ─ 지령 |

지령地靈의 관점에서 땅을 본다는 것은 '땅을 영靈을 가진 존재로 본다'는 것이다. 영은 신령스러운 정신적 대상을 말한다. 땅을 본다는 측면에서는 부동산과 풍수가 밀접한 관련이 있지만, 일종의 부동산으로 땅을 본다는 것과 영적인 대상으로 땅을 본다는 것은 서로 다르다. 부동산의 관점에서 땅을 볼 때는 금액으로 환산되는 가치가 어느 정도인지에 관심이 집중된다. 하지만 지령의 관점에서 땅을 볼 때는 땅을 정신과 의지를 가진 살아 있는 존재로 간주한다. 이때 '땅은 거짓말을 하지 않는다', '땅이 아파한다', '땅이 노怒한다'는 표현을 하게 되는 것이다.

동서고금을 통하여 땅을 하나의 신적 존재로 본 사례가 많이 있다. "서양인들의 지령 개념은 풍수사상의 기 개념보다 훨씬 범위가 좁다. 그들의 지령은 성소에서 명백히 드러나는 어떤 힘을 지칭한다. 그것이 분명하게 무엇인지는 몰랐지만, 어떤 장소가 다른 곳과 달리 특별한 존경을 받는 관습은 고대로부터 있었다."[1] 서양의 지령이 있는 곳으로 예루살렘의 시온산과 골고다성묘, 미국의 링컨기념관 등이 꼽힌다. 특히 미국의 애리조나 주에 있는 '세도나 Sedona'도 지령이 있는 곳으로 주목받고 있으며, 항상 많은 관광객으로 붐빈다고 한다. 우리나라에서 사직단을 만들어 토지신土地神과 곡식신穀食神에게 제사를 지낸 것이나, 서양에서 '대지의 여신'이라 하여 그리스 신화에 가이아Gaia가 등장하는 것 모두가 지령의 개념에서 이해가 가능하다.

지령의 관점에서 땅을 보는 것은 일종의 애니미즘animism과 연관되기도 한다. 풍수이론 중에서 이러한 애니미즘적인 사고를 가장 잘 드러내는 것이 형국론形局論이다. 형국론은 산의 모양에 따라 옥녀단장형玉女丹粧形, 금계포란형金鷄抱卵形, 와불형臥佛形으로 칭하면서 땅의 성격과 연관시켜 생각하는 것이다. 그래서 풍수형국론은 지령의 성격을 좀더 구체적으로 표현한 것으로 볼 수 있다.

풍수형국론의 특징은 형국의 이름에 따라 일종의 스토리story를 구성하고 있는데, 스토리를 완성하기 위해서 여러 가지 장치가 필요하다. 예를 들어 형국의 이름이 옥녀단장형이나 옥녀산발형이라면 옥녀를 상징하는 옥녀봉 외에 단장용 도구인 경대鏡臺니 머리빗梳이니 하는 것이 요구된다.

옥녀단장형의 숨겨진 의미를 이해하기 위해서는 그녀가 왜 단장을 하고 있는지에 주목해야 한다. 옥녀가 단장하는 이유는 귀한 분을 맞이하기 위함이다. 귀한 분이란 바로 과거에 급제한 그 마을의 인재를 말하는데, 결국 옥녀단장형은 마을에 훌륭한 인재가 난다는 것을 은유적으로 상징하는 것이다.

봉황포란형鳳凰抱卵形이라고 하면 봉황이 알을 품

1
최창조, 《좋은 땅이란 어디를 말함인가》, 서해문집, 1990, p.25.

사진 3-1 옥녀산발형. 이와 같은 그림을 산도山圖 또는 풍수도라고 한다. 그림을 보면 거울鏡, 빗梳, 눈썹蛾眉, 화장통粧을 상징하는 것들이 있다〈감여도〉, 국립중앙도서관 소장본).

는 형국인데, 막상 봉황이 품을 알이 없다면 형국은 불안정한 상태가 된다. 봉황 포란형에는 반드시 자연적인 알이 있든지, 아니면 인공적으로 만든 알이라도 가져다 놓아야만 한다. 또한 봉황이 계속 알을 품도록 하기 위해서는 둥지宿와 먹을거리食를 제공해야 한다. '봉황은 죽실竹實[2]을 먹고 오동梧桐나무에 깃들어 산다'는 설에 따라 대나무와 오동나무를 심어 가꾸어야 한다.

봉황이란 임금이나 황제를 뜻한다. 봉황이 알을 품어 알이 깨어난다는 것은 결국 나라를 세울 큰 인재가 나올 것이라는 의미이다. 대구 팔공산의 동화사는 이러한 형국 장치를 잘 갖춘 곳이다. 대웅전 뒤에는 대나무 숲이 있고 사찰경내의 곳곳에 오동나무가 심어져 있다. 사찰의 이름도 오동나무 '동桐'이 들어간 동화사桐華寺이다.

현대인에게 이러한 이야기는 다소 미신적이고 저속한 코미디처럼 받아들여질 수 있다. 하지만 애니미즘적 형국론은 묘자리 풍수를 전문으로 하는 사람들이 매우 중요하게 생각하는 것 중 하나이다. 예를 들어 노서하전형老鼠下田形이라고 하였을 때 그 혈자리[3]는 늙은 쥐의 입 부분에 있다는 것이 정설定說이다. 노서하전형은

[2] 대나무의 열매를 말한다. 대나무의 꽃이 피어야 열매가 열리는데, 대나무는 죽기 전에 오직 한 번만 꽃을 피운다는 설이 있다.

[3] 혈穴은 생기가 결집되는 자리를 말한다.

늙은 쥐가 먹을 것을 찾아서 벼가 있는 논으로 내려온 형상을 말한다. 먹이를 막 갉아 먹으려고 하는 순간을 포착한 사진처럼 쥐의 동작이 멈춘 상태이기 때문에 입 부분에 산의 모든 기운이 뭉쳐져 있다고 보는 것이다. '노서하전형의 형국'으로 명명되면서 그 형국 내에 있는 터의 지령은 늙은

사진 3-2 대구 팔공산 동화사의 봉서루 앞 바위에 놓인 봉황란. 소복한 눈 속에 있는 봉황란은 언제쯤 깨어날까? 이 사진은 최창조 교수의 제자인 대구한의대학교 성동환 교수가 제공한 것이다. 동화사의 형국에 대한 성동환 교수의 연구 논문이 있다. 2005년 촬영.

쥐의 성격을 가진 것으로 한정되어진다.

　이러한 형국의 이름은 예부터 전해 내려오는 전설에 의한 것일 수도 있고 입향조入鄕祖에 의해 정해진 경우도 있다. 부동산 풍수학에서 볼 때 형국론은 일면 미신적인 부분이 있지만, 토지 개발과 마케팅 측면에서 중요하게 고려해야 할 대상이기도 하다.

　애니미즘적 풍수형국론은 그 자체가 자연적인 지형의 성격을 그대로 표현하고 있는 것이므로, 그러한 형국을 보존하는 것은 자연지형의 훼손을 최소화한다는 것을 뜻한다. 더욱이 형국론의 스토리를 구성하는 중요한 자연지형, 식생, 인공적 장치(문화유적)는 보존해야 할 대상이다. 예를 들어 노서하전형의 형국 내에서 개발사업을 할 때, 늙은 쥐 모양을 하고 있는 산·논·밭 그리고 특히 쥐의 입 부분을 쉽게 다루어서는 안 된다는 의미이다.

　부동산 풍수학을 공부하는 목적 가운데 하나는 땅의 성격을 파악하고 그 성격에 따라 땅을 개발하고 마케팅 전략을 세우기 위함이다. 봉황포란형국은

늙은 쥐의 등

늙은 쥐의 앞발

늙은 쥐의 입

사진 3-3 용인 평택임씨 임인산林仁山(임경업 장군 선대묘)의 묘터 앞에 있는 노서하전형. 산 아래 뾰족한 끝이 늙은 쥐의 입에 해당한다. 풍수연구가 정경연과 함께 답사했다. 2006년 촬영.

귀한 인재가 배출되는 터인데, 형국을 엉망으로 파헤쳐 놓고 그 기운의 효력이 발생되기를 기대한다는 것은 있을 수 없는 일이다. 즉, 땅의 지령적 성격을 무시한 채 개발하고 나서 풍수마케팅을 한다는 것은 앞뒤가 맞지 않는 전략이다. 풍수이론은 땅을 살아 있는 존재로 간주하는 것에서 시작되는 것이기 때문에 땅을 흉하게 망쳐 놓고 마케팅이 잘되기를 바라는 것은 용납되지 않는다. 땅을 '영을 가진 존재'로 보는 시각에 대해 단순히 미신적인 관점으로만 치부할 문제는 아니다. 왜냐하면 사실상 땅은 살아 있는 거대한 존재이기 때문이다. 다음 글에서 '땅은 살아 있다'는 것에 대한 구체적인 내용에 대해 다루기로 하겠다.

| 동기감응이란 무엇인가? |

풍수이론상 좋은 곳에 살거나 조상 체백體魄을 잘 모시면 발복發福하는 것으로 알려져 있다. 풍수에서는 '살아 있는 사람을 위한 집'을 양택陽宅, '죽은 사람을 위한 집'을 음택陰宅(묘, 산소)으로 구분한다. 좋은 곳이라 함은 여러 측면에서 좋은 환경을 뜻한다. 대체로 좋은 환경에서 자란 아이가 좋지 않은 환경에서 자란 아이보다 정신적 · 육체적으로 건강하다는 것은 주지의 사실이다. 따라서 양택발복의 경우는 재론의 여지가 없다.[4] 물론 양택과 관련된 여러 풍수이론[5]이 모두 발복적 관점에서나 논리적 측면에서 제대로 성립하느냐의 문제는 별도로 따져야 할 문제이다.

음택의 경우 조상의 체백을 풍수적으로 좋은 곳[6]에 묻었다고 했을 때 어떻게 살아 있는 사람에게 좋은 영향을 줄 수 있을까? 여러 음택이론의 세부적 진위 여부는 제쳐두고 죽은 사람의 체백을 좋은 곳에 묻었을 때 발복하는 원리에 대해서는 한번 따져보아야 한다. 어떤 이는 좋은 곳에 자리한 조상묘를 자주 찾아감으로써 그 땅의 기운이 후손에게 전달되어 발복한다고도 하는데, 논리상 문제가 많은 주장이다. 부동산 풍수학과 음택풍수(묘자리풍수)의 관계는 별로 긴밀한 것이 아니지만 풍수발복의 원리를 이해한다는 측면에서 한번 짚어보려고 한다.

여러 종교에서 말하는 복이 간절한 기도에 감복한 신이 가져다주는 것이라고 할 때 풍수에서 묘자리를 잘 써서 받는 '복'은 그 성격을 달리한다.

음택풍수에서의 발복 논리는 소위 동기감응同氣感應이라는 개념으로 요약된다. 동기감응론이란 구성 성분이 비슷한 것끼리 서로 기운을 주고받는다는

4
여기에서 발복한다는 것은 복이 온다, 드러난다는 것으로 건강을 포함한 넓은 의미의 복을 말한다.

5
양택과 관련된 풍수이론은 주로 풍수향법을 말하는 것인데, 양택과 관련된 풍수향법은 그 종류가 여러 가지이다. 이 글의 주제와는 거리가 있으므로 다음 기회에 자세히 다루기로 한다.

6
풍수에서는 혈穴이라고 한다.

이론이다. 동기감응의 원리는 종종 소리굽쇠의 공진원리共振原理에 비유되기도 한다. 소리굽쇠와 같이 선천의 육신이 좋은 생기를 공급받아 어떤 울림이 있게 되는데, 구성 성분이 비슷한 뼈를 가진 자식에게 그 울림이 전달된다는 것이다. 즉, 죽은 자의 육신이 좋은 분위기를 타게 되면 그것이 산 자에게 전달되어 마치 산 자가 좋은 기운을 받는 것과 같은 결과를 가져온다는 뜻이다.

> 생기는 지중地中에 주행한다는 것을 전제로 하고 사람은 그 신체를 부모에게 받은 것이어서 부모의 본체와 자손의 유해는 같은 기氣로 된 것이다. 그러므로 마치 동산銅山이 서쪽에서 무너지면 영종靈鐘이 동東에서 응함과 같고 봄에 나무에서 꽃이 피면 서쪽의 나무에도 움이 틈과 같이 서로 감응이 있다는 것이다. 따라서 지중地中에 있는 부모의 본체가 생기를 얻으면 그 자손의 신체에 감응이 있어 영화를 얻게 된다.[7]

인간도 세상의 만물과 같이 기로 이루어졌다고 할 때 부모 형제는 동기同氣에 의해서 이루어졌다고 간주한다. 따라서 동기간에는 서로 감응感應이 있다. 이를 두고 동기감응이라고 한다. 동기감응에 대한 이야기는 곽박郭璞(276~324)이 저술한 것으로 알려져 있는 풍수의 고전〈금낭경錦囊經〉에 나온다.

銅山西崩에 靈鐘東應이라[8]

7
최창조, 앞의 책, p.72.

8
《청오경·금낭경》, 최창조 역, 민음사, 2003, p.64.

결국 죽은 자의 육신(좀더 구체적으로 말하면 뼈)은 기덩어리임과 동시에 생기 전달을 위한 매개체로 작용한다. 산 자는 오랜 시간을 죽은 자처럼 꼼짝 않고 있을 수 없으므로 좋은 곳에 묻힌 죽은 자의 육신(뼈)이 지기地氣를 축적하여 산 자에게 생기를 공급한다는 것이다.

그렇다면 죄를 많이 짓고 흉악한 심성을 가진 사람도 일단 명당에 묻히기만 하면 그 자식들이 복을 받느냐 하는 의문이 생긴다. 여기에는 윤리적 측면이 대두된다. 풍수학적으로 명당이라고 하더라도 그곳에 묻힌 사람의 기운이 탁하다면 좋은 생기를 후손에게 전달할 수 없다. 물론 동일한 조상을 가진 후손이라고 하더라도 좋은 생기는 좋은 기운을 가진 후손에게, 나쁜 기운은 나쁜 기운을 가진 후손에게 전달된다고 본다. 조상이 명당에 묻혔더라도 자식에 따라 발복의 차이를 보이는 것[9]은 이러한 기운 차이로 설명된다. 요약하면, 좋은 마음씨德를 가진 사람은 좋은(맑은) 기로 뭉친 육신(뼈)을 가진다는 것이다. 좋은 자리(혈처)에는 좋은 기가 공급되며, 그 자리에 묻힌 좋은 기를 가진 육신(뼈)에 응집되어 좋은 기를 가진 동일한 기운의 후손에게 전달된다는 것이 바로 동기감응론의 핵심이다.

명당이라고 하더라도 나쁜 기를 가진 사람이 들어가서는 발복할 수 없으며, 부모가 적덕積德하여 좋은 기를 가지고 좋은 기운이 있는 곳에 묻혔다고 하더라도 자식의 기운이 올바르지 않으면 또한 발복할 수 없다는 논리가 된다. 즉, 세 가지의 조건이 모두 성립해야 발복할 수 있다.

첫째, 발복의 대상인 후손의 기운이 어떠한가의 문제, 즉 생기를 받을 준비가 되어 있느냐, 받을 자격이 있느냐 하는 것을 따진다. 둘째, 묻힌 조상의 기운이 어떠한가의 문제, 즉 생전에 적덕을 많이 하여 기운을 잘 다듬어 두었느냐 하는 것을 따진다. 셋째, 제대로 된 혈처에서 지기와 천기를 제대로 받고 있느냐를 따진다. 다시 말해 삼위일체가 되지 않으면 발복이 될 수 없다는 것

9
풍수이론에서는 분방법分房法이라고 하여 좌·우·가운데 방위에 따라 발복의 차이를 둔다.

이 동기감응이론의 논리이다. 이러한 발복론은 《금낭경》에서 언급한 동종銅
鐘의 동기감응이론에서 한 발 더 나아간 것이다. 발복론은 인간의 몸과 마음
을 별개로 보지 않고 서로 영향을 주는 기의 일종으로 간주하는 특징이 있다.
즉, 마음씨가 나쁘면 자신의 몸에 좋은 기운을 담을 수 없다는 것이다. 몸과
마음을 기 덩어리로 이해하는 것이며, 마음이 아프면 몸도 아픈 원리로 설명
된다.

동기감응이론에 인륜의 문제를 끌어들인 것은 사람을 제외한 다른 동물의
경우에 동기감응이 일어나지 않는다는 부분을 설명하기 위함이기도 하다. 사
람이 여타 동물과 다른 점 중의 하나는 윤리의 문제인데, 사람 외의 다른 동물
에 대해서는 윤리를 논할 수 없기 때문이다. 따라서 패륜아에게는 음택동기
감응에 의한 발복을 논할 수 없다. 이러한 발복 논리는 윤리적인 문제를 끌어
들이긴 하였지만 종교적 측면의 어떠한 신적 존재도 개입하지 않는다는 특징
이 있다.

몸과 마음을 따로 구분[10]해서 말하기 어렵지만, 동기감응은 결국 정신을 담
고 있는 그릇器(육신)이 좋은 환경에서 좋은 기운을 받게 되면 그것에 담겨 있
는 정신道도 좋은 영향을 받게 된다는 것을 뜻한다. 이는 건전한 육체에 건전
한 정신이 깃든다는 것과도 통하는 것이다. 결국 논리상 허점이 없는 것은 아
니지만 명당에 조상을 모시면 발복한다는 논리는 종교적 힘(기도)을 빌리지
않고도 관념적으로는 성립한다.

음택에서 후손이 생기를 받는 방식은 조상의 유
골을 통해 받는 것이므로 지속적이지만 간접적인
것이다. 반면 양택에서 받는 생기는 간헐적이지만
직접적이라고 할 수 있다. 음택의 발복 논리는 윤리

10
김교빈 외, 《기학의 모험 1》, 들녘,
2004, p.132.: "20세기 내내 현대학자
들이 물어왔던 '기가 물질이냐, 아니
냐?' 또는 '기가 물질이냐, 정신이냐?'
하는 식의 질문은 사실상 전혀 의미가
없다고 봐야 합니다. 왜냐하면 기는 물질
과 정신을 다 통합하고 있는 개념이기
때문입니다."

적인 측면(소위 적덕의 문제)이 개입되어 실제實際(physical)보다는 개념槪念(logical)상의 이론이라고 할 수 있다. 결국 음택발복의 진위 여부는 밝혀내기 어려운 것으로 신념의 문제, 인생관의 문제, 신앙의 문제이기도 하다.

| 지형·지세를 본다 |

땅을 소개, 투자 또는 개발하기 위해서 '땅을 보러 간다'고 할 때 무엇을 어떻게 볼 것인지를 생각해야 한다. 용도에 따라 다르겠지만 흔히 대상지의 교통 편의성, 교육 여건, 자연환경 등을 포함하는 경제적·사회적·자연적 여건을 본다. 경제적·사회적·자연적 여건을 학문의 여러 관점에서 분석할 수 있다. 부동산 풍수학에서는 이러한 여건들을 '풍수적으로 본다.'

과거에는 '풍수적으로 본다'고 하면 좌청룡·우백호를 따지는 것에서부터 시작했다. 그만큼 땅을 봄에 있어서 좌청룡·우백호를 포함하는 용·혈·사·수·향 이론이 중요시되었다고 할 수 있다. 하지만 현대 도시에서는 이 이론이 그다지 중요한 문제가 아닐 수도 있다. 물론 형국이 잘 갖추어진 땅을 찾는 경우라면 전통풍수이론이 중요한 고려사항일 수도 있겠으나, 그렇지 않은 경우는 관점을 달리해야 할 것이다.

과거에 야생野生의 기운이 충만하고 인간이 자연환경을 조절할 능력이 미미했을 때는 소위 좌청룡·우백호를 포함한 사신사四神砂[11]가 야생의 살기를 막아주는 일종의 차단담장으로 중요한 역할을 한 것이 사실이다.

부동산 풍수학의 관점에서 볼 때 사신사는 일종의 담장이며 울타리이다. 담장이나 울타리는 외부의 해로운 기운의 침입으로부터 내부를 보호해주는 구실을 한다. 하지만 때로는 외부와의 에너지 교

11
사신사四神砂라고 하면 청룡, 백호, 주작, 현무를 말한다. 이에 대한 자세한 공부는 풍수이론서에서 사론砂論을 참조하여야 하는데, 이 책에서는 깊이 있게 다루지 않는다.

환을 어렵게 하는 장애물이 되기도 한다는 사실을 잊지 말아야 한다. 시대에 따라 명당의 개념이 다르고 명당을 보는 시각에도 차이가 있다. 그렇다면 부동산 풍수학에서 용·혈·사·수·향에 대한 내용 중에 어떤 내용을 어떻게 볼 것인가 하는 것은 중요한 문제가 된다. 따지고 보면 용·혈·사·수·향은 모두 천기·지기·인기에 관한 것이다.

부동산 풍수학에서는 땅을 볼 때 먼저 지기地氣를 살핀다. 지기를 살핀다는 것을 다르게 말하면 지기의 흐름을 살핀다는 것이다. 세상의 여러 기운의 흐름은 몇 가지 형태로 표현할 수 있다. 기운의 변화는 여러 형식의 무늬로 나타나는데, 나뭇결이나 돌결 등이 그 대표적인 사례이다. 사람의 보통 시력으로는 구분되지 않지만 균질하게 보이는 유리면이나 철판도 무늬가 있으며, 더욱이 화학적 공정에 따라 생산되는 플라스틱 판도 기운의 흐름이 있고 그에 따른 무늬가 있다.

기운은 파동의 성질을 갖고 있으므로 기의 흐름은 파문으로 표시될 수 있다. 파문의 대표적인 형식은 지형의 높이 변화를 표시한 등고선과 같은 것이다. 이와 유사한 것으로는 기압의 흐름을 알 수 있는 등압선, 온도의 흐름을 알 수 있는 등온선 등이 있다. 좀더 구체적으로 한반도에서 벚꽃이 피는 시기는 남부지역에서부터, 반대로 단풍이 드는 시기는 북부지역에서부터 그 흐름이 전개된다. 이를 등고선의 표현 형식을 빌어 꽃이 피거나 단풍이 드는 동일날짜선을 표시할 수 있다. 동일날짜선과 지형등고선을 비교해보면 상관관계가 있음을 알 수 있는데, 이는 모두 꽃을 피우고 단풍을 물들게 하는 일종의 에너지 흐름을 나타내는 것이다.

사람의 지문指紋은 지형등고선과 유사한 형식을 띠고 있는데, 사람마다 타고난 에너지의 상태를 표현하고 있는 것은 아닐까? 지문은 태 속의 아기가 13주

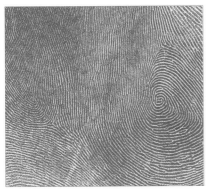
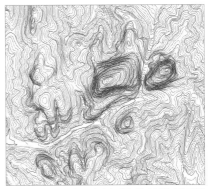

사진 3-4 지문은 한 번 정해지면 평생에 걸쳐 변화되지 않기 때문에 범죄수사에서 중요한 단서가 된다. 수많은 사람의 지문 중 같은 것이 하나도 없어 지문은 사람의 어떤 특정한 기운을 드러내는 표시가 된다. 지형등고선과 유사한 형태를 보여준다.

사진 3-5 마이산 지형도. 아래가 남쪽, 위가 북쪽이다. 덩치가 큰 왼쪽의 것이 암마이봉, 오른쪽이 숫마이봉이다. 원래는 하나의 덩어리였음을 알 수 있다. 지형도상에 가장 밀도가 높은 것이 암·수 마이봉인데 강한 기운이 응집되어 있음을 느낄 수 있다.

에서 19주 정도일 때 형성되는 것으로 알려져 있다. 지문의 형태를 이용하여 사람의 적성과 소질을 파악하기도 하는데, 손금을 보고 사람의 미래를 예측하는 것과 유사한 것으로 볼 수 있다.

　지문도 수맥과 같이 그 근거가 과학적으로 규명되지 못하고 있다. 지문은 가족 간에 유사한 형식으로 나타나기도[12] 하지만, 지문이 사람마다 다른 것은 기운의 차이와 에너지의 차이에서 오는 것일 가능성이 높다고 본다.[13]

　지형도에 나타난 등고선을 가지고 어떻게 지기를 읽을 것인가? 등고선을 읽는 데는 다소의 공부와 연습이 필요하다. 잔잔한 연못에 돌을 던지면 파문이 일어나는데, 가운데를 중심으로 균일한 동심원이 여러 개 생긴다. 연못의 물은 비교적 균질한

[12]
Clarence Gerald Collins, *Fingerprint Science*, USA: Belmont, Wadsworth/Thomson Learning, 2001, p.6.: "Many questions are asked about family trends in fingerprint patterns. As far as it is known, no information has ever appeared which would indicate that children do, or do not, have fingerprint patterns which are similar to their parents."

[13]
어린이과학동아, 《호기심 과학백과》, 동아사이언스, 2005 참조: 일란성 쌍둥이의 경우에 지문이 유사하게 나타나지만 그 나름대로 구분되는 차이가 있다.

재질이기 때문에 돌이 떨어진 자리를 중심으로 일정한 간격의 동심원을 이룬다. 하지만 복잡한 지질로 이루어진 땅은 불규칙한 곡선들을 만들어내는데, 동일 해발고도를 기준으로 선을 연결하면 여러 개의 폐곡선閉曲線(등고선)으로 된 지도가 그려진다. 그것이 바로 지형도이다. 기의 세계관에서는 지형도에 나타난 불규칙한 곡선은 불규칙한 에너지 상태를 표현한다고 본다. 지형도에 나타난 등고선을 보고 에너지의 흐름, 즉 지기의 흐름을 읽는 것이다.

등고선이 조밀한 지역은 독도법讀圖法상 '경사가 급한 곳'으로 이해되지만 부동산 풍수학에서는 '기가 센 곳'으로 평가된다. 건축학이나 토목학의 관점에서 볼 때 등고선의 간격이 조밀한 곳은 경사가 심한 곳으로 공사비용이 많이 소요되고 접근성이 떨어지는 곳이라고 할 수 있다. 부동산 풍수학에서는 등고선의 간격이 조밀한 곳은 기가 센 곳으로 사찰이나 교회 · 성당 등 기도를 위한 종교용지로 소개할 만한 곳이라고 할 수 있다.

부동산 풍수학의 관점에서 지형도를 볼 때 주목하는 것은 등고선의 간격 외에 등고선의 굴곡 정도와 선형의 방향성이다. 등고선의 굴곡과 흐름은 곧 지기의 흐름, 에너지의 흐름으로 간주되기 때문에 그 방향성이 중요시된다. 강물이 높은 곳에서 낮은 곳으로 흐르는 방향성이 있듯이 지기도 지형에 따라 기운의 흐름에 방향성이 있다고 보는 것이다.

풍수에서 말하는 지기의 흐름 방향은 일면 일리가 있는 말이다. 풍수에서 말하는 지기의 흐름[14]은 강물과 같이 위에서 아래로 흐르며 산줄기 능선을 따라 이동한다고 본다. 지형도를 보고 지기의 흐름을 따지는 것은 방향성에 순응하고 지기를 제대로 받기 위함이다. 이를 다른 말로 하면 '지세地勢에 따른다'고 한다.

14
지기는 땅 속에 있는 지자기, 수맥파 등의 여러 가지의 기운을 말한다. 지기는 결국 물과 같이 중력의 영향을 받아서 지형에 따라 아래로 흘러간다고 본다.

사진 3-6 지세향에 따라 배치된 음택. 산줄기의 흐름이 느껴지는 능선상에 묘지가 있다. 능선이 아닌 골짜기에 묘를 쓰는 경우는 흉하게 본다. 2006년 충북 청원.

지세에 순응한다는 것은 강물의 흐름에 순응하는 것과 같은 개념이다. '지형을 본다'와 '지세를 본다'는 것은 구분해서 생각해야 할 문제이다. 즉, 형形과 세勢를 구분해야 한다는 것이다. 지세는 전체 산의 덩어리의 움직임을 뜻하고 지형은 좀더 작은 규모를 말하는 것으로 산의 상세한 모양을 말한다. 건물을 볼 때도 세와 형을 보는데, 세는 멀리서 보는 것이고 형은 가까이에서 보는 것이다. 그래서 건물의 형태形態가 있다고 할 때 태態는 세勢를 보는 것이다. 흔히 천척위세千尺爲勢 백척위형百尺爲形[15]이라는 말이 이런 의미이다.

지세에 순응하여 지기를 제대로 받기 위해서는 지형도를 바탕으로 용맥도龍脈圖를 그려보는 것이 필요하다. 용맥도라는 것은 산줄기를 용으로 간주하여 그린 것으로 일종의 산줄기도이다. 옛날의 수준 높은 지사地師들은 가끔 이런 용맥도를 실감나게 그려서 후세에 전해주고 있는

15

왕기형王其亨 외, 《풍수이론연구》, 천진대학출판사, 1992, p.119.: 30미터 정도가 단위의 집이라면 300미터 정도가 마을의 크기일 때 사람 사는 규모의 형세가 적절하다는 의미이다.

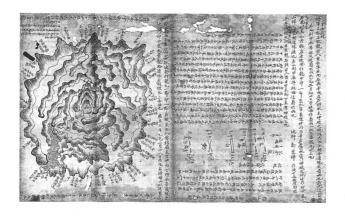

사진 3-7 〈명당도〉(국립민속박물관 소장, 민속10940). 상당한 고수가 작성한 산도로 판단되며 명당터에 대한 자세한 설명이 있다. 이 명당도에 대한 내용은 〈풍수향법의 논리 체계와 의미에 관한 연구〉(조인철, 성균관대학교 대학원 박사학위논문, 2005)를 참조하면 된다.

데, 그것이 소위 산도山圖(풍수도)라는 것이다. 산도를 그리는 것을 어렵게 생각할 필요는 없다. 산의 능선을 따라 마루금을 그어서 연결하여 그리면 된다.

마루금을 그어보면 산의 면배面背가 드러나는데, 면배의 개념은 주로 경사도와 용맥의 방향성으로 판단된다. 대체로 경사가 완만한 쪽이 면面이 되고 경사가 급한 쪽이 배背가 된다. 무조건 동향과 남향만 선호할 것이 아니라 이와 같이 용의 면배를 따져보는 것이 필요하다. 그렇게 되면 지형도만 보고도 투자 적격지로 어느 쪽을 먼저 공략해야 할지를 쉽게 판단할 수 있다.

지형도는 등고선이 표현되어 있기 때문에 지기의 흐름을 읽을 수 있는데, 공인중개사나 디벨로퍼Developer[16]가 주로 보는 도면은 번지수가 표현된 지적도地籍圖이다. 등고선이 표현된 지형도를 보는 데 조금 익숙해진 사람은 지적도를 보고도 대략의 지세를 파악할 수 있다. 그래서 지적도상에서 제대로 지세를 받고 있는 지번의 땅을 고르면 되는 것이다.

건물로 채워진 도심지에서 지형의 흐름을 읽어내기가 쉽지 않다. 지형도를 구입하더라도 지형이

16
일반적으로 도시주택에 관련된 개발사업자를 말한다. 이들은 날카로운 통찰력과 적극적인 개발 마인드로 계획적·종합적으로 도시를 조성하는 데 목표를 두고 있다. 특히 뉴타운 건설이나 도시 재개발사업 등 대규모 건설사업을 진행한다.

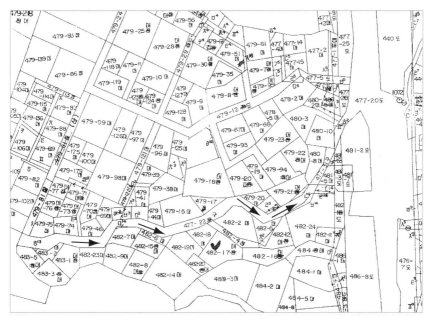

그림 3-1 지적도상의 지형의 흐름(은평구 진관외동). 지적도에 나타난 지번 구획선의 형태를 잘 살펴보면 지형의 흐름이 어떠한지 알 수 있다. 위의 지적도상에 좌西에서 우東로 구불구불하게 흘러가는 것이 골짜기(477-22구)이다. 좌에서 우로 물이 흐른다는 것을 알 수 있다. 물도랑(477-22구)이 도로(477-20도)와 합수된다. 그렇다면 이 지적도에 나타난 지형의 흐름은 아래에서 위로, 좌에서 우로 낮아지는 경사도를 갖고 있다는 것을 알 수 있다.

심하게 훼손되어 제대로 읽을 수 없는 경우가 있다. 지형이 심하게 훼손된 것은 그만큼 지기가 교란되었음을 말한다. 지형도상에 지형을 읽어낼 수 없는 경우는 현지답사를 해야 한다. 현장에서 대상지를 둘러싸고 있는 도로상의 지형 굴곡을 잘 보면 지세의 흐름을 읽을 수가 있다. 아무리 평평한 지역이라고 하더라도 지형의 흐름은 있다. 일반적으로 골짜기에 있는 것보다는 능선을 타고 있는 대지가 좋다. 또 건물 배치가 지세의 흐름에 순응하는 방향으로 되어 있는 것이 비뚤게 된 것보다는 좋다고 본다.

풍수학은 천지인의 기운을 모두 다루는 학문이다. 그중에서도 가장 중요시하는 것이 지기이다. 땅을 본다고 할 때는 지기를 파악하는 것이고, 지기의 흐

사진3-8 지세향을 무시한 배치. 이 아파트는 지세의 흐름을 무시하고 오직 남향만을 고집하여 배치한 것이다. 2005년 촬영, 경부고속도로 옆.

름을 파악하는 것이 첫째이다.

건물향을 결정할 때 부동산 풍수학에서 가장 중요하게 취급하는 것은 지세이다. 지세에 따라 건물향을 정하는 것을 '지세향에 따른다'고 한다.

여기에서 다룰 내용은 아니지만, 풍수향법은 모두 천기天氣와 건물을 관련시키기 위한 것이다. 건축 계획에 있어서 남쪽을 선호하는 것은 일조日照 때문인데, 결국 그것도 천기를 좇아가는 것이다. 부동산은 말 그대로 움직이지 않는 것이므로 땅에 고정되어 있다. 그래서 지기를 고려하는 것이 중요하다고 할 수 있다. 풍수는 삼재三才의 기운 중에서 특히 지기를 중요시하므로 부동산 풍수학에서는 지세향에 따라 방향을 잡는 것을 강조하는 것이다.

한반도는 북반구에 속해 있으므로 건물 배치에 있어서 남향을 제일 선호하고 그 다음으로 동향을 선호한다. 지형의 경사에 따라 지세가 남향으로 펼쳐져 있다면 일단은 좋은 터라고 할 수 있다. 지세가 남향이 아닐 경우 건물의 향을 무조건 남향으로 고집할 것이 아니라 지세향을 우선 고려하여야 한다는 것이 부동산 풍수학의 입장이다. 일조의 문제는 건물의 창문 계획으로 얼마든지 극복이 가능하다.

| 수맥을 본다 |

'수맥'이라는 용어를 검색하면 블랙워터black water, black stream, 다우징 dowsing 등의 용어와 함께 나타나는데, 좁은 개념으로는 지하의 수맥을 말하며 넓게는 지기의 모든 것을 총칭하기도 한다. 일부 홈페이지를 검색해보면 지도를 펴 놓고 지도상의 수맥을 찾아낸다든지 미래를 예측[17]하는 방법으로 제시되기도 한다.

풍수사들 가운데 일부이긴 하지만 소위 수맥탐사용 막대를 들고 다니는 것을 볼 수 있는데, 이 막대는 소위 엘로드L-rod라고 부른다. 엘로드의 구조는 너무나 단순하다. 엘로드 속에는 동력에 의해 작동하는 기계적인 장치가 전혀 없다. 다만 어떤 반응에 의해서 쉽게 회전하는 구조로 되어 있다.

수맥이라는 용어가 많은 사람들에게 익숙한 것은 사실이지만 아직까지 수맥의 실체는 과학적으로 규명되지 않고 있다. 수맥에 대한 국내의 관심은 오래 전에 가톨릭 신부인 임응승에 의해서 증폭되었다. 종교에 몸담고 있는 신부의 수맥탐사 작업은 주로 물이 부족해 고통받는 사람들에게 수원水源을 찾아주는 것으로, 선善을 베풀고자 하는 의도에서 시작되었다. 사실 수맥은 풍수와 직접적인 관련성이 없는 것으로 구분해서 이해해야 할 분야이다.

수맥탐사에는 엘로드와 같은 수맥봉이나 추錘(펜듈럼pendulum)로 수맥의 존재 여부를 알아보는 방법이 주로 사용되는데, 사람에 따라서 다소의 차이는 있지만 조금의 연습을 거치면 누구나 할 수 있다. 수맥이 마치 특별한 능력을 가진 사람에게만 반응하는 것처럼 떠들고 다니는 사람이 있다면, 일단

17
미래에 관한 질문의 답을 긍정YES과 부정NO으로 한정하면 긍정일 때는 시계방향으로, 부정일 때는 반시계방향으로 추가 움직인다고 한다.

의심해봐야 한다.

수맥이란 무엇일까? 왜 수맥봉이 반응할까? 또 반응하는 원리는 무엇일까? 이러한 질문에 대해서 명확히 답변해줄 문헌적 자료를 찾기 힘든 것이 사실이다. 원인은 알 수 없고 결과만 수없이 제시되고 있는 것이 수맥 분야이기 때문이다. 몇 가지 연구자료에 의하면 수맥이 지나가는 곳은 건물의 균열이 생기고 사람의 뇌파를 건드려 숙면을 방해하며, 심한 경우 사람의 시력까지 감퇴시키는 것으로 알려져 있다.

조금 과학적으로 접근한 자료[18]에 의하면 물은 일종의 생명성을 갖고 있다고 할 수 있다. 물은 중력에 의하여 지면 아래로 흘러 들어가는데, 그 흐름을 지속하기 위해서는 계속적으로 물을 공급받아야 한다. 물은 생명성이 있는 존재이므로 스스로 물을 지속적으로 공급받기 위한 어떤 신호 내지는 파괴적 에너지를 발산하게 되는데, 이것이 바로 수맥파水脈波라는 것이다. 이러한 논리는 그럴듯하게 들리지만 어디까지나 추정일 뿐이다.

물은 그 자체가 신비스러운 존재임에는 틀림없다. 물은 세상에 알려진 물질 중 액체에서 고체가 되었을 때 밀도가 낮아지는 거의 유일한 것이다.[19] 빈 장독을 뒤집어 보관하는 것은 겨울에 장독 속에 고인 빗물이 얼어 부피가 늘어나면서 장독이 터지는 것을 방지하기 위함이다. 만일 다른 물질처럼 물이 얼어 고체가 되었을 때 밀도가 높아져 무거워진다면 바다나 강물 위의 얼음이 아래로 가라앉게 되고 표면에 노출된 물은 다시 얼게 된다. 그러한 현상이 반복되면 결국 바다나 강물이 모두 얼게 되는 상황이 빚어진다. 그렇게 된다면 바다나 강물 속에 있는 모든 생물들은 얼음덩

18
라이얼 왓슨, 《초자연, 자연의 수수께끼를 푸는 열쇠》, 박광순 역, 물병자리, 2001, pp.161~174 참조.

19
물은 고체화되면서 비중이 낮아지고 부피가 커지는 성질이 있다. 그 이유는 산소와 수소의 결합구조 때문이라고 한다. 더 자세한 과학적 내용은 〈가상문답 3: 물의 특성〉(이범, 《BeScientists》, 2001년 3월호) 참조.

어리 속에 갇혀 살 수 없게 될 것이다. 세상의 모든 물질 중에서 왜 물이라는 것만 독특하게 만들어졌을까? 조물주만이 그 답을 알고 있을 것이다.

오행 중 물은 일종의 기운으로 인간이 생활하는 지구상의 상온에서 기체, 액체, 고체로의 삼상변화三相變化를 하는 물질이다. '물은 생명'이라는 말이 있는데, 환경 보존을 강조하려고 인간 중심에서 하는 말이 아니라 정말로 물 자체에 어떤 생명성이 있는 것은 아닐까 하는 생각을 해본다.

수맥에 대한 사람들의 관심은 아주 오래되었는데, 고대 이집트 유적에는 '갈라진 나뭇가지'로 수맥을 찾는 인물이 묘사된 것이 있다. 수맥에 대한 연구가 국내에서는 아직 미신적인 수준에 머물러 있지만, 외국에서는 활발히 진행 중이다. 특히 러시아, 독일, 프랑스에서 집중적인 연구가 진행 중인데, 러시아는 국가적 차원에서 연구하고 있는 것으로 알려져 있다. 이러한 연구 결과로 밝혀진 몇 가지 사실이 있다.

수맥봉의 움직임은 일종의 공명현상共鳴現狀으로 설명되는데, 사람의 몸에 있는 물과 지표 밑에 있는 물이 서로 반응을 일으킨 결과이다. "전 세계 여러 나라에서 실험해본 결과, 점막대(수맥봉)로 수맥을 찾을 수 있게 해주는 힘이 무엇이든 간에 그것은 막대 하나에만 작용하지 않는 것 같다. 살아 있는 존재가 '매개자'로 활동해야 한다."[20]

1966년 레닌그라드대학교 연구팀이 비행기를 타고 강물이 흐르는 곳의 상공에서 수맥탐사를 하였는데, 강의 한복판에 있는 엄청난 물은 아무 영향을 주지 않았으나 강의 가장자리에서는 강한 반응을 나타냈다고 한다. "세계의 다른 지역에서 행해진 실험들도 유사한 결과를 보였다. 따라서 엄청난 양의 물이 빠른 속도로 움직이는 곳이 아니라 물이 흙과 마찰을 일으키는 곳, 특히 지면의 흙이 작은 모세관

[20] 라이얼 왓슨, 앞의 책, p.168.

을 통해 서서히 스며드는 것처럼 물과 접촉하는 흙의 표면적이 넓은 곳에서 인간에게 가장 큰 영향을 미치는 것이 사실인 것 같다."[21]

개미나 벌들은 수맥이 지나가는 곳을 좋아하고 사람의 경우 강한 영향을 받으면 건강에 좋지 않다고 알려져 있다. 따라서 완전히 신뢰하기도 어렵고 완전히 무시할 수도 없는 것이 수맥이다. 지형도상에 수맥이 있을 것으로 보이는 골짜기나 저지대를 피하고, 수맥봉이나 추를 가지고 약간의 연습을 통하여 수맥을 피할 수 있는 정도에서 만족하면 될 것이다.

| 지자기 · 중력 · 지열을 본다 |

앞에서 언급한 지세나 수맥은 지자기地磁氣 · 중력重力 또는 지열地熱에 비해 조금 쉽게 파악할 수 있다. 지자기는 지구의 남극에서 북극으로 진행하는 방향성을 가진 것으로 나침반의 침을 움직이는 힘의 근원이다.

자기磁氣는 자석이 금속을 끌어당기거나 미는 형태로 그 힘을 보여준다. 남극과 북극을 연결하는 자기장磁氣場은 일종의 보호막을 형성하고 있는데, 만일 이 자기장이 걷히게 되면 우주의 유해파가 곧바로 침입하여 지구상의 생명체에 치명적인 손상을 입힐 수도 있다. 자기장이 걷히는 사건은 자기장의 남극과 북극이 바뀌는 짧은 시간에 발생하게 되는데, 지구 생성 이후 여러 번에 걸쳐 일어났다.[22]

21
라이얼 왓슨, 앞의 책, p.166.

22
Carla W. Montgomery, *Environmental Geology – Fourth Edition*, WCB, 1995와 David McGeary 외, *Physical Geology: Earth Revealed*, McGraw-Hill, 2001.: 지자기에 대한 내용 참조

장소에 따라 자기장의 세기가 달라지기도 한다. 지표면 아래 자철광맥磁鐵鑛脈이 존재한다면 다른 곳에 비해서 강력한 자기장의 영향을 받을 것이다. 사람이 강한 자기장에 노출되었을 경우 어떻게 될까? 인간의 혈액 속에는 많은 비율의 철분이 있으

므로 그 영향도 무시할 수 없다.

중력의 경우도 지자기와 같이 전체 지구상에 일정한 평균치는 있을 수 있으나, 사실 장소에 따라 각기 다른 값을 가진다. 지표면 아래에 비중이 높은 광맥이 있을 경우는 다른 곳에 비해 중력이 큰 값을 나타낸다. 그럴 경우 아래로 끌어당기는 힘이 강하게 작용하므로 걷기 힘들다든가, 물건을 들어올리기가 힘들게 되어 다른 곳에 비해 생활하는 데 힘이 많이 들게 된다.

중력이나 자기력은 물체 간에 서로 끌어당기는 힘이다. 오행기五行氣 간에도 일종의 끌어당기는 힘이 존재한다고 믿었고, 실제로 이러한 성질을 이용하여 재난방지대책이 강구된 사례도 있다. 그 대표적인 것이 화재 예방을 위해 경복궁 경회루에 자철동종磁鐵銅鐘을 단 것[23]이다. 이는 자철의 자기력으로 불을 끌어당기고 동종에 가두어 진압한다는 것이다.

지열에 관한 것은 지명地名에서 많은 힌트를 얻을 수 있다. 냉천冷泉이니 온천溫泉이니 하는 것은 물의 온도만 그렇다는 것이 아니라 땅도 그렇다는 것을 나타낸다. 냉천이 있는 곳은 여름에 시원할 것이고, 온천이 있는 곳은 겨울에 따뜻한 곳이다. 지명이 땅의 성격을 파악하는 데 상당한 도움을 주는 경우가 있다. 땅의 성격을 이해하는 데 있어 지명의 유래를 살펴보는 것도 유용한 방법이다. 사람에게 이름이 중요한 것처럼 건물의 이름과 땅의 이름도 중요하다.

풍수에서 말하는 지기地氣는 앞에서 언급한 것 외에도 알 수 없는 여러 가지 기운의 종합이다. 지기가 여러 가지 기운의 종합이라는 점을 통해서 우리가 주목하여야 할 것은 '땅은 살아 있다'는 것이다.

23
《경회루 실측조사 및 수리공사보고서》, 문화재청, 2000년 8월 p.78.: "경회루 전도에는 동룡銅龍과 같은 역할을 하는 것으로 불기운을 끌어들여 가둔다는 의미의 종이 있는데, 자석 기운을 가진 동으로 만들어 경회루에 설치하였다고 한다." 발굴조사 결과 동룡은 경회루의 연못 북측에서 발견되었는데, 연못의 물기운을 왕성하게 하여 경회루와 경복궁의 화재를 예방하려는 차원에서 수장시킨 것이다. 관련 내용에 대한 논문은 〈경복궁 경회루의 건축계획적 논리 체계에 관한 연구: 정학순의 「경회루전도慶會樓全圖」를 중심으로〉(이상해·조인철, 《건축역사연구》, 한국건축역사학회, 2005년 9월호) 참조

땅을 개발 대상지나 돈으로 바꿀 수 있는 단순한 투자 대상으로만 간주해서
는 안 된다.

땅이나 건물을 보고 '부동산不動産'이라 하는데, 엄밀하게 말하면 잘못된 용
어이다. 땅은 부동산이 아니다. 부동산이라는 말에는 움직이지 않는다는 의
미가 있어 땅이 죽은 것처럼 받아들여지기 쉽다. 부동산 풍수학에서 보는 땅
은 살아 움직이므로 '부동산이지만 부동산이 아니다'라고 할 수 있다.

| 터의 역사성을 본다 |

터의 역사성歷史性은 터의 이력을 보는 것이다. 예를 들어 고용주가 직원을
채용할 때 지원자의 이력과 자기소개서를 받아본다. 지원자가 어떤 환경에서
자랐으며, 어떤 생각을 하고 있는지, 어떤 경험과 실력이 있는지를 보는 것이
다. 그런데 우리가 터를 고를 때 터의 역사성을 따지는 이유는 무엇일까? 그
이유에는 사람의 이력이나 자기소개서를 보는 목적과 유사한 부분이 있다.
터의 역사성을 통해서 터의 이력과 주변 환경을 이해할 수 있기 때문이다.

터의 역사성은 터가 앞으로 갈 길을 알려주는 것이고, 터의 주변 성격을 말
해준다. 서울과 같이 오랜 역사를 가진 도시에서 터를 고를 경우 터의 역사성
은 매우 중요한 고려사항이다. 나대지裸垈地(건물이 없는 대지)라고 해서 터의 역
사를 새로 쓰는 것은 아니다. 터의 주변 환경에는 반드시 역사성의 그림자가
드리워져 있으며, 이 그림자는 쉽게 지울 수 있는 것도 아니다. 터의 주변을 감
싸는 역사의 그림자는 거쳐간 인간들의 흔적이자 그들의 기운이다.

터의 역사성도 일종의 기운의 흐름이며, 역사는 시간의 흐름이 누적된 것
이다. 하나의 사건은 시간과 공간의 좌표로 설명될 수 있다. 분위기를 유리한
방향으로 끌고 가기 위해서는 공간의 기운과 시간의 기운을 모두 잡아야 한

다. 그 예로 중국이나 일본의 역사 왜곡은 우리나라와의 관계에서 시간성의 기운을 유리한 분위기로 끌고 가기 위함이다. 이는 곧 공간을 지키려면 시간을 지켜야 한다는 것이다.

터의 역사성은 시간의 흐름이 어느 방향으로 진행될지를 알려주는 단서이기도 하다. 터를 고를 때는 이러한 시간의 단서를 읽어내야 한다. 터의 역사성이 뿜어내는 기운을 간과한다면 부동산 투자는 실패하게 될 것이다.

터의 역사성을 잘 이해하고 그 흐름에 따라 투자를 하면 성공을 하고 그렇지 않으면 손해를 볼 수 있다. 터의 역사성은 그 터에 대해 생기일 수도 있고 살기일 수도 있다는 사실을 명심해야 한다. 또한 앞에서 언급한 지명에서도 터의 역사성을 읽을 수 있는데, 뒤에서 터의 역사성이 터의 운명을 어떻게 결정하는지를 구체적인 사례를 들어 설명하겠다.

좋은 터는 어떤 곳을 말하는가

| 일반적으로 말하는 명당이란? |

이중환의 저서 《택리지》에는 집터를 고르는 기준, 살 만한 터를 고르는 기준에 대해서 언급하고 있다. 터를 고르는 기준으로 제시되고 있는 것은 지리地理 · 생리生利 · 인심人心 · 산수山水이다.

어떻게 지리를 논할 것인가? 먼저 수구水口를 보고, 그 다음에는 들판의 형세를 본다. 그리고 산의 모양을 보고, 그 다음에 흙의 빛깔을 본다. 또 그 다음에 수리水理를 보고, 그 다음에 조산朝山과 조수朝水를 본다. 무릇 수구가 엉성하고 넓기만 한 곳에는 비록 좋은 밭 만 이랑과 넓은 집 천 칸이 있다고 하더라도 대를 이어 전하지 못하고 저절로 흩어져 없어진다. 그러므로 집터를 잡으려면 반드시 수구가 꼭 닫히고 그 안쪽으로 들이 펼쳐진 곳을 눈여겨 보고 구해야 한다.[24]

어떻게 생리를 논하는가? 사람이 세상에 태어나서 이미 음식 대신에 바람을 들이마시거나 이슬을 마시며 살 수 없게 되었고, 의복 대신에 깃을 입고 털로 몸을 가릴 수 없게 되었다. 그러므로 사람은 입고 먹는 일에 종사하지 않을 수 없다. 위로는 조상과 부모를 공양하고, 아래로는 처자와 노비를 길러야 하니, 재물을 경영하여 살림을 넓히지 않을 수 없다. …… 그런데 재물은 하늘에서 내려오거나 땅에서 솟아나지 않는다. 그러므로 사람이 살 만한 곳으로는 땅이 기름진 곳이 으뜸이고, 배와 수레와 사람과 물자가 모여들어 있는 것과 없는 것을 서로 바꿀 수 있는 곳이 그 다음이다.[25]

24
이중환, 《택리지》, 허경진 역, 한양출판, 1999, p.178.: 何以論地理, 先看水口, 次看野勢, 次看山形, 次看土色, 次看水理, 次看朝山朝水. 凡水口虧踈空闊處, 雖有良田萬頃, 廣廈千間, 類能傳世, 自然消散耗敗. 故尋象陽基, 必求水口關鎖, 內開野處着眼.

25
이중환, 앞의 책, p.182.: 何以論生利, 人生於世, 旣不能吸風飮露, 衣羽藏毛, 則不得不從事於衣食, 而上以供祖先父母, 下以畜妻子奴婢, 又不得不營而廣之.

배로 드나드는 장사꾼들은 강과 바다가 서로 통하는 곳에서 배를 세내고 이익도 얻는다. 경상도에선 김해 칠성포가 낙동강이 바다로 들어가는 목이 된다. 여기에서 북쪽으로 상주까지 거슬러 올라가고 서쪽으로는 진주까지 거슬러 올라갈 수 있는데, 오직 김해가 그 출입구를 관할한다. 김해 칠성포는 경상도 전체의 수구에 위치하여 남북으로 바다와 육지의 이익을 다 차지하고, 관청이나 개인

이 모두 소금을 판매하여 큰 이익을 얻는다.**26**

어떻게 인심을 논하는가? 공자께선 "마을 인심이 착한 곳이 좋다. 착한 곳을 가려서 살지 않는다면 어찌 지혜롭다고 하랴" 하셨다. 옛날 맹자의 어머니가 세 번이나 집을 옮긴 것도 아들을 잘 교육시키기 위해서였다. 이는 살 고장을 찾을 때에 풍속이 올바른 곳을 가리지 않으면 자신에게 해로울 뿐만 아니라 자손들도 반드시 나쁜 물이 들어서 그르치게 될 염려가 있다는 뜻이다. 그러므로 살터를 잡을 때에는 그 지방의 풍속을 살피지 않을 수가 없다.**27**

산수는 어떻게 논하는가? 백두산은 여진과 조선의 경계에 있으면서 온 나라의 빛나는 지붕이 되어 있다. 산 위에 커다란 못이 있는데 둘레가 80 리다. 그 못물이 서쪽으로 흘러 압록강이 되고 동쪽으로 흘러 두만강이 되었으며 북쪽으로 흘러 혼동강混同江이 되었다. 두만강과 압록강 안쪽이 바로 우리나라이다.**28**

산수山水는 정신을 즐겁게 하여 주고, 성정性情을 활달하게 만들어준다. 그러므로 거처하는 곳에 이러한 곳이 없으면 사람으로 하여금 조야粗野하게 만들 것이다. 그렇지만 산수는 좋으나 생리生利가 박薄한 곳이 많다. 사람이 집을 버리고 지렁이처럼 먹고 살 수는 없다. 그러니 비옥한 땅이 넓게

26
이중환, 앞의 책, p.186.: 舟商出入, 必以江海相通處, 管利脫賞. 故慶尙則洛江入海處, 爲金海七星浦, 北溯至尙州, 西溯至晋州, 惟金海管轄其口, 居慶尙一道之水口, 盡管南北海陸之利, 公私皆以販鹽, 大取嬴羨.

27
이중환, 앞의 책, p.191.: 何以論人心, 孔子曰, 理仁爲美, 擇不處仁, 焉得智, 昔孟母三遷, 欲敎子也. 擇非其俗, 則不但於身有害, 於子孫必有薰染註誤之患, 卜居, 不可不視其地之謠俗矣.

28
이중환, 앞의 책, p.213.: 何以論山水, 白頭山在女眞, 朝鮮之界, 爲一國華蓋, 上有大澤, 周迴八十里. 西流爲鴨綠江, 東流爲豆滿江, 豆滿, 鴨綠之內, 卽我國也.

펼쳐지고 지리적 조건이 좋은 장소를 택하여 거처를 정한 다음에 십 리나 이삼십 리 정도 떨어진 곳에 따로 명산과 아름다운 물가가 위치하도록 한다. 그리하여 흥취가 일어날 때마다 때때로 그곳을 찾아서 노나니 이것이 바로 계승할 만하고, 지속할 만한 도道이다. 옛날에 주자朱子는 무이산武夷山의 산수를 좋아하여 물굽이와 산봉우리 등에 대하여 아름다운 글로 꾸미고 조탁하여 놓지 않은 것이 없었다. 그렇지만 주자는 그곳에 집을 두고 산 적은 없었다. 그러면서 말씀하시기를, "한가로운 봄날에 저 붉은 꽃과 푸른 잎들이 서로 비추는 곳을 찾아가는 것도 나쁘지 않은 일이다"라고 하실 뿐이었다. 이것은 본받을 만한 것이다. 《팔역가거지》[29]

《택리지》에서 말하는 지리는 풍수지리를 말하는 것이고, 생리는 먹고살 방도를 말하는 것이다. 농사를 지어서 먹고사는 것과 상업을 해서 먹고사는 것은 모두 생리에 속한다. 현대에는 더욱 복잡한 종류의 직업들이 있다. 그것을 모두 생리라고 하는데, 업종에 따라 생리의 좋고 나쁨의 정도가 다르다.

인심人心이란 인기人氣를 말하는 것이다. 산수山水는 경치 좋은 경관을 말하는 것이지만 넓게 보면 일종의 문화생활을 위한 시설을 말한다. 현대적 관점에서 보면 주변에 문화를 즐길 수 있는 시설이 있는지 여부를 따지는 것이다. 공원이나 운동경기장, 관람장 등이 모두 산수의 범위에 들어간다.

좋은 터를 고른다고 할 때 위의 4가지 조건들을 가지고 따져보는 것이 필요하다. 다만 현대적 관점에서 보면 업종에 따라 위의 4가지가 갖고 있는 비중은 서로 다를 수 있다. 과거 성리학이 주류를 이

29
서유구, 《임원경제지 14》, 김성우 · 안대회 역, pp.130~131.: 山水可以怡神暢情. 居而無此, 今人野矣. 然山水好處, 生利多薄. 人旣不能歠家蚓食, 則亦不可徒取山水, 以爲生不如擇. 沃土曠野地理佳處尊居, 另買名山佳水. 於十里二三十里之地, 每一意到時時往遊. 此洒可繼可久之道也. 昔朱子好武夷山, 川曲峯嶺無不藻繪. 而賁餙之亦未嘗置家, 於此但曰 "春間至彼紅綠相映, 亦自不恧此可爲法也."

루던 전통사회에서는 지리가 우선이었을지 몰라도 지금은 생리가 우선이다. 특히 도심지 내에서 어떤 사업을 위한 터를 고른다고 했을 때 생리의 측면과 피해야 할 살기를 우선 따져보는 것이 가장 중요하다.

불행하게도 풍수 관련 서적 중에서 학문적으로 인정받는 저서는 몇 권 되지 않는다. 그중에서도 가장 많이 인용되는 저서는 《한국의 풍수사상》이다. 이 책의 저자인 최창조는 서울대학교 지리학과 교수로 재직할 때 《좋은 땅이란 어디를 말함인가》라는 책을 펴냈다. 아마 명당을 찾고 싶어하는 사람들은 많은 관심을 갖고 이 책을 읽었을 것이다.

명당의 조건에는 일반적인 조건과 특수한 조건이 있다고 본다. 일반적인 조건이란 실존하는 것이라기보다는 상당히 개념적이고 이론적인 것이다. 명당의 첫 번째 조건으로 자주 거론되는 것은 사신사四神砂에 대한 것이다. 사신四神은 청룡·백호·현무·주작을 말한다. 사砂[30]로 칭한 것은 옛날 풍수를 전수함에 있어서 종이가 없어 모래를 가지고 사신의 모형을 만들어 설명하였다고 해서 붙여진 것이라고 한다.[31]

어쨌든 풍수적으로 좋은 땅이란 일단 사신사의 조건이 잘 갖추어진 땅을 말한다. 터 안에서 낮은 쪽을 바라보면서 좌측에 있는 것이 청룡, 우측에 있는 것이 백호, 뒤에 있는 것이 현무, 앞에 있는 것이 주작이다. 그래서 묘지풍수를 하는 사람들이 흔히 좌청룡·우백호·전주작·후현무를 말하는 것이다.

사신사가 어떤 것일 때 명당이 될 수 있을까? "현무는 머리를 곧추세운 듯하고, 주작은 날아갈 듯 춤을 추는 모양이어야 하며, 청룡은 꿈틀꿈틀하고, 백호는 길들어 있듯 머리를 숙이고 있는 것을 원칙으

30
그 말이 사실이라면, 사沙라 하지 않고 사砂로 쓴 것으로 미루어볼 때 강의 상류에 있는 거친 모래를 뜻하는 것이니, 사신사에 관한 풍수가 강 상류 지역에서 시작된 것으로 볼 수도 있지 않을까?

31
최창조, 앞의 책, p.216 참조.

로 삼았다."[32] 산山이 사신사를 형성하여 잘 갖추어진 땅의 국세局勢를 장풍국藏風局이라 한다. 한편, 수水로 일부 사신사를 형성하여 잘 갖추어진 땅을 득수국得水局이라 한다.

풍수라는 용어는 '장풍득수藏風得水'에서 풍風과 수水를 가져온 것이라는 견해가 지배적이다. 즉, 일반적인 풍수의 개념으로 볼 때 좋은 땅이란 사신사가 잘 갖추어져 장풍득수가 되는 곳을 말한다. 좀더 쉽게 말하면 남향 경사지의 앞에 강이나 하천이 있고, 전망이 트여 있으며, 황량하지 않고, 닫혀 있으면서도 답답하지 않은 곳을 말한다.

산의 성격이 어떤 것을 좋다고 하고, 물의 성격이 어떤 것을 좋다고 하는지는 지금 당장 몰라도 된다. 산의 성격과 물의 성격을 이론적으로 정리한 것이 바로 풍수이론의 핵심인 용·혈·사·수·향이다. 이 책에서는 이러한 복잡한 풍수이론을 모두 다루고 있지는 않다. 왜냐하면 대체로 도시 내에서 건물과 건물이 서로 인접해 있는 상황의 부동산을 주로 거론하고 있기 때문이다. 물론 산간오지로 들어가서 피난처, 전원주택지, 연수원, 수련장 등의 터를 구하는 경우에는 이러한 풍수이론이 필요할 수도 있다. 이러한 풍수이론을 종합해보면, 결국 명당이란 살기가 없는 땅을 말하는 것이다. 부동산 풍수학에서 주로 피해야 할 살기에 대해서는 뒤에서 자세히 언급하기로 하겠다.

| 쓸 사람에 따른 명당 |

앞에서 일반적인 풍수 조건에서의 명당이란 좌청룡·우백호 등의 사신사가 잘 갖추어진 땅임을 언급하였다. 그런데 부동산 풍수학은 전통 사회에서의 일반적인 명당론보다 다변화된 현대 사회에서도 적용될 수 있는 구체적

32
최창조, 앞의 책, p.217.: "玄武垂頭, 朱雀翔舞, 靑龍婉蜒, 白虎馴頫."

인 명당론을 요구한다. 사실 일반적인 조건의 명당은 이상적인 세계를 말하는 것으로 서구의 유토피아처럼 관념적으로만 존재하는 것이다.

과거 원시봉건사회에서 정립된 풍수이론을 현대 사회에 적용하기 위해서는 그 비중을 다르게 하거나 수정되어야 할 부분이 많다. 물론 과거의 것을 제대로 알고 난 뒤에 수정·보완해야 할 부분을 찾는 것이 순서라는 것은 두말할 나위가 없다.

과거 풍수이론에서 사신사의 형국을 중요시하였다고 해도 현대 사회에서는 과거처럼 그리 중요하게 취급하지 않을 수도 있다. 특히 풍수를 필요로 하는 사회 여러 분야별 특성에 따라 비중을 두어야 하는 부분이 서로 다를 수 있음을 인정해야 한다.

부동산 풍수학에서 좋은 땅을 말할 때 중요시하는 풍수 조건은 쓸 사람과 업종이다. 부동산의 가치는 어떤 용도로 터를 사용할 것이냐에 따라 달라진다. 터를 분석함에 있어 그곳을 어떤 용도로 개발하면 좋을지에 대해서는 부동산 풍수학의 개념에서도 다루고 있지만, 부동산 일반학에서도 많이 다루고 있는 문제이다. 다만 부동산 풍수학에서는 터와 터를 쓰려는 사람의 기운이 서로 궁합이 맞는지 그렇지 않은지를 중요시한다.

전문적인 지관들조차 땅이 좋으니 나쁘니 하고 얘기를 한다. 그러나 다른 나라는 모르겠으되 우리나라에서는 나쁜 땅이란 없다. 다만 그 사람에게 맞지 않는 땅이란 말은 있을 수 있다. 그 땅의 쓸 데가 그런 것이 아닌데 썼다면 그것은 잘 알지도 못하면서 써버린 사람에게 잘못이 있는 것이지 땅이 나쁘다고 할 수는 없는 것이다. 그러니까 땅을 찾는 일이란 좋은 땅을 찾는 것이 아니라 맞는 땅을 찾는 일이 된다.[33]

'명당에는 주인이 있다.' 이 말을 가장 잘 입증하는 사례가 세종대왕이 모셔진 영릉英陵이다. 세종대왕은 풍수에 조예가 깊은 왕이었지만, 풍수를 맹신하지 않고 균형 있는 사고를 한 인물로 알려져 있다. 많은 사람들이 알고 있듯이 처음 세종은 부왕인 태종의 능(헌릉獻陵) 근처에 묻혔다. 하지만 우여곡절 끝에 예종 원년인 1468년에 지금의 여주 영릉으로 옮겨져 모셔졌다.

여주의 영릉은 풍수가들 사이에서도 거의 이견이 없는 명당이다. 세종은 자신이 묻힐 명당을 찾으려고 굳이 노력하지 않았지만 결국 명당에 묻힌 것이다. 한편 영릉 근처에 묻혀 있던 광주이씨 이인손李仁孫(1395~1463)의 묘는 다른 곳으로 옮겨졌는데, 그 또한 좋은 곳이라 한다.[34]

대개의 사람들, 더욱이 일부 풍수사들 중에도 명당[35]을 시공간의 차이나 변화에도 불구하고 절대적인 가치를 가진 것으로 이해하고 있다. 절대적 개념의 명당은 책에서만 존재하고 실제로는 존재하기 어렵다는 점을 이해해야 한다. 책에서 거론하고 있는 명당의 조건은 까다롭기도 하고 상호 모순된 측면도 있기 때문에 그 조건들을 모두 충족하는 명당 터를 찾는 것은 매우 어려운 일이다.

터를 고를 때 누가 사용하는 것인지, 어떤 목적으로 쓸 것인지를 먼저 파악해야 한다. 풍수에서는 터를 사용할 사람이 누구인지를 아주 중요하게 생각한다. 쉽게 말하면 땅과 주인이 서로 궁합이 맞아야한다는 것이다. 앞에서 언급한 동기감응이나 영릉의 사례에서와 같이 풍수의 윤리적 문제가 대두되는데, 마음이 올바르지 못하고 덕을 쌓지 못한 사람은 명당에 들어갈 수 없다고 한다. 게다가 산천을

33
최창조, 앞의 책, p.499.

34
손석우, 《터》, 답게, 2002, pp.256~276 참조.

35
명당明堂이라는 용어는 두 가지 의미로 구분해서 사용되어야 한다. 넓은 개념으로 좋은 땅이라 할 때 전체를 뭉뚱그려 지칭하는 경우가 하나이고, 혈穴 앞에 넓게 펼쳐진 들판을 지칭하는 경우가 하나이다. 여기에서는 전자의 뜻으로 사용되었다.

사진 3-9 영릉. 세종대왕의 능이다. 원래 헌릉 근처에 있었는데, 예종 때 여주로 모셔왔다. 이 자리에는 광주이씨 이인손의 묘가 있었다고 한다. 영릉은 '명당에는 주인이 있다'는 것을 잘 나타내주는 좋은 사례이다.

사진 3-10 이인손 묘소의 묘지 이장 관련 설명 내용. "초장지는 여주황당이었는데, 세종대왕의 능침을 옮길 때 연을 띄워 연이 떨어진 이곳에 천묘하였다"라고 씌어 있다.

本貫：廣州 字：仲胤 號：楓崖 諡：忠僖 官職：右議政
　본관　광주 자　중윤 호　풍애 시　충희 관직　우의정

太祖乙亥（一三九五）七月四日生　太宗十六年（1417）式年文科에　及第　檢閱에　拔擢되고
태조을해　　　　　　　　　월　일생　태종　년　　　　식년문과 급제 검열　　발탁
世宗十六年（一四三四）監察을　거쳐　判軍資監事를　지냈다.
세종　년　　　　　　　감찰　　　　　 판군자감사

　이어　刑曹參判을　거쳐　端宗1年（一四五三）漢城府右尹으로　聖節使가　되어　明나라에
　　　　형조참판　　　거쳐　단종　년　　　　한성부우윤　　　성절사　　　되어　명
다녀 왔다.

　이어　戶曹判書에　陞任되고　湖南에　饑饉이　甚하자　賑恤使로서　百姓을　救濟하는데　貢獻
　　　　호조판서　　승임　　　호남　기근　심　　　진휼사　　　백성　　구제　　　　공헌
했다.

　一四五五年　判中樞府事를　兼任하고　이어　左贊成을　거쳐　一四五九年（世祖五）에　右議政
　년　　　　판중추부사　검임　　　　　좌찬성　　　거쳐　　년 세조　　　우의정
에 올랐다.

　世祖癸未（一四六三）七月十三日　享年六十九歲로　長逝하니　初葬地는　驪州皇堂（世宗
세조계미　　　　　　　월　일　　　향년　　　세　장서　　　초장지 여주황당 세종
大王陵）이었는데　世宗大王의　陵寢을　옮길때　鳶（연）을　띄워　鳶이　떨어진　이곳에
대왕능　　　　　세종대왕　능침　　　　　　　　연　　　　연
遷墓하였다.
천묘

돌아다녀도 좋은 명당을 찾기가 어려운 현시대의 상황에서는 더욱 이러한 논리가 설득력을 얻는다. 반대로 적덕을 많이 한 사람은 준비 없이 죽는다고 하더라도 명당을 차지하게 된다고 한다.

음택에서만 그런 것이 아니라 살 집을 정하는 경우에도 마찬가지이다. 전셋집이나 매입할 집을 구할 때 집과 내가 서로 궁합이 맞아야 한다. 되지 않는 것은 억지로 하려고 해도 되지 않으며, 되는 것은 별 힘을 들이지 않고도 되기 마련이다.

쓸 사람과 궁합이 맞는 땅이라 함은 여러 가지 관점에서 생각할 수 있다. 우선 터와 사람의 운 때가 서로 맞아야 한다. '운 때'라는 것은 시간적인 좌표로서 아무도 알 수 없는 것이다. 오직 하늘만이 알고 있다. 명절 때 지체가 심한 고속도로를 운행하다가 잠시 휴식을 취하기 위해서 휴게소의 주차장에 들어갔다고 가정해보자. 주차할 자리가 없어 차량을 서서히 이동하면서 찾고 있는데, 그때 바로 앞에서 차량 한 대가 주차공간에서 빠져나오고 있다면 그 자리에 주차할 수가 있다. 그것은 그 자리와 나의 시간적인 좌표가 맞아떨어졌기 때문이다.

터를 고를 때는 운 때가 맞아야 한다고 하는데, 풍수에서는 그것을 윤리적 측면으로 설명한다. 평상시에 적덕한 사람에게는 명당을 차지할 운 때가 온다는 것이다.

한편 풍수에서는 사람에게도 기운이 있어 그 사람의 기운과 터의 기운이 맞아야 한다고 주장한다. 예를 들어 터의 성격이 화기운이라면 화기운과 상극관계인 금기운을 가진 사람이 들어가는 경우 좋지 않다는 것이다.

다시 묻거니와, 도대체 풍수지리사상이란 무엇일까? 그것은 물이 좋고 산세가 뛰어난 땅에 온화한 방위를 가려서 살아보자는 발상에서 나온 우리들 원형의 자연관이자 지리관이다. 얼마만큼 온화함을 원하는지는 사람에 따라 다르다. 그래서 풍수의 기본 구성요소로 산, 물, 방위말고도 사람을 넣는 것이다.[36]

절터의 성격에 따라서 일종의 정신적 · 육체적 치료 효과를 볼 수 있는 경우가 있다. 내 몸과 정신이 필요로 하는 기운이 있는 절터를 골라 템플스테이 temple stay와 같은 프로그램에 참여하는 것이다. 예를 들어 여주의 신륵사는 물기운이 강한 터이다. 특히 신륵사 전탑이 있는 바위는 남한강의 강한 수살을 받는 곳이다.

서울은 화기운이 강한 도시이다. 북한산도 화의 기운을 갖고 있고 관악산도 화의 기운을 갖고 있다. 이렇게 앞뒤에 강한 화기운의 산이 있는 데다 지질은 물빠짐이 좋은 사질토로 되어 있어 화기운을 제압할 수기운이 없다. 더욱이 도시는 온통 콘크리트 건물과 아스팔트 포장도로로 채워져 있어 물은 땅 속으로도 들어가지 못하고 빠른 속도로 강으로 흘러 들어가버린다. 그래서 서울에 사는 사람들은 이래저래 수기운을 받을 기회가 없다.

화기운에 갇혀 있는 서울 사람들은 적극적으로 수기운을 받으려고 노력해야 한다. 서울 근교의 수기운이 강한 곳이 바로 여주 신륵사이다. 신륵사의 템플스테

사진 3-11 신륵사 앞의 바위. 신륵사 앞의 큰 바위는 강한 수기운이 있는 곳이다. 어린이불교생태학교에 참여한 어린이들이 참선 자세를 취하고 있다. 수기운이 필요한 사람에게 좋은 장소이다. 불교환경연대 최경애 제공.

36
최창조, 앞의 책, p.494.

이 프로그램에 참여하는 것은 정신적·육체적으로 아주 좋은 일이다.

풍수적 관점에서 물의 양과 세기는 곧 재물의 양과 세기로 본다. 한강이 바라다보이는 곳에 집터를 마련하지 못한 경영자라면 여주 신륵사에서 맑고 강한 수기운을 주기적으로 받아가는 것이 필요하다. 부동산 풍수학의 관점에서 좋은 땅이란 용·혈·사·수·향도 중요하지만 업종별, 사람별로도 따져보아야 할 문제인 것이다.

| 업종에 따른 명당 |

업종에 적합한 땅을 고르는 것은 사업의 성공을 위해서 매우 중요한 일이다. 그래서 절대적인 명당이 아니라 상대적인 명당을 찾아야 한다. 업종에 맞는 터를 고를 때 조금 쉽게 접근하는 방법은 몇 개의 대안을 가지고 판단하는 것이다. 몇 개의 대안 중 상대적으로 좋은 터를 골라야지, 막연히 우리나라에서 제일 좋은 터를 찾고자 한다면 어려운 일이 아닐 수 없다. 업종에 적합한 땅은 그 업종과 터의 성격이 잘 맞는 것인데, 그것을 판단하기 위해서는 터의 기운을 읽어내는 능력이 요구된다. 터의 성격은 여러 관점에서 읽을 수 있다.

풍수이론상으로는 좌청룡·우백호 등이 갖추어져 있어서 명당인 것 같은데, 쓰려는 용도에는 적합하지 않은 경우가 종종 있다. 이런 경우에는 터를 고름에 있어서 풍수적 조건이 중요한 고려대상이 아닐 수도 있다. 하지만 다르게 말하면 용도에 따라 명당의 조건이 달라진다고 할 수 있다. 집터로서 적합한 명당이 있고 묘자리로서 적합한 명당이 있다. 묘자리로 명당이라고 해서 집터로도 명당이라고 할 수는 없다. 그래서 가끔 묘자리 전문의 풍수가들이 잡아준 터가 하고자 하는 사업지로는 별로 신통치 않은 경우가 많다.

자료를 보면 전통마을 안에서도 여러 가지 주요 시설들이 배치되는 위치가 정해져 있는데, 마을 성황당城隍堂이 들어설 곳[37]과 묘자리가 들어설 곳, 집자리가 들어설 곳이 각각 구분되어 있다.

《정감록》등의 도참서에서 거론되는 십승지十勝地[38]가 마치 풍수에서 말하는 명당인 것처럼 주장하는 경우를 볼 수 있다. 십승지 몇 군데를 답사해보아도 그곳은 사신사가 잘 갖추어진 명당이 아니라 앞뒤좌우가 꽉 막힌 골짜기 중의 골짜기이다. 생명 보존을 위한 피난의 용도로서 명당이지, 인재를 키우고 부를 축적할 수 있는 터는 아니다.

모든 용도에 대해 적합한 명당의 조건이 무엇인지 열거할 수는 없지만, 대표적인 사례로 공장을 위한 터를 찾는다고 할 때 부동산 풍수학에서 말하는 명당의 기준은 어떤 것일지 논해보기로 하자. 물론 공장의 용도도 여러 가지로 세분화될 수 있기 때문에 공장의 구체적 용도에 따라 기준이 달라져야 할 것이다. 여기에서는 단지 제품을 생산하고 보관하고 반출하는 일반 굴뚝산업형 공장을 기준으로 명당의 조건을 살펴보기로 하겠다.

공장터를 부동산 투자 대상으로 접근하는 사람들은 우선 부동산의 투자가치가 있느냐를 먼저 따지게 될 것이다. 서울의 구로공단 지역이나 서울 근교의 변두리 공장용지였던 곳은 신개발지 내지는 아파트 개발 대상지로 지정되면서 부동산 가치가 엄청나게 상승하였다. 어떤 땅에 투자를 하면 실패하지 않고 성공할 수 있는지에 대해서는 뒤에서 다루기로 하겠다.

공장용지를 구할 때 부동산 풍수학의 관점에서 우선 고려해야 할 것은 풍살風殺과 수살水殺이다. 제품을 생산하는 공장업은 특히 화재에 주의해야 한

[37]
김종대 외, 《한국의 산간신앙: 경기도·강원도 편》, 민속원, 1996.: 성황당의 마을 공간상의 위치에 대한 내용 참조.

[38]
《정감록》은 전쟁 시 안전한 피난처로 십승지를 말하고 있다. 그곳은 여러 주장이 있으나 대체로 풍기의 금계촌, 안동의 춘양면, 보은의 속리산, 운봉의 두류산, 예천의 금당동, 공주의 유구와 마곡, 영월의 정동 상류, 무주의 무풍동, 부안의 변산, 합천 가야산 남쪽 만수동을 포함한 10곳을 말한다.

사진 3-12 대흥농산으로 가는 길. 반궁수형의 도로 쪽에 대흥농산의 화재 현장이 있다. 2004년 촬영.

사진 3-13 대흥농산 현장. 화재 이후 도로살이 미치는 곳에 여유 공간을 조금 만들어 두었다. 2004년 촬영.

다. 화재는 여러 가지 이유로 발생하는데, 풍수적 원인은 풍살이다. 공장이 풍살을 받는 조건에 놓여 있다면 공장시설과 생산제품이 하루아침에 잿더미가 될 수 있다는 것을 명심해야 한다. 이러한 곳에 자리한 공장은 풍살을 피하든지 방비책을 세워야 한다. 풍살을 받는 대지는 주로 충衝하는 도로가 있는 곳, 골짜기 바람이 불어오는 곳, 낮과 밤에 따라 바람의 방향 변화가 심한 곳, 회오리바람이 자주 생기는 곳을 말한다.

경상북도 청도군 풍각면 흑석리의 대흥농산 화재(2003. 12. 17)는 용접공의 실수가 직접적인 원인이지만, 도로의 구조로 볼 때 버섯공장은 원초적으로 풍살을 받아 화재 발생의 가능성이 높은 위치에 있었다. '불낼 사람 따로 없고 불날 장소 따로 없다'는 표어가 있는데, 맞는 말이다. 하지만 부동산 풍수학의 관점에서 보면 '불낼 사람 따로 있고 불날 장소 따로 있다'는 것도 맞는 말이다. 한 발 더 나아가 '불날 시간도 따로 있다'고 할 수 있다.

여기에서 불낼 사람이란 일부러 불을 지르고 다니는 사람을 말한다. 그러한 사람을 방화범放火犯이라 하는데, 몸 속의 화기가 뒤틀린 사람이다.

공장에 화재가 나는 경우는 여러 가지 불이 날 조건을 갖추었기 때문이다.

불낼 사람은 인기人氣, 불날 장소는 지기地氣, 불날 시간은 천기天氣이다. 대형화재는 천기, 지기, 인기가 일정한 조건으로 결합되어 화기운을 불러일으켜 분기탱천憤氣撐天한 것이다.

풍살은 오행 중 탁한 화의 기운이며 음기의 성격을 갖고 있다. 풍살이 화기를 만나면 원치 않는 화재로 급발전하니 항상 조심하여야 한다.

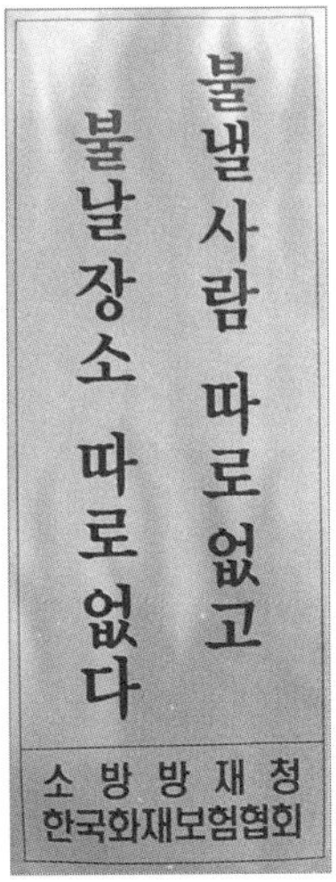

조금 어설프긴 하지만 과학적인 논리로 바람을 이야기한다면, 바람이라는 것은 기압의 차이에 의해서 생기고 기압의 차이는 온도의 차이에 의해서 생긴다. 풀이 나지 않는 도로, 특히 일정한 재질의 아스팔트로 포장된 도로는 태양열에 의해 쉽게 고온으로 데워진다. 도로상에 있던 상대적 고온의 공기는 상승기류가 되고 다른 곳에 있던 공기가 그 빈자리를 채우게 된다. 따라서 도로는 일정한 바람을 일으키며 바람의 주통로가 된다. 더욱이 자동차가 빠른 속도로 통행하는 도로라면 도로 위의 바람은 심하게 요동치게 된다. 한편 골짜기나 강줄기는 저온의 저기압 지대이다. 기압의 차이는 심한 바람을 일으키기 때문에 바람 골에 자리하면 풍살을 맞을 우려가 높다.

부동산 풍수학에서는 헥토파스칼hectopascal(기압의 단위)이나 m/sec(풍속의 단위)로 바람을 구분하지 않는다. 불낼 바람인지, 봄처녀 마음을 설레게 하는 바람인지, 우울증을 유발하는 바람인지를 따진다. 풍살은 인간의 입장에서 보았을 때 생기를 불어넣어주는 바람이 아니라 살기를 품은 바람이라는 것이다. 기의 세계관으로 봄바람과 가을바람을 살펴보면 기압이나 풍속이 같다고 하더라도 그 성격은 다르게 본다.

불낼 사람 따로 없고
불날 장소 따로 없다

소 방 방 재 청
한국화재보험협회

사진 3-14 화재방지 표어. 표어와 달리 부동산 풍수학의 관점에서 보면 불낼 사람 따로 있고 불날 장소 따로 있다. 그리고 불날 시간도 따로 있다.

살기를 품은 바람을 바로 맞으면 몸과 마음에 모두 상처를 입는다. 풍수에서는 가능성이 높다는 것을 좀더 강하게 표현하여 꼭 그렇게 된다고 말하는 경우가 있다. 풍살을 맞으면 불이 날 가능성이 높다고 표현하는 것이 아니라 '반드시 불이 난다'고 표현한다. 그래야 사람들이 조심하게 된다.

공장용지를 고를 때 수살에 대한 고려도 필요하다. 수살을 맞으면 공장시설과 제품이 물에 잠기거나 강한 습기로 곰팡이가 생겨 못 쓰게 된다. 수살은 곰팡이가 좋아하는 기운이다. 사람에게는 수살이 되지만 곰팡이에게는 수의 생기가 된다. 사실 풍살을 받는 위치나 수살을 받는 위치의 개념은 유사점과 상이점이 있다.

최근에는 공장용지를 확보하기가 어려워 독자적으로 용지를 조성하기보다는 새로 조성된 공업단지에 입주하는 경우가 많다. 이러한 공업단지 중에는 서해안 지역의 매립지가 많다. 물론 매립 작업을 하면서 지반안정화를 위해 여러 가지 조치를 했겠지만, 매립지는 수살에 대한 고려가 필수적이다. 침수 우려가 없다고 하더라도 몇 가지의 풍수적 보완 조치는 필요하다.

매립지의 지상에 물이 보이지 않아도 지하에는 항상 물이 들락날락한다는 것을 명심해야 한다. 이러한 매립지상에 지하층을 만들거나 지하층에 입주하는 것은 절대 금물이다. 들어오는 물에 비해서 나가는 물이 많으면 토사가 유실되어 지반이 침하될 우려가 있기 때문이다.

일산 백석동의 한 공사장에서 실제로 지하의 수맥 때문에 옆 건물이 기울어지는 사건이 발생했다. 다음 글은 당시의 상황을 전해주고 있다.

'개펄은 살아 있다.'

최근 경기도 고양시 일산의 신축건물 공사현장에 '개펄공포증'이 번지고

사진 3-15 일산 백석동의 수살 피해를 입었던 건물. 건물이 한쪽으로 약간 기울었다. 2005년 촬영.

있다. 건물 기초공사를 위해 땅을 파 들어가면 난데없이 바다 개흙과 더불어 거센 물살이 드러나기 때문이다. 지난달 말 백석동의 지하 4층, 지상 10층 예정의 한 오피스텔 신축공사장 옆 빌딩이 기운 것이 발단이 되었다. 지하 4층을 만들려면 땅 밑 17m까지 파야 하는데, 12m쯤에서 물이 나오기 시작했다. 시공사측은 연약지반에서 흔히 있을 수 있는 일이라 보고 물막이를 친 뒤 공사를 계속했으나 설상가상이었다. 17m쯤에서 초속 1.6m의 유속을 나타내는 수맥과 더불어 미세한 입자의 거뭇거뭇한 바다 개흙이 모습을 드러냈다. …… 이 파장은 즉각 옆 상가건물에 미쳤다. 갑자기 물꼬가 트인 수맥을 따라 건물 지하 토사가 쓸려가면서 육안으로 느낄 정도로 건물의 윗부분이 공사장 쪽으로 기울었다. …… 이에 따른 손실 역시 엄청나 업소 주인들이 시행사를 상대로 손해배상을 요구하기에 이른 것이다. 분쟁의 불똥은 토질조사와 건축허가를 담당했던 한국토지공사와 고양시청에도 튀고 있다. …… 한강관리사업소에 따르면 현재도 서해 만조시 김포대교 인근 신곡 수중보까지 바닷물이 올라오는 것이 감지되며, 조수간만의 차는 한강 상류와 임진강까지 미치는 것으로 파악되고 있다. 비록 물줄기는 제방에 가로막혀 일산을 넘보지 못하게 되었지만, 그 옛날 도도한 파도에 쓸려 퇴적되었던 바다 개흙들은 아직까지 땅속에서 그 숨결을 유지하고 있다.[39]

지반이 불균형하게 침하될 때 공장 건물은 기울어질 수 있다. 부동산 풍수학으로 말하면 들어오는 물에 비해서 나가는 물이 많으면 항상 적자경영이며 가세가 기울어지게 된다. 수살을 받는 공장에는 기운이 빠져나가지 못하도록 하는 일정한 비보神補가 필요하다. 나쁜 기운이 들어오는 것에 대한 방비를 해야겠지만 생기가 설기泄氣하지 않도록 하는 집안 단속도 필요하다.

안산 시화공단·반월공단과 인천 남동공단의 경우 공단용지를 건설하면서 물길을 모두 직선으로 처리했다. 공단용지의 구획은 대다수 직선격자형으로 이루어지는데, 단

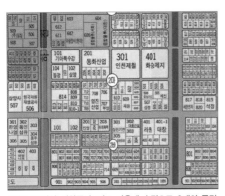

사진 3-16 안산 시화공단. 지도 가운데 수직으로 2개의 물길이 형성되어 있다. 토지구획, 도로 구조, 수로의 형식을 보면 모두 직선으로 되어 있어 설기하기 쉬운 구조이다. 손쓸 틈도 없이 재물이 빠져나간다.

39
송채수, 〈살아 있는 개펄 … 일산 기우뚱〉, 《스포츠조선》, 2003년 1월 24일.

사진 3-17·18 시화공단의 2마지구 공장용지의 석사자. 두 마리의 사자가 서로 마주보면서 으르렁거리고 있는데, 설기는 막을 수 있겠으나 너무 험하게 생겨 집주인에게도 덤비지 않을까 걱정된다. 조형물을 세울 경우 그것의 기운을 잘 살펴 방향과 위치 등을 고려해야 한다. 2004년 촬영.

사진 3-19 임인산 묘소 입구의 석사자. 사자의 인상이 너무 사납다.

지계획이 격자형일 경우 도로와 물길은 모두 직선으로 계획된다. 이때 물의 속도가 빠를 경우 설기하기 쉽다. 설기가 심하면 기진맥진하여 망하는 공장이 많아지고 공장 임대료도 못 내는 상황이 될 수 있다. 그래서 공장 출입구에다 석사자를 세우기도 한다.

요즘 중국에 진출하는 기업들이 많다. 중국에서 제공한 터에 입주하여 공장시설을 짓기 전에 터의 성격부터 파악할 필요가 있다. 잘 모르는 곳에 가서 터의 성격을 파악하는 방법으로 풍수적 식견보다 좋은 것은 없다.

얼마 전에 터에 대한 검증을 요청받은 일이 있었다. 그런데 현지에 가보지

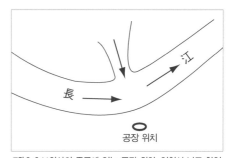

그림 3-2 U회사의 중국에 있는 공장 위치. 인천시 남구 학익동에 국내 공장을 둔 화학제품(칼륨)회사의 중국 공장 터의 위치는 강소성江蘇省 진강시鎭江市 대항大港이다. 중국이 제공한 공업부지는 수살의 공격이 상당히 우려되는 곳이다. 지금이라도 수살에 대해 대비책을 마련하기 바란다.

는 않았지만 수살이 드는 터로 생각되어 담당자에게 말하였으나 무시당하고
말았다. 아마도 이미 일이 상당히 진행된 상태라 담당자로서는 변경하기가
부담스러웠을 수 있다. 어쩌면 담당자는 내 의견을 최고경영자에게 똑바로
보고하지 않았을지도 모른다. 이미 돌이킬 수 없는 상황이거나 다른 곳으로
변경할 부지가 없다면 최소한 수살에 대한 대비가 필요한데, 전문가의 말을
무시하고 그냥 진행하는 것은 바람직하지 않다고 생각한다. 지금이라도 큰
재난을 방지하기 위해 별도의 조치를 취하였으면 한다.

땅의 단점을 보완한다 – 비보 · 염승

앞에서 명당의 상대성에 대해서 언급하였다. 그러면 절대적인 명당은 없는
것일까? 음택의 경우만 보더라도 풍수이론에서 말하는 모든 조건을 충족시키
는 절대적인 명당은 찾기 어렵다.

충남 예산군 덕산면 상가리에 남연군묘가 있다.
남연군묘는 풍수에 관심이 있는 사람이라면 누구
나 한 번은 답사하는 곳이다. 남연군은 대원군의 아
버지이다. 대원군이 실권을 장악하기 전에 돌아가
시어 경기도 연천 남송정南松亭에 모셨으나 1846년
에 이곳으로 이장한 것으로 알려져 있다.[40]

남연군묘는 많은 지사地師에 의해 칭송되는[41] 명
당터이다. 하지만 이곳도 장점과 단점을 가지고 있
다. 남연군묘에 대한 이야기는 많은 풍수책에서 다

40
예산군에서 설치한 남연군묘 앞의 현판
에도 이러한 설명이 있다.

41
손석우, 앞의 책, 상권: 이 책에 의하면
육관도사의 남연군묘에 대한 애착심을
간접적으로 느낄 수 있다. 육관도사의 묘
가 남연군묘 근처에 있다는 것이 이를
입증한다. 사실 이 책은 육관도사로 불리
는 손석우의 저서로 되어 있으나 윤덕산
이라는 사람의 저서로 봐야 한다. 책머리
에는 육관도사의 구술에 의해서 윤덕산
이 문장화한 것으로 되어 있다. 상당 부
분 소설 같은 이야기로 채워져 있으며,
재미있게 하려고 많은 부분을 각색한 것
으로 여겨진다. 책의 내용에 대해서는 읽
는 사람이 잘 걸러서 받아들일 필요가
있다.

남연군묘

풍살막이 미륵불

사진 3-20 남연군묘 청룡 쪽 골짜기에 모셔진 미륵불. 조각 형식은 고려시대의 것으로 추정된다. 남연군묘에서 볼 때 움푹 꺼진 곳에 설치되었으며, 골짜기 바람이 불어오는 방향에 맞서 세워져 있다. 세워진 시기에 대한 논란이 있으나 당연히 풍살막이 비보로 설치된 것이다.

루고 있으므로 길게 말할 필요가 없다고 생각된다. 다만 이러한 풍수책의 논리들이 대부분 결과론적인 해석에만 그치고 있다. 결과론적인 해석은 귀에 걸면 귀걸이, 코에 걸면 코걸이식으로 제멋대로 해석되는 경우가 많다. 풍수에 대한 책들은 대부분 좋은 일에는 터의 장점을 말하고, 나쁜 일에는 터의 단점을 말할 뿐이다. 이러한 사례는 고故 박정희 전 대통령의 생가와 선산에 대한 평가에서도 드러난다. 이러한 풍수가들의 태도는 음택의 동기감응이론을 억지로 붙여서 재미있게 이야기하려고 하는 데에서 비롯되었다고 할 수 있다.

명당이니 혈이니 하는 것은 인간의 입장에서 말하는 것이고 자연은 자연

그대로 있을 뿐이다. 명당을 위해서 자연지형이 만들어진 것이 아니라 제멋대로인 자연지형 속에서 인간이 쓸 만한 명당을 찾는 것이다. 새가 적당한 나뭇가지에 둥지를 칠 때 둥지를 치도록 적당하게 나무가 배려한 것이 아니라 단지 새가 집짓기에 적당한 나무를 고른 것뿐이다. 다시 한 번 강조하면 자연적으로 만들어진 지형을 인간이 묘터나 집터로 쓸 때 상대적으로 적당한 곳이 있을지는 몰라도 절대적 조건을 갖춘 곳은 없다.

터에는 항상 장단점이 있다. 공장에서 특정한 용도를 위해서 정밀한 설계로 만들어진 공장제품에도 불량품이 있는데, 하물며 자연적으로 만들어진 땅이 어떻게 인간이 원하는 조건을 모두 수용할 수 있겠는가?

터에 장단점이 있다면 그것을 쓰는 방식이 중요해진다. 당연히 터의 장점은 살리고 단점은 보완해야 할 것이다. 터의 기운이 약한 것은 북돋아주어야 하는데, 그 방법을 비보裨補라고 한다. 또 터의 기운이 너무 강한 것은 눌러주어야 하는데, 이를 두고 염승厭勝[42]이라 한다. 어떤 경우에 비보를 쓰고 어떤 경우에 염승을 쓰는지의 문제는 그리 간단하지 않다. 이 단계에서는 계획의 문제가 대두된다. 명당터를 고르는 것도 중요하지만 터를 어떻게 사용할 것인지를 계획하는 것은 더 중요하다.

비보에 관해서는 학계 최원석 박사의 연구가 괄목할 만하다. 그의 저서《한국의 풍수와 비보》에서는 비보를 여러 종류로 분류하고 있다.

한국의 비보론은 불교적 비보론과 풍수적 비보론으로 대별된다. 특히 풍수적 비보론은 택지론擇地論과 더불어 한국 풍수의 구성 체계에서 양대축을 이루며 기존 풍수론의 산, 수, 방위라는 3요소에 문화요소를 더한 4자의 상호조합으로 구성

42
염승은 압승壓勝이라는 용어로 사용되기도 한다.

된다. 풍수적 비보는 기능상 용맥비보龍脈裨補 · 장풍비보藏風裨補 · 득수비
보得水裨補 · 형국비보形局裨補 · 흉상차폐凶相遮蔽 · 화기방어火氣防禦 등으로
분류되고, 특히 수구비보水口裨補는 영남지방을 비롯한 취락비보의 일반
적인 유형이자 핵심적인 기능이 된다.[43]

　비보와 염승은 오늘날 형국을 갖춘 명당을 찾기 어려운 실정에서도 풍수가
그 의미를 가지게 하는 중요한 개념이다. 비보와 염승은 '명당이란 없다'는
논리에서 출발한다. 이것은 풍수의 존재 가치를 전면 부정하는 것처럼 들릴
수도 있는데, 오히려 그것이 현대에도 풍수가 살아 있게 하는 원동력이다.
　터의 기운을 읽고 정확하게 진단하여 적합한 비보책과 염승책을 강구할 수
있는 사람은 누구일까? 그 역할은 건축가가 해야 한다고 생각한다. 터에 건축
물이 들어가면서 터의 기운은 변화한다. 건물을 잘못 앉히거나 그 규모, 형태,
재료를 잘못 적용하였을 경우는 '좋지 않은 기운을 만들어내는 공장'을 새로
지은 것과 같다. 건축물 하나하나가 땅의 비보와 염승이라고 본다면 터를 정
확히 진단할 수 있는 사람은 건축가일 수밖에 없다.
　여기에서 비보책이나 염승책은 개인에게 영향을 주는 작은 소품에서부터
건물 전체 내지는 전 국토에 영향을 주는 대규모의 것들이 될 수도 있다. 돌무
더기와 탑과 같은 조각물, 연못, 건물의 형태와 배치 등에 비보와 염승의 논리
가 적용될 수 있다. 하지만 비보와 염승의 방법이 돌무더기 따위로 머물러서
는 곤란하다. 더욱 융통성 있고 합리적인 방안들이
제시되고 개발되어야 한다.
　하나의 가능성 있는 방식은 '기의 논리'에 의한
비보와 염승의 방법이다. '기의 논리'의 기저부에

43
최원석, 《한국의 풍수와 비보: 영남지방
비보경관의 양상과 특성》, 민속원,
2004, pp.5~6.: 최원석 박사는 비보
와 염승을 구분하지 않고 모두 비보로
분류하고 있는 점이 특이하다.

는 음양론, 생기살기론, 오행론 등이 있으며, 이를 활용하여야 한다. 비보와 염승의 개념으로 음양오행론을 이용한다는 것은 음양기의 변화이론인 소음소양·극음극양론, 음양교합론, 정음정양론과 오행기의 상생상극론을 응용한다는 의미이다. 특히 오행기의 상생상극론은 비보와 염승의 관점에서 응용될 수 있는 여지가 많다. 예를 들어 화의 기운이 넘치거나 강한 경우 토의 기운을 키워주는 에너지로 사용하면 토기운의 입장에서는 화의 기운으로 비보를 하는 셈이고, 화기운의 입장에서는 자신의 넘치는 설기로 기운을 조절하는 셈이 된다. 이러한 비보와 설기의 방법은 오행상의 상생론을 응용한 것이다.

한편 비보나 설기의 방법을 적용하기에는 시간적인 여건이나 기타 여건이 여의치 않을 경우 오행상의 상극론을 응용하여 소위 염승법을 쓴다. 오행상의 상극론을 응용한 염승법은 빠른 시간 안에 효과를 볼 수 있으나 해당 기운에 상처를 주게 되는 부작용이 있으므로 주의가 필요하다. 즉, 화기운이 세다고 이를 저지하기 위해서 수기운을 동원한 수극화水克火의 염승법을 쓴다면 화기운이 완전히 꺼져버릴 수 있기 때문이다.

부동산과 관련한 비보나 염승의 처방은 주로 건축이나 조형물 등에 의해서 이루어진다. 부동산 풍수학의 비보·염승법을 포함한 이러한 복잡한 문제를 '묘자리풍수'로는 풀 수 없다. 풍수적 안목을 갖춘 제대로 된 건축가를 만나는 것이 가장 중요하다.

제 4 장

집을 풍수적으로 본다
– 집의 기운을 살핀다

좋은 집은 규모 · 형태 · 재료의 기운이 좋아야 한다. 규모는 량기, 형태는 형기, 재료는 질기를 드러낸다.

집도 기싸움을 할까? 집도 사람처럼 서로 질투하고 경쟁한다. 건물은 기운을 담고 있는 그릇이므로 규모 · 형태 · 재료를 조절하는 것은 건물의 기운을 조절하는 것이 된다. 특히 형태에 따라서는 허기虛氣의 건물, 능압의 건물, 석살의 건물, 도끼살의 건물 그리고 설기하기 쉬운 건물로 나누어 생각해볼 수 있다. 아파트에는 풍살이 있어 사람이 그 풍살을 맞으면 우울증에 걸리기도 한다. 기운을 제대로 읽고 살기 있는 건물을 생기 있는 건물로 리모델링하자.

집의 기운

| 좋은 집의 풍수적 조건 |

풍수적으로 좋은 건물이란 좋은 터에 자리잡고 적합한 규모와 형태를 갖춘 것[1]을 말한다. 즉, 위치가 좋아야 하고, 규모가 적당해야 하고, 형태가 좋아야 하고, 적합한 성능을 발휘하는 것을 말한다. 위치에 대해서는 앞에서 '좋은 터는 어떤 곳을 말하는가' 라는 주제로 자세히 거론하였다.

여기에서는 건물의 규모와 형태에 대해서 언급하려고 한다. 건물의 규모는 대지의 성격에 적합한 규모여야 한다. 풍수이론에서 흉하게 보는 건물 규모는 대체로 대지의 성격에 맞지 않게 크게 지었을 경우이다. 건축법에서는 어떤 대지에 대하여 건물을 지을 수 있는 정도를 높이와 면적 그리고 체적을 기준으로 제한하고 있다. 높이를 제한하는 정도는 크게 두 가지로 나누어지는데, 사선제한斜線制限과 일조권 확보를 위한 높이제한이다. 도로를 이용하는 보행자의 입장에서 볼 때

1
풍수적 측면에서 좋은 집은 질기質氣·형기形氣·량기量氣가 모두 좋다.

도로변의 건물이 너무 높을 경우 좁은 터널을 통과하는 것 같은 폐쇄감을 느끼게 되는데, 사선제한은 이를 줄이기 위해서 도로폭의 1.5배 이하로 높이를 제한하는 것이다. 풍수에서의 능압凌壓에 대한 일종의 대비책인 셈이다.

일조권 확보를 위한 높이제한은 주거용 지역에서 인접대지의 일조권을 확보하기 위해 건축물의 높이를 경계선에서 띄운 거리의 2배 이하로 제한하는 것이다. 법률에서 일조권을 확보해주도록 하는 것은 일종의 천기를 골고루 받도록 배려하고 있는 셈이다.

사진 4-1 종묘정전 출입문 상세. 종묘는 조선 왕의 위패를 모신 곳이므로 귀신의 공간이다. 음기의 공간이므로 양기인 빛이 들어오는 창문이 없다. 귀신도 빛이나 공기가 전혀 통할 수 없을 정도로 밀폐된 공간에 갇히면 숨막혀 죽는다. 아무리 귀신의 집이라고 하더라도 조금의 빛과 바람은 소통되어야 한다. 종묘정전의 출입문을 삐뚤게 단 이유는 빛과 바람을 소통시켜 조금의 양기라도 공급하기 위함이다. 2003년 촬영.

면적을 기준으로 제한하는 것은 건폐율에 해당되는데, 대지에 공지가 전혀 없이 온통 건물로 채워지는 것을 제한하는 것이다. 한편 체적으로 제한하는 것은 용적률인데, 건물의 덩치를 제한하는 개념이다. 건폐율과 용적률의 제한은 량기量氣[2]를 조절하기 위한 것이다.

건축가의 입장에서 건축설계를 해보면, 건축설

2
양기陽氣와 량기量氣는 서로 다른 개념이다. 이를 구분하기 위해 이 책에서 량기量氣는 두음법칙을 무시하고 '량기'로 표기하기로 한다. 량기는 협기協氣라는 용어로 대체될 수 있는데, 어감상으로 볼 때 협기보다는 량기의 기운이 더 좋다.

사진 4-2 종묘정전 내부. 음 속에 양, 양 속에 음의 개념이 공간계획에 반영되었다. 삐뚤게 설치한 문 틈 사이로 귀신도 모르게 조금의 빛과 바람이 들락날락한다. 이 정도조차도 틈이 없다면 내부가 부패되고 냄새가 진동을 할 것이다. 종묘 내부는 팔괘 중의 감괘坎卦(☵)의 상象이 되고 대음大陰에 대한 소양小陽의 공간이다. 2004년 촬영.

계의 융통성은 높이제한 규정이나 건폐율, 용적률보다는 주차장법에 따른 주차장 확보에 의해서 가장 크게 제한을 받게 된다. 주차장 문제를 해결하고 나면 설계가 끝난 것이나 다름이 없을 정도로 주차장법은 강력한 제한 규정이다. 폭발적으로 증가하는 주차 수요를 오직 주차장 확대로 해결하려는 정책 당국의 단순한 논리에 의해 빚어진 상황이다. 비단 주차장 확대 정책 외에 보행자 위주의 도로정책과 대중교통, 자전거 등의 대체교통수단에 대한 보완책 마련에도 소홀한 것이 사실이다. 우리나라의 현대건축은 사람을 위한 건축이 아니라 자동차를 주차시키기 위한 건축이라고 해도 과언이 아닐 정도로 건물 규모는 사실상 주차장법에 의해 제한되고 있는 셈이다.

주변에 큰 건물이 들어서면 큰 산이 새로 생기는 것과 같다. 큰 건물의 기운이 생기가 될지 살기가 될지는 알 수 없어도 건물의 규모에 따라 기운의 세기가 달라지는 것은 분명하다. 외부에서 보았을 때 외형상으로 큰 건물은 큰 산처럼 큰 기운을 가지고 있다고 할 수 있다. 하지만 필요 이상으로 내부 공간의 규모가 큰 것은 풍수이론에서 흉하게 보는 경향이 있다. 《여씨춘추》의 〈중기편〉에 "큰 방에는 음기가 많다"[3]는 내용이 있다.

어린아이가 체육관처럼 천장이 높고 넓은 공간에 들어가면 겁을 먹는 경우가 있다. 어떻게 보면 아이들은 《여씨춘추》에서 말하는 음기를 느끼는지도 모른다. 살아 있는 사람의 집은 양기가 있어야 하고 죽은 사람의 집은 음기가 있어야 하는 것이 맞다.

아파트의 규모가 대형화되고 대형 평수의 아파트 한 세대 안에는 여러 개의 방이 있다. 이럴 경우 한 달 동안 한 번도 방문을 열어보지 않는 방이 있을 수 있다. 그럴 경우 그 방은 음기로 가득 채워진다. 대형 평수에 음기가 많다는 것은 부유층 주부가 우울증에 걸리기 쉽다는 말이다. 한 지붕 세 가족처럼 좁은 집 안에서 서로 얼굴을 보고 사람 냄새를 맡으며 살 때 프라이버시가 침해되는 불편함은 있어도 우울증은 쉽게 나타나지 않는다. 이와 유사한 경우로 대기업일수록 총수의 집무실[4] 규모가 엄청나다. 대개 대형 빌딩의 한 층을 통째로 사용하는 경우가 많은데, 그럴 경우도 음기가 기승을 부린다. 부동산 풍수학에서는 기업 총수의 투신자살 등도 이러한 음기의 영향을 받았다고 본다.

식구가 많을 때는 넓고 큰 집에서 살아야 하겠지만 식구가 줄어들 경우는 마치 엄마 뱃속의 자궁처럼 다시 건물도 작아져야 한다. 특히 노인 부부 둘만 사는 집은 경제적 여유가 있다고 하더라도 그 규모를 줄여주는 것이 좋다.

우리나라의 대표적 건축가 중 한 사람인 김수근

[3]
마루야마 도시아키, 《기란 무엇인가》, 박희준 역, 정신세계사, 1989, p.105.

[4]
안진우, 〈350평 김우중 회장실 세입자 급구: 수요자 없어 10달째 빈방, 대우건설 전세금 20억 손실〉, 《문화일보》, 2001년 10월 4일 기사 참조.

金壽根(1931~1986)은 자궁과 같은 집을 설계하기 위해서 평생을 바치신 분이다. 그의 유고 중에《좋은 길은 좁을수록 좋고 나쁜 길은 넓을수록 좋다》[5]는 책이 있다. 이 문장을 조금 바꿔서 '좋은 집은 좁을수록 좋고 나쁜 집은 넓을수록 좋다'는 주장을 하려고 한다. 공간의 규모가 썰렁하게 느껴진다면 양기가 빠지고 음기가 득세한다는 말이다.

공간의 규모가 커지는 것이나, 시간의 길이가 길어지는 것이나 마찬가지이다. 아무리 재미있는 것도 적정한 시간이 지나면 맥이 빠진다. 마찬가지로 양기의 세기가 시간이나 공간의 크기에 따라 변화하는 것이다.

적정한 공간 규모를 유지하는 것은 기운을 적정하게 유지하는 것과도 같다. 집 안의 적정한 공간 규모는 매일 사람의 인기척이 닿을 수 있는 정도를 말한다. 전통건축의 목구조를 전문으로 하시는 분들의 이야기를 들어보면 인기척이 없는 집은 빨리 훼손된다고 한다. 집 안에 하루에 한 번도 열어보지 않는 방이 있다면 그 방에는 음기가 자라고 있다고 볼 수 있다.

어떤 건물의 형태가 좋을 것인지는 단정하여 말하기가 매우 어려운 문제이다. 건물의 형태가 자연환경을 반영할 때는 그 지역의 기후적 특성을 그대로 드러낸다. 중국의 황토고원지대에 거주하는 사람들은 땅을 뚫고 들어가 토굴에서 생활한다. 한편 호남성 일대 지역 사람들은 원두막 형식의 집을 짓고 산다. 둘의 경우를 놓고 보면 황토고원지대의 소위 요동식窯洞式 주거는 땅과 아주 밀착해서 생활하는 반면, 호남성 쪽의 간난식干欄式 주거는 가능한 한 땅에서 떨어져서 생활한다.

물론 풍수를 공부하는 사람들은 전자의 황토고원지대의 요동식 주거가 지기地氣를 받기에 더 좋은 집이라고 주장할 수 있다. 하지만 호남성 쪽에

5
김수근, 《김수근 공간인생론: 좋은 길은 좁을수록 좋고 나쁜 길은 넓을수록 좋다》, 공간사, 1989, pp.102~107.

가서, 지기를 받아야 하니 땅에 굴을 파고 들어가서 살라고 하면 미친 사람으로 취급받을 것이다. 호남성에 요동식 집이 있다면 여러 가지 여건상 사람이 살 수 없는 집이 된다.

이처럼 전통건축의 형태는 오랜 세월 각 지역의 풍토적風土的 장점과 단점이 반영되어 나타났다. 사실 건축학적으로 말하면, 그러한 풍토적 형태가 가장 훌륭한 건축 형태라고 할 수 있다.

현대건축에서는 여러 관련 기술의 발달에 힘입어 실내와 실외를 거의 완벽하게 격리시키는 것이 가능해졌다. 따라서 열대지방의 건축이나 혹한지역의 건축이나 비슷한 형식이 되어가고 있다. 기후적인 제한 조건은 모두 비싼 에너지를 투입하여 해결하고 있는 것이다. 시대와 생활방식이 바뀌었기 때문에 전통건축의 형태를 그대로 고집하기는 어렵다. 하지만 최대한 에너지 소비를 줄이고자 한다면 전통건축에서 드러나는 풍토적 교훈을 참조할 필요가 있다.

건물의 재료와 관련한 건물의 풍수적

사진 4-3 중국 산서성 요동식 주거. 수직 벽체에 굴을 파고 토굴에 들어가서 산다. 마당에는 나무가 한 그루씩 심어져 있다. 빨래가 마당에 널려 있는 것으로 봐서 사람이 이곳에서 생활하고 있음을 알 수 있다. 2004년 촬영.

사진 4-4 중국 산서성 황토고원지대. 요동식 주택은 황토지대를 수직으로 파내려가서 마당을 형성한다. 땅에 밀착하여 사는 주거 형식이다.

사진 4-5 중국 호남성 조홍. 가능한 한 땅과 이격시켜 마루를 형성하는 집의 형태는 고온다습한 지역의 건축 특징이다. 이러한 건축 형식의 장점은 통풍이 잘 되어 습도를 조절하고, 해충과 야생동물의 공격을 피할 수 있다는 것이다. 2006년 촬영.

사진 4-6 중국 호남성의 간난식 주거. 가능하면 햇볕을 피할 수 있고 선선한 바람이 부는 골짜기에 집을 짓는데, 수맥이 있는 곳도 마다하지 않는다.

성격은 뒤에서 자세히 언급하겠다. 건물의 형태는 각 지역의 장점과 단점을 잘 고려하여 장점은 살리고 단점은 보완하는 방식이 되어야 한다. 그것이 바로 비보와 염승이다. 비보는 약한 부분을 강하게, 염승은 너무 강한 부분을 누그러뜨리는 기법이다. 앞에서 언급한 기후적 요소만을 말하는 것이 아니라 음양과 목·화·토·금·수의 기운 중에서 어떤 기운이 약하고 어떤 기운이 센지를 파악하여 그에 대한 처방을 건축물로 한다는 것이다.

낮은 곳은 높게, 높은 곳은 낮게 하여 균형을 이루고, 변화가 심한 곳은 단순화하여 정제하고 변화가 없는 곳은 변화를 일으켜 생동하게 만들어야 한다. 건축은 인간을 둘러싸고 있는 환경 전체가 조화를 이루도록 하는 구실을 해야 하는데, 불안전한 터를 완전하게 하는 하나의 비보책이며 염승책이 되어야 한다. 어떤 건축물이 좋은 건축물인가? 터를 잘 이해하고 비보와 염승의 구실을 잘하고 있는 건축물이 좋은 건축물이다. 좋지 않은 건물은 어떤 것을 말하는가? 주변에 살기를 내뿜고 있는 건물을 말한다. 살기를 가진 건물은 주인에게도 좋지 않고 도시 전체를 위해서도 좋지 않다. 이미 지어진 건물이라 하더라도 살기를 띠고 있는 건물은 전문가의 자문을 받아 보완 조치를 하는 것이 주인을 위해서나 도시를 위해서도 필요하다.

| 집도 기싸움을 하나 |

서울 서초구 양재동에 있는 현대자동차빌딩이 한때 풍수설에 휘말린 적이 있었다. 현대자동차 사옥으로 두 개의 건물을 사용하고 있는데, 규모가 작은 것이 먼저 건축되었고, 후에 인접대지를 매입하여 1.5배 가량 더 큰 건물을 새로 건축하였다. 풍수설의 요지는 새로 지은 큰 건물에 대해 기존의 작은 건물이 질투한다는 내용이다.[6]

이러한 현대자동차 사옥의 두 건물에 대한 기사는 건물 간에 일종의 상호 간섭이나 영역 침범에 대한 것을 다루고 있다. 건물 간에도 동물처럼 상호 간섭이나 침범의 정도가 심해지면 기싸움이 일어난다는 것이다.

과연 땅이나 건물이 인간들처럼 질투도 하고 기

6
김종호, 〈혹시 새 빌딩 때문에 … 현대차 때아닌 풍수 논란〉, 《조선일보》, 2006년 4월 7일 기사 참조.

싸움도 할까? 기운의 성격이 비슷한 건물이 두 개 있을 경우는 시너지 효과를 이루어 일종의 량기量氣로서 더욱 센 기운을 발휘한다고 할 수 있지만, 서로 다른 기운의 건물이 가까이 있는 경우는 서로 간의 간섭효과에 의해서 기싸움을 한다. 두 건물 간에 기싸움을 하게 되는 공간적 거리는 상대적인 값을 가진다. 색깔이 다른 두 개의 띠 사이에 시각적 간섭 현상이 일어나는 것과 같은 것이다.

하나의 벤치에 남녀 두 사람이 앉아 있다고 가정해보자. 두 사람이 연인 관계라면 서로 기싸움을 할 필요가 없으므로 오히려 친밀하게 붙어 앉는다. 하지만 전혀 모르는 사이라면 같은 벤치에 앉더라도 일정한 거리를 두는 것이 정상이다.

서로 모르는 사람끼리 유지해야 할 적정한 공간의 크기는 일종의 예절에 속하는 문제로서 문화적 속성에 따라 다를 수 있다. 모르는 사람끼리 유지해야 할 공간을 개인의 공간personal space[7] 또는 비공식적 공간informal space[8]이라고 한다. 사람이 많이 몰리는 백화점이나 경기장에 가면 심한 피로와 스트레스를 받게 되는데, 그 이유는 여러 가지로 설명된다. 풍수적으로 말하면 사람은 주변 환경에 대해서 자신도 모르게 끊임없이 반응하는데, 불안정한 상황에서는 자기 자신을 지켜내기 위해서 많은 에너지를 사용하게 된다. 주변 사람과의 거리가 너무 가까워져 개인의 공간이 침해를 받을 때는 알게 모르게 주변 사람과 기싸움을 하게 되고 이때 많은 에너지가 소모되는 것이다.

주변의 기온이 체온과 많은 차이가 날 때 인체는 체온을 유지하기 위해서 많은 에너지를 소모하게 된다. 그러한 환경에서 작업하는 사람과 적절한 온

[7]
로버트 솜머, 《개인의 공간》, 이경회 외 역, 기문당, 1983, p.38.

[8]
에드워드 티 홀, 《보이지 않는 차원》, 김광문 외 역, 세진사, 1982, p.122.

도가 유지되는 환경에서 작업하는 사람의 피로 정도는 서로 다를 것이다. 체온을 유지하는 것과 적절한 공간의 밀도를 유지하는 것은 유사한 개념으로 이해할 수 있다.

공간의 밀도에 대해서 사람이나 동물만 반응하는 것이 아니라 움직이지 못하는 나무도 반응을 한다. 나무 식재의 밀도가 높은 숲에서는 나무에서 휘발성 물질인 피톤치드('식물'이라는 뜻의 Phyton과 '죽이다'라는 뜻의 Cide의 합성어)가 발산되는데, 산림욕을 하는 사람들에게 유익한 기운이다. "하지만 피톤치드는 사실 사람들에게 좋으라고 만드는 게 아니다. 피톤치드는 움직이지 못하는 우리 자신(나무)을 외부의 침입자로부터 지켜내기 위해 뿜어내는 살균 물질이다. 균이나 잡초 같은 침입자들이 바로 옆에 자라면 땅에서 받는 영양분을 고스란히 뺏기게 된다. 그래서 그들이 접근하지 못하게 피톤치드를 뿜어내는 것이다."[9]

마찬가지로 건물 간에도 기운이 서로 다를 경우 서로 간섭하지 않으려면 적정한 거리를 두어야 한다. 특히 위계가 확실히 지켜져야 하는 경우 건물의 크기에 따라 적정한 거리를 유지하지 못하면 위계가 높은 건물의 권위가 손상될 수 있다. 예를 들면 관공서 건물을 배치할 때 여러 건물 중에서 건물의 용도와 규모를 위계에 따라 적절하게 조절해야 한다. 주主와 부副 또는 객客의 위계를 어기면 흉하다고 보는 것이 풍수의 논리이다. 주산主山[10]보다 조산朝山이 높다든지 기운이 세게 느껴지는 것은 흉하다고 본다. 또 학교 건물을 배치할 때 교장실이 있는 건물이 제일 위계가 높고 규모가 커야 하는 이유도 마찬가지이다.

우리나라 봉건시대의 전통건축에서 이러한 배치

9
김경우, 〈나무, 사람에게 할 말이 있는데〉, 《어린이과학동아》, 2006년 3월 31일.

10
주산은 집 뒤를 받쳐주는 산으로 서울의 경우 북악산과 멀리 북한산까지이다. 조산은 집 앞에 멀리 보이는 산으로 관악산이 된다.

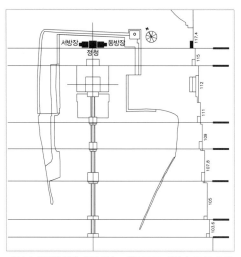

그림 4-1 회암사 경내 왕의 처소. 지형적으로 제일 높은 곳에 위치하여 왕의 권위를 존중하였다.

상의 위계 문제는 아주 중요하게 다루어졌다. 대체로 앞에서 언급한 위계질서를 존중하는 일률적 형식을 취하고 있는 것으로 나타난다. 하지만 지존의 권위를 훼손하지 않고 배치하는 것이 때에 따라 아주 풀기 어려운 문제가 되는 경우도 있다.

경기도 양주의 천보산天寶山(해발 336m) 아래에 위치한 회암사는 이러한 위계의 문제에 대해서 고민한 흔적이 보이는 대표적인 사례이다. 회암사는 고려 말에 대대적으로 중건된 초대형 가람인데, 나옹선사懶翁禪師(慧勤: 1320~1376)에 의해 중건된 것이다. 발굴조사 결과, 목은牧隱 이색李穡(1328~1396)의 문집[11]에 언급된 대로 형성되어 있음을 알 수 있었다.

회암사는 여러 가지 관점에서 연구할 만한 가치가 있는 곳인데, 특히 태조 이성계를 비롯한 조선 왕족이 자주 이 사찰에 거처하였다고 한다. 건물의 기싸움에 관한 이야기를 하다가 갑자기 왜 회암사를 거론하는가 하면, 왕의 거처와 본존불本尊佛(비로자나불)을 모신 전각(주불전) 간의 기싸움을 어떻게 조정하였는지를 살펴보기 위함이다.

왕은 지상세계의 지존이며, 본존불은 불법세계佛法世界(사찰 경내)의 지존이다. 물론 회암사는 사찰이기 때문에 경내에서는 아무리 왕이라고 해도 본존불보다 위계가 높을 수는 없다. 그렇지만 사찰을 운영하는 주지의 입장에서는 왕의 권위 또한 무시할

11
〈천보산회암사수조기天寶山會巖寺修造記〉,
《목은집》

92

수는 없는 처지이다. 이러한 기의 충돌 내지는 갈등의 문제를 어떻게 해결할 것인가?

왕의 거처는 회암사의 터에서 가장 높은 위치에 있는데, 정청正廳이라는 명칭을 가진 건물에 마련되었다. 그 다음에 주불主佛인 비로자나불을 모신 주불전主佛殿인 보광전普光殿은 전체의 중심이 되는 위치에 배치하고 중층 규모로 높고 크게 건축하였다. 이러한 해결책을 찾기까지 많은 고민이 있었을 것이다.

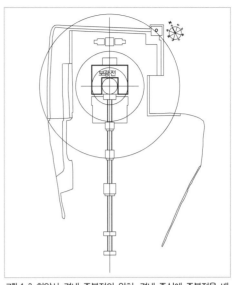

그림 4-2 회암사 경내 주불전의 위치. 경내 중심에 주불전을 배치하여 사찰의 권위가 존중되었다.

우리나라 전통건축에서 건물 간의 기싸움에 대한 또 다른 사례는 경복궁 내에 있는 경회루와 근정전이다. 경회루 건축공사에 대한 자료는 고종 2년인 1865년에 정학순丁學洵(생몰연대 미상)에 의해서 작성된 〈경회루전도〉에 잘 나타나 있다.[12] 경회루는 태종 12년 1412년에 당시의 공조판서 박자청朴子靑 (1357~1423)의 지휘 감독 하에 지어졌다. 그 이전에는 누각 형식의 작은 건물이 현재의 위치보다 조금 동쪽에 있었다고 한다. 하륜河崙(1347~1416)의 기문에 의하면 경회루가 있는 터가 축축하여 누각을 둘러 못을 만들었는데, 당시 태종이 와서 보고는 "나는 옛 모습 그대로 수리하고자 했을 뿐인데 옛 제도보다 지나치지 않은가"[13]라고 하였다고 한다.

12
이상해 · 조인철, 〈경복궁 경회루의 건축계획적 논리 체계에 관한 연구: 정학순의 '경회루전도慶會樓全圖'를 중심으로〉, 《건축역사연구》, 한국건축역사학회, 2005년 9월호, pp.39~52 참조: 본문의 내용 일부가 전재되었다.

13
《신증동국여지승람》, 민족문화추진회, 1985, p.51 참조.

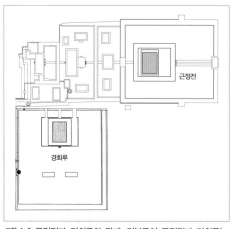

그림 4-3 근정전과 경회루의 관계. 경복궁의 근정전과 경회루는
서로 인접하여 있어 건물 간의 간섭과 기싸움이 있다.

경회루 연못은 화재 시 소화용수
량을 감안하여 그 크기가 결정되었
다. 따라서 비교적 큰 규모의 경회
루 연못을 조성하게 되었다. 궁궐
전체의 안전을 책임지고 있는 기술
자로서 연못의 크기는 당연히 그 정
도가 되어야겠다는 판단을 하였겠
으나 거기에 어울리는 경회루의 규
모를 걱정하지 않을 수 없었다. 결
국 연못의 크기가 반영된 경회루의

규모는 경복궁의 정전인 근정전보다도 더 큰 규모의 건축[14]이 되어야 하는 부
담을 가지게 되었다. 이렇듯 경회루의 규모는 연못의 크기에 맞추어진 것이
라 할 수 있다. 경회루는 연못 안에 위치하고 있어서 세 개의 다리를 거쳐야
접근이 가능하다.

경회루를 둘러싸고 있는 연못이 비교적 규모가 크지만 걸치는 방법을 고려
하였다고 하면 그 정도의 규모로 배치하기가 용이하지 않았을 것으로 생각된
다. 연못의 동쪽인 근정전에서 근접한 곳에 배치한다면 근정전과의 관계가
너무 가까워지고 공간의 여유가 없어 서로 간섭을 일으키기 쉽다. 그 외의 방
위에도 대형 누각을 설치하기는 마땅치 않다. 더구나 연못이 비교적 대규모
이므로 연못 바깥으로 어느 한쪽에 건물이 들어서게 하고 연못 전체를 비워
두는 것보다는 가능한 한 연못 속으로 건물을 끌어들여 해결하는 것이 건축
계획적 측면에서 좋은 방법일 것이다.

박자청이 경회루를 건축하면서 근정전의 권위를

14
경회루의 한 층의 면적은 288평이고, 근
정전은 197평이다.

훼손시키지 않으려는 배려가 있었던 것은 사실이다. 그럼에도 조선왕조의 정치사에서 근정전과 경회루의 기싸움은 자주 일어났다.

경회루가 근정전의 기운보다 센 경우는 나라의 정치가 경회루 쪽에서 이루어졌다. 대표적인 사례가 연산군 시기였다.

《연산군일기》 61권 재위 12년 1506년 3월 17일 정유
경회루 못池가에 만세산萬歲山을 만들고 산 위에 월궁月宮을 짓고 채색 천
을 오려 꽃을 만들었는데, 백화가 산중에 난만하여 그 사이가 기괴 만상
이었다. 그리고 용주龍舟를 만들어 못 위에 띄워 놓고, 채색 비단으로 연
꽃을 만들었다. 그리고 산호수珊瑚樹도 만들어 못 가운데에 푹 솟게 심었
다. 누樓 아래에는 붉은 비단 장막을 치고서 흥청 · 운평 3천여 인을 모아
노니, 생황笙簧과 노랫소리가 비등하였다.

풍수적으로 말한다면 경회루 연못물의 성격에 따라 조선 정치가 좌우되었는데, 연못의 물이 맑은 기운으로 유지될 때는 왕의 정치가 맑게 전개되었고, 그 물이 탁한 기운일 때는 국정도 혼탁해지고 음탕한 행위들이 일어났다고 할 수 있다.

서울 서초구 서초동의 법조타운에는 대법원청사와 대검찰청 건물이 남향으로 나란히 서 있다. 두 건물 간에도 기싸움이 일어나고 있을까? 대법원은 사법부에 속한 기관이고 대검찰청은 행정부 내의 법무부에 속한 기관이다. 대법원의 경우는 법원의 소송 절차상 지방법원에서 대법원으로 전개되어가는 과정에서 부여된 명칭이다. 대검찰청 · 고등검찰청 · 지방검찰청이라는 명칭도 법원 조직에 대응하여 만들어졌다고 한다. 하지만 우리나라에서는 검찰청

사진 4-7 대법원과 대검찰청. 앞장서 있는 것이 대법원이고 뒤쫓아가는 것이 대검찰청이다. 앞의 언덕 위에 올라선 것이 대법원이라면 아직 골짜기에 머물러 있는 것이 대검찰청이다. 두 건물 간에 보이지 않는 기싸움이 벌어지고 있다. 지형적인 조건에서 두 건물은 장단점이 있다. 대법원은 남쪽 도로로부터 오는 약간의 도로살을 받고 있고, 대검찰청은 동쪽 건물 형태가 충살을 받는 모양새를 하고 있다.

이 법원에 버금가는 막강한 권력기관 중의 하나임에는 틀림없다. 또한 3권분립이라는 국가 체계상 사법부의 최고기관인 대법원은 행정부의 최고 조직이자 수반인 대통령과 입법부인 국회에 버금가는 대우를 해주어야 한다.

새로운 수도가 건설된다면 좌측(동측)에 국회, 우측(서쪽)에 대법원, 가운데에 청와대가 있는 형식이 적합하다.[15] 지금 서울의 경우는 청와대를 중심으로 좌우가 바뀐 셈이다. 그리고 풍수적으로 볼 때 청와대가 너무 독립적인 위치를 점하고 있어서 권력의 균형과 조화가 이루어지기 어렵다는 측면이 있다. 건물 자체가 기관으로 인식되며, 건물의 권위는 그 기관의 권위를 나타낸다는 점을 무시할 수 없다. 따라서 입법ㆍ사법ㆍ행정부의 건물이 서로 견제와 균형을 이룰 때 각 기관의 권한이 한쪽으로 쏠리지 않고 균형을 이루게 될 것이다.

대법원과 검찰청의 건물이 서로 기싸움[16]을 하고

15
국회는 법을 만드는 입법부이므로 목기운에 속하고, 대법원을 포함한 법조삼륜 法曹三輪(법ㆍ검ㆍ변)은 법을 집행하는 사법부이므로 마무리하고 다지는 금기운에 속한다. 따라서 동쪽의 목기운은 국회, 서쪽의 금기운은 대법원이 차지하는 것이 적합하다.

있다는 것은 두 기관 간의 기싸움과 같다. 국민을 위해서 필요하다면 기싸움을 해야 하겠지만, 고래 싸움에 애꿎은 국민들만 상처 받지 않을까 걱정이다. 권력기관 간의 균형과 견제가 이루어지기 위해서는 서로 간에 간섭이 없는 독립이 실현되어야 한다. 법관의 독립은 오로지 '헌법과 법률에 의하여 그 양심에 따라'서만 판단하는 것을 말한다. 여기에서 법관은 사실상 판검사가 모두 포함된다.

고립이 되면 닫힌사회가 되며 닫힌사회는 물이 고인 것과 같아서 결국은 썩게 된다. 독립과 고립은 유사한 의미를 가진 용어이다. 독립은 외부의 간섭이나 도움을 받지 않는다는 것을 의미하고, 고립은 외부와의 관계가 단절되고 외부로부터 에너지의 공급이 차단된 상태를 의미한다.

외부와의 관계가 차단된 것은 닫힌사회(폐쇄형 사회)이다. 열린사회(개방형 사회)[17]와 닫힌사회를 놓고 어느 것이 절대적으로 좋은 것이라고 단정할 수는 없다. 칼 R. 포퍼Karl Raimund Popper[18]는 "열린사회를 닫힌사회와 대립적인 성격으로 규정하며, 우리가 인간으로 살아남을 수 있는 유일한 사회라고 정의한다."[19] 칼 포퍼의 주장대로 열린사회로 진행해야 하지만 열린사회라고 해서 단점[20]이 없는 것은 아니다. "열린사회가 된다고 모든 것이 좋아지는

16
이길성, 〈"수사기록 던져 버려라" 李대법 "검사조서 법정진술보다 못해"〉, 《조선일보》, 2006년 9월 20일 기사와 이항수·이길수, 〈검찰이 쥐던 '사법권력' 법원으로 간다〉, 《조선일보》, 2006년 9월 27일 기사 참조: 실제로 소위 '법조삼륜' 간의 기싸움이 치열하다. 그 대표적인 사례가 이용훈 대법원장의 '공판중심주의' 강조 발언으로 인한 대법원, 검찰, 변호사협회 간의 기싸움이다.

17
칼 R. 포퍼, 《열린사회와 그 적들 1》, 이한구 역, 민음사, 1985, p.241.: "마술적 사회나 부족사회 혹은 집단적 사회는 닫힌사회closed society라 부르며, 개개인이 개인적인 결단을 내릴 수 있는 사회는 열린사회open society라 부르고자 한다."

18
칼 R. 포퍼, 앞의 책, p.273.: "포퍼Karl Raimund Popper는 1902년 7월 28일 오스트리아의 비엔나에서 유태인의 아들로 태어났다. 비엔나대학에서 법학박사 학위를 받고 변호사업을 개업하고 있던 그의 아버지 시몬 포퍼Simon Sigmund Karl Popper의 영향으로 포퍼는 어린 시절부터 완전히 지적인 분위기 속에서 성장했다."

19
칼 R. 포퍼, 앞의 책, p.278.

20
신중섭, 《포퍼의 열린사회와 그 적들》, 자유기업센터, 1999, p.80.: "비판과 토론이 허용되는 사회가 열린사회이다."; pp.263~265.: "포퍼는 중요한 것은 여론이 아니라 합리적 토론이라고 주장한다. 합리적 토론을 위해서는 사상의 자유와 토론의 자유가 허용되어야 한다. …… 자유롭고 합리적인 토론을 통해 진리를 추구한다는 것이 공공적인 일이라

고 할지라도 그 토론을 통해 결론으로 나온 것이 여론은 아니다. 여론이 과학의 영향을 받고 과학을 판단할 수 있어도 여론은 과학적 토론의 산물은 아니다. …… 여론은 힘을 가지고 있는 정부보다 우월한 도덕적 감성을 가지고 있다. 그러나 여론이 강한 자유주의적 전통에 의해 조절되지 않는다면 그것은 자유에 대한 위협이 된다. 여론이 기호의 심판자로 나서면 위험하며 진리의 심판자로 받아들여질 수 없다. 불행하게도 여론은 조작될 수 있다. 이러한 위험을 줄이려면 자유주의 전통을 강화해야 한다. 자유롭고 비판적인 토론과 공공적인 여론은 구별되어야 한다. 여론은 이러한 토론의 영향을 받지만 그 토론의 결과도 아니고 토론에 의해 통제되지도 않는다. 이러한 토론이 솔직하고, 단순하고, 명쾌하게 행해질수록 토론이 가져오는 이익은 커지게 된다."

21
신중섭, 앞의 책, p.147.

22
풍수논리상 열린 것보다는 닫힌 것을 선호하는 경향이 있는데, 이것은 봉건전통주의 사회에서 정립된 이론이기 때문으로 이해된다. 하지만 꼭 닫힌 것만을 주장하는 내용이 전부는 아니다. 열고 닫음의 정도가 조화를 이루어야 함을 나타내는 내용도 있다. 서유구, 《임원경제지 14》, 김성우 · 안대회 역, p.92.: "필수적으로 지형이 활짝 트이고 넓어야 하며, 또 동시에 긴밀하게 에워싸여야 한다. 그 까닭은 활짝 트이고 넓을 경우 재리財利를 만들어낼 수 있으며, 긴밀하게 에워싸일 경우 재리를 모을 수 있기 때문이다. …… 용이 머리 부분에 이르렀을 때 용의 손발이 열려 있으면 양택陽宅이 되고, 손발이 거두어져 있으면 음택陰宅이 된다."

23
마루야마 도시아키, 앞의 책, p.105.

것은 아니다. 열린사회는 인간의 원시적 본능은 충족시켜주지 못한다. 열린사회는 유기체적 특성이 없으므로 '추상적 사회'가 된다. 열린사회는 구체적인 인간관계는 줄어들고 익명의 관계로 들어간다. '추상적 사회'에서는 인간이 직접 만나지 않고 간접적으로 관계를 맺는다. 이 관계가 복잡해지면 서로 어떤 관계를 맺고 있는가도 파악할 수 없게 된다."[21]

사법고시를 통과한 사람만이 그 조직의 일원이 될 수 있다는 측면에서 법조삼륜法曹三輪은 닫힌 조직이다. 대법원과 대검찰청을 놓고 볼 때 어느 쪽이 닫힌 정도가 심한지를 풍수적으로 이야기하려고 한다. 풍수에서도 열린 것과 닫힌 것은 매우 중요한 주제로 다루고 있다.[22] 기의 관점에서 보면 닫힌사회는 음기로, 열린사회는 양기로 구분할 수 있다. 닫힌 정도가 심할수록 음의 기운이 강해지며, 기운이 탁하게 되어 곰팡이가 생기게 되고 '부패腐敗'하게 된다.

대법원청사와 대검찰청의 풍수적 위치를 비교해 보면 대법원청사는 언덕 위에 자리하고 있으며, 대검찰청은 골짜기에 자리하고 있다. "높은 곳의 대臺는 양기가 많다."[23] 골짜기 부분은 당연히 음기가 많다. 풍수적인 분위기로 판단하면 당연히 대검찰청이 상대적으로 음기가 강하며, 닫힌 기운이 강하다고 할 수 있다. 대검찰청의 경우 대법원보다 더욱 적극적으로 양기의 공급에 신경을 쓰지 않는다면 '부패'하게 될 가능성이 높다[24]고 볼 수 있다.

"열린사회와 닫힌사회는 서로 상반되는 특성을 가지고 있다. '열림'과 '닫힘'은 사회뿐만 아니라 여러 다른 현상에도 적용할 수 있는 개념이다. '열림'과 '닫힘'은 흑백논리가 아니라 정도를 나타내는 상대적 개념으로 사용될 수 있다. 어느 사회나 문화 그리고 개인에 대해 '열림'과 '닫힘'이라는 수식어를 붙일 수 있지만, 완벽하게 닫힌 상태나 완벽하게 열린 상태는 존재하지 않는다. '닫힘'에서 '열림'으로의 정도가 높은 사회가 있을 수 있고 그렇지 않은 사회가 있다. 중요한 것은 어디를 향하고 있는가 하는 방향성이다. 열린사회의 옹호자들이 다양성을 높이 평가한다고 해서 모든 것을 허용하는 것은 아니다. 구체적인 상황에서 가치평가를 한다. 그리고 가치평가의 기준은 무엇이 '열림지향적'인가 '닫힘지향적'인가이다. '열림지향적'인 것이 '닫힘지향적'인 것보다 더 바람직하다."[25]

대법원장은 '공판중심주의'를 선언하고 또한 "재판은 '판사'가 아닌 국민의 이름으로 하는 것"[26]이라고 하였다. 검찰총장은 모 일간지에 〈현직 검사가 말하는 수사 제대로 받는 법〉이라는 글을 연재했다는 이유로 '기고파문'을 일으킨 검사에게 경고[27]를 하였다. 이러한 일련의 상황들이 대법원에 비해서

24
〈법조 부패의 온상은 法法·檢檢·辯辯의 '동업자同業者의식'〉, 《조선일보》, 2006년 8월 17일 사설 참조: 법원이나 검찰 모두 음기가 강한 업무를 관장하고 있기 때문에 끊임없이 부패의 유혹을 받을 수밖에 없다. 모 부장판사의 비리사건, 검찰총장의 옷로비사건 등은 많은 내용 중에 드러난 몇 가지 사실에 불과한 것일 수 있다.

25
신중섭, 앞의 책, pp.411~412.

26
심규석, 〈대법원장 '재판, 국민 납득할 수 있어야'〉, 《한겨레》, 2006년 2월 20일 기사 참조.

27
이길성, 〈기고파문 검사에 총장 경고〉, 《조선일보》, 2006년 10월 12일 기사 참조: "검찰 수사 현실을 왜곡하고 검찰의 공익적 의무에 부합하지 않는 사건을 임의로 기고해 사회적 물의를 일으켰다"는 것이 총장이 경고한 이유이다. 검찰이라는 조직사회가 얼마나 닫힌사회를 추구하고 있는지를 엿볼 수 있다.

대검찰청이 훨씬 '닫힘지향적'임을 증명하고 있는 것이다.

풍수에서는 열고 닫음의 방향 역시 중요시되는데, 법조삼륜의 열림 방향이 국민을 향해 있는지, 아니면 또 다른 권력기관을 향해 있는지가 중요한 것이다. 과거 어두웠던 시절처럼 정권을 향해 열려 있을 때는 '권력의 시녀'라는 오명을 뒤집어쓰게 된다. 법조삼륜의 권력은 정권에 의해서 주어진 것이 아니라 "수여 주체가 국민이라는 점을 명심해야 한다(대법원장 신임법관임용식 훈시, 2006. 2. 20)."

닫힘 방향으로 지속하다 보면 탁한 음기가 모든 것을 점령하게 된다. 그래서 종묘의 건축이 음기가 강한 건축이기 때문에 일부러 문을 삐뚤어지게 설치하여 일정 부분 양기가 들어올 수 있도록 숨통을 트이게 한 것이다.

사법부의 기운은 모두 금기운이다. 건물의 외관을 단단한 화강석으로 마감했을 뿐만 아니라 안에서 근무하는 사람들도 금기운이 강한 업무를 한다. 여러 가지 제도적 시스템이 마련되어야 하겠지만, 풍수적 보완책으로서 금기운을 정화하기 위해 맑은 수기운으로 금기운을 설기(금생수金生水)하는 방법을 생각해볼 수 있다. 검찰청이나 법원 마당에는 항상 맑은 물이 흐르는 친수공간親水空間이 필요하다. 이때 물살이 조금 세다고 하더라도 문제되지 않는다.

문화재 보존의 문제에 있어서도 '건물끼리의 기논리氣論理'를 적용해볼 수 있다. 문화재로부터 500m 이내 건축 제한처럼 문화재보호법에 따른 절대적 거리에 의한 규제는 적합하지 못하다고 생각한다. 새로 지어지는 건물이나 시설이 '각각의 문화재와 기싸움을 하지 않을 정도'로 규정하여 정량화하는 연구가 있어야 한다.

사진 4-8 종묘정전. 앞뜰에서 종묘정전 사진을 찍게 되면 항상 고개를 내밀고 나타나는 건물이 있다. 풍수에서는 이렇게 남의 집 담을 넘어 엿보는 것을 규봉窺峰이라고 하는데, 담장 안의 기운을 뺏어가는 것으로 본다. 2003년 촬영.

건물 형태와 풍수

│ 건물은 기운을 담는 그릇이다 │

풍수적으로 건물을 볼 때 나반羅盤(나침반의 일종, 패철)부터 갖다대는 풍수사가 있다. 주로 풍수사들이 나반을 놓고 적용하는 향법은 소위 양택삼요법, 88향법, 현공구성법이다. 풍수사들은 대체로 원리에 대해서 자세히 알지 못하고 있으며, 암기식으로 공부하여 판단하는 경우가 대부분이다. 이 책은 개론서이므로 군이 복잡한 향법이론을 소개[28]하는 것은 생략하고 다음 기회에 거론하기로 한다.

건물의 형태를 보고 건물의 기운에 대해서 이야기하는 것은 형기形氣 · 질기質氣 중에서 일종의 형

[28]
조인철, 〈풍수향법의 논리 체계와 의미에 관한 연구〉, 성균관대학교 대학원 박사학위논문, 2005 참조.

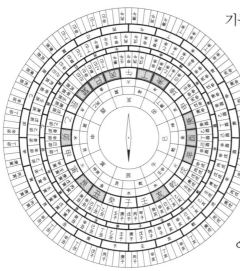

그림 4-4 9층 나반도. 국내에서 주로 사용하고 있는
나경패철의 한 종류이다.

기를 말하는 것이다. 일부 풍수사들 중에는 산의 모양과 건물을 비교하여 설명하는 경우가 종종 있다.

건물의 모양을 오행의 목형·화형·토형·금형·수형으로 구분하거나 구성九星[29]의 탐랑·거문·녹존·문곡·염정·무곡·파군·좌보·우필에 빗대어 설명하는 것이 가능하다.

산은 자연적으로 형성된 것인 데 반해 건물은 인간의 설계(건축가의 설계)에 의해서 만들어진 것이다. 인공적인 건물의 모양을 놓고 산의 기운과 동일하게 설명할 수 있을까?

건축가로서 나는 여러 건물을 설계하고 실제로 지어보았는데, 건물도 기운을 가지고 있다고 단언할 수 있다. 디자인에 대해 고민하는 대다수 건축가들은 이 말에 동의할 것이다. 내 경우 건물을 설계하면서 가장 크게 반영하는 것은 자연환경의 성격이며, 다음으로 건축주, 즉 건물 주인이나 사용자의 성격이고, 마지막으로 건축가의 성격이다. 그러한 관점에서 본다면 산의 성격이나 건물의 성격이나 모두 오행五行 또는 구성九星의 성격으로 분류가 가능할 것이다. 오행이나 구성도 일종의 기운을 말하는 것이기 때문이다. 어쨌든 건물은 알게 모르게 기운을 내뿜고 있다.

29
구성은 북두칠성을 구성하는 각각의 별과 좌보성·우필성을 합한 것이다.

건물 형태는 건물의 성격을 구성하는 중요한 부분이다. 부동산 풍수학의 관점에서 건물의 형태를

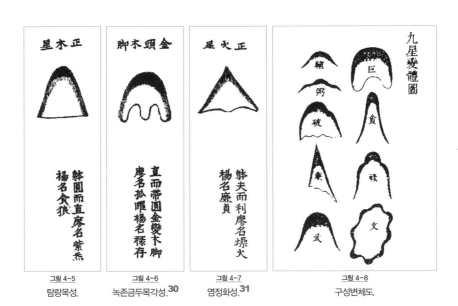

그림 4-5	그림 4-6	그림 4-7	그림 4-8
탐랑목성.	녹존금두목각성.**30**	염정화성.**31**	구성변체도.

분석할 때 연상법聯想法도 유효하지만, 정확한 판단을 위해서는 좀더 전문적이고 구체적으로 분석할 필요가 있다. 형태와 이미지만을 가지고 이야기하는 전자를 소위 '기감풍수氣感風水'라고 한다면 후자는 '이론풍수理論風水'라 할 수 있겠다. 이 책에서 '기'를 이야기하고 있지만 '기감풍수'를 표방하고 있는 것은 아니다. 소위 '기감풍수'는 타고난 기의 감각으로 직관적으로 알아채는 것이며, 이론을 따질 필요가 없다.

　은행 건물은 은행 건물다워야 하고 관공서 건물은 관공서 건물다워야 한다. 부동산 풍수학의 개념에서 '답다'는 것은 성격에 맞는 기운을 발산한다는 것으로 이해된다. 다소 철학적인 문제이긴 하지

30

서지막徐之鏌, 〈탁옥부琢玉斧〉, 《풍수지리총서》, 경인문화사, 1969, pp.146~147.: 이 책의 해당 페이지에는 '오성변구성도'라 하여 구성의 형태를 그림으로 표현하고 있다. 이 책에서는 세 가지만 소개하였다. 특이할 점은 녹존은 오행의 배속이 토土이나 '금두목각金頭木脚'으로 금형의 머리에 목형의 다리로 구성되었음을 말해주고 있으며, 파군성破軍星(金)도 금두화각, 우필右弼(미정)도 금변토성金變土星, 무곡武曲(金)은 금변수요金變水腰로 좌보左輔(목)를 정금성正金星으로 표현하고 있다. 한편 "右九星中正金星止有正體而無變體者 以直曲尖方 木火水土 各帶圓體而變 故惟正金不變"이라 하여 구성 중 정금성正金星(좌보성)만 변하지 않는 것이고, 나머지는 모두 대원체帶圓體(산허리 부분이 둥근형)가 변하는 것이다.

만 '답다'는 것의 기준은 때마다, 지역마다, 사람마다 다를 수 있다. 다시 말해 시간과 공간 그리고 사람에 따라 다를 수 있다는 말이다.

예전의 은행 건물들은 단단하고 두꺼운 돌 재료로 외부 마감을 하고 장식도 고전적인 오더order 양식을 취하여 금기운으로 무장하고 싶어했다. 금기운이라는 것은 돌이나 쇠와 같이 단단하고 철옹성의 기운을 가진 것을 말한다. 건물이 소리내어 말하는 것은 아니지만 '당신이 맡긴 돈은 안전하며 우리는 쉽게 변하지 않습니다'라고 말하고 있는 것이다. 그런 은행이 세월에 따라 변화하기 시작하였다.

고객과의 접촉을 늘리기 위해서 동사무소나 세무서 업무까지 서비스로 취급하다 보니 창구는 개방적이고 부드러운 형식을 취하게 되었다. 이때의 외관이나 인테리어는 권위적인 금기운을 변화시켜 부드럽고 개방적인 수기운의 분위기를 연출하였다. 한편 경영난으로 망하는 은행들이 속출하면서 대다수 남은 은행들은 지점의 수를 많이 줄이고 수익성 있는 사업에만 주력하는 경향을 나타내기 시작하였다. 당연히 돈 많은 부유층을 상대로 하는 업무를 하게 되었다. 요즘 은행을 가보면 규모는 축소되었지만 호텔과 같이 아주 고급스럽고 화려한 외관과 실내장식을 뽐내고 있는 것을 볼 수 있다. 은행의 기운이 화기운으로 바뀐 것이다.

건물이 '기운을 담는 그릇'이라고 간주한다면,

31

탐랑목성을 "體圓而直廖名紫氣楊名貪狼", 녹존성을 "直而帶圓金孌木脚廖名孤曜楊名祿存", 염정성을 "體尖而利廖名燥火楊名廉貞"이라 한 것은 산형山形에 빗댄 구성九星에 대한 명칭을 요공과 양균송이 서로 다르게 지칭함을 말한 것인데, 《인자수지》(김동규 역, 불교출판사, 1982) p.924를 보면 그 내용이 소개되어 있다: [九星正變龍格歌] 요공廖公이 성진결星辰訣을 내렸으니 전현의 말씀보다 쉽다. 전현前賢(양균송)은 북두성北斗星만을 논론하여 상象을 취取하였으므로 분명分明치를 못하였으나 요공廖公이 만든 구성결九星訣은 취용取用이 참으로 편리한 바가 있다. 정형正形은 혈성편穴星篇에 자상히 설명되었으니 략략略한다. 태양일성太陽一星은 즉, 좌보左輔이니 높고 둥글어 종鍾을 뒤집어 놓은 것과 같고, 태음太陰은 본시 우필右弼이므로 형적形跡이 원圓에다 방方이 대帶한 것이다. 금수성金水星은 원래 이름이 무곡武曲이며, 삼뇌三腦는 금숙金宿과 같은 것이다. 목성木星은 또한 탐랑貪狼이니 곧고 길다. 천재天財를 누가 거문체巨門體임을 알리요, 삼반두뇌三盤頭腦가 서로 다르도다. 천강天罡은 파군破軍과 동일同一하나 각하脚下에 출첨봉出尖峰이니라. 고요孤曜와 녹존祿存은 동류同類이나 고권枯拳이 서로 같은 것이고, 조화燥火, 염정廉貞은 실제로 일명一名이니 첨사망소형尖斜芒掃形이라. 소탕掃蕩은 속수屬水이나 문곡文曲에 배속配屬되니 비단 일폭一幅을 비스듬히 끌은 것과 같다. 이상은 모두 만두巒頭의 정구성正九星으로 말한 것이니 체인體認이 분명分明함을 요要한다."

사진 4-9 전 제일은행 본점 건물. 고전적인 디자인이다. 이 건물은 '당신
이 맡긴 돈은 안전하며 우리는 쉽게 변하지 않습니다'라고 말하는 듯하
다. 음양의 기준으로 볼 때 건물의 기운은 음기이다. 2006년 촬영.

사진 4-10 시티은행. 고객이 은행을 친근하게 느낄 수 있도록 꾸며졌다.
음양의 기준으로 볼 때 건물의 기운은 양기이다. 2004년 촬영.

건물에서 생활하는 사람은 그곳의 기운에 물들게 된다. 즉, 권위적인 건물에
서 생활하는 '주인'은 권위적인 의식을 가지게 된다. 반면 권위적인 건물의
'방문객'은 위축되고 조심스러워진다.

다음 몇 개의 건물을 대상으로 각 건물이 갖고 있는 성격을 분석해보고자
한다. 여기에는 건축적인 지식이 다소 필요하다. 이러한 건물들을 풍수적 사
고로 분석하는 것은 주로 터에 대한 것과 건물의 배치, 건물의 형태에 대한 것
이다.

| 허기虛氣 ─ 삼성생명본사 |

서울 종각 건너편에 삼성생명 사옥(종로타워)이 있다. 이 건물은 남대문 근처
에 있는 삼성본사와 함께 삼성의 이미지를 강하게 대변하고 있다. 남대문의
삼성이 창업 1세대의 성격을 표현하고 있는 것이라면 종각의 삼성은 2세대
의 성격을 표현하고 있다. 창업 1세대 시절 삼성 관련 뉴스가 나올 때마다 남

대문의 삼성 건물이 TV 화면에 비치곤 했다.

종각의 삼성생명 사옥은 원래 화신백화점이 있던 자리에 세워진 건물로서 준공되기까지 10여 년 동안 여러 우여곡절이 있었다. 이 건물을 설계한 이는 우루과이 태생의 미국 건축가 라파엘 비뇰리Rafael Vinoly(1944~)이다. 원래 엘레비 베켓Ellerbe Becket사의 설계에 의해 공사가 시작되었는데, 공사 중에 설계 개념이 흔들리게 되었고 기존의 구조체를 존중하는 범위 내에서 비뇰리가 설계변경을 한 것이다.

건물의 입면 형태는 크게 4부분으로 이루어져 있다. 제1부위 하단부인 1층에서 12층까지는 원통형, 제2부위 중층부인 13층에서 22층까지는 사각형,

사진 4-11 종각 삼성생명 사옥. 원래 화신백화점이 있던 자리에 세워졌다. 창업 2세대를 상징하는 건물이다. 2002년 촬영.

사진 4-12 남대문 삼성빌딩. 창업 1세대를 상징하는 건물이다. 2006년 촬영.

제3부위 상층부인 23층에서 30층은 뻥 뚫린 채 비어 있고, 제4부위인 소위 탑클라우드는 타원형으로 되어 있다. 그리고 이 건물을 지탱하는 것은 세 개의 원기둥이다. 원기둥은 삼성을, 원기둥이 떠받치고 있는 타원 부분은 삼성의 마크를 상징하고 있는 듯하다.

그림 4-9 삼성마크. 타원형은 안정보다는 변화의 기운을 갖고 있다.

"비놀리는 대지가 가진 의미는 이미 없어진 것으로 판단하여 건물의 용도와 건축주인 삼성의 미래지향적 이미지를 표현하는 데 디자인의 주

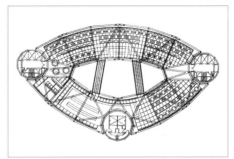

그림 4-10 삼성생명 사옥 최상층부 평면도. 상승의 이미지에 초점을 두고 있다(출처: 《C3KOREA》, 2001년 1월호, p.87).

안점을 두었다고 한다."[32] 즉, 미래지향적 이미지가 주안점이라는 것은 첨단 기술의 상징이 되어야 한다는 말이다.

이 건물이 첨단기술의 상징처럼 느껴지는 데에는 여러 가지 이유가 있다. 우선 건축 재료가 유리와 금속으로 이루어져 있다는 것이다. 다음으로 건물의 최상층 부위를 세 개의 기둥이 떠받치고 있으며, 가로 세로의 금속재와 유리날glass blade에 의한 차양시설과 돌출장식들이 하이테크 이미지를 풍기고 있다. 사실 이 건물은 이미지상의 상징뿐만 아니라 여러 가지 측면에서 첨단 기술로 지어진 것이다.

겨울철 영하 15도에서 여름철 영상 35도까지 이르는 한국의 극단적인 계절 변화는 여러 재료들의

32
《C3KOREA》, 2001년 1월호, p.73.

신축과 팽창을 야기시켜 오차가 −20mm에서 +30mm [=50mm]까지 발생한다. 접합부와 유리판의 디자인은 이러한 오차를 고려하여 이루어져야 했고, 또한 이러한 오차에 따른 유수의 침입이 일어나지 않도록 하기 위하여 배수시설에도 주의를 기울일 필요가 있었다.[33]

사진 4-13 유리날. 서측의 강한 햇빛을 가리기 위한 용도이다. 첨단기술의 상징이기도 하다. 이중 몇 장의 유리날은 이미 균열이 일어나 파손된 상태이다. 2003년 촬영.

33
《C3KOREA》, 2001년 1월호, p.75.

더욱이 남서측의 유리면에 내리쬐는 여름철의 태양광선을 차단하기 위해 수평으로 유리날이 설치되었는데, 그 기술 또한 첨단의 기술이다. 건축적으로 말하면 이 수평의 '유리날'은 차양 구실을 하지만 상징적으로는 첨단기술을 잘 표현하고 있다.

이 건물은 이러한 건축적 성과에 높은 점수를 받아 2000년 제18회 서울특별시 건축상을 수상하였다. 하지만 건축계의 호평에도 불구하고, 단지 풍수적으로 이 건물을 비평해보고자 한다.

우선 이 건물은 풍수적으로 볼 때 지세의 흐름을 고려하지 않고 남서향을 하고 있다. 건축가 비뇰리가 대지의 의미를 철저히 무시하였기 때문에 생긴 당연한 결과인지도 모른다. 건물이 있는 터는 지세가 북에서 남으로 흐르며, 그 지세는 북악산에서 비롯된 것이다. 비뇰리는 이미 어느 정도 공사가 진행된 상황에서 설계를 변경하였기 때문에 기둥의 위치를 바꾸어 방향을 조정할 수 없었다는 점은 인정한다.

어찌 되었든 종각 사거리의 대각선 방향의 트인 공간을 독차지하고 싶은 욕구만 강하게 작용했지, 우리나라의 기후적 특성이나 문화적 관점은 가볍게 여겼다. 물론 이러한 그의 개념에 최고경영자의 판단이 뒷받침되었다는 사실을 부인할 수 없다. 건축가로서 이 건물을 보면 비뇰리가 한 번이라도 이 터를 답사하고 설계를 하였는지 의심이 된다. 앞에서 언급한 대로 이 건물도 주인의 성격과 건축가의 성격을 드러내고 있는 것이다.

같은 자리에 있었던 예전의 화신백화점도 대각선 방향으로 출입구가 있었다. 하지만 같은 향이라고 해도 두 건물 간에는 차이점이 있다.

화신백화점은 도로에 접하여 건축선에 맞춘 입면구조를 가지고 있어서 선형線形 가로 경관의 일부였다. 하지만 이 건물은 가로 경관의 일부라기보다는 타워형으로 거인처럼 서서 종각 사거리의 광장을 대각선 방향으로 내려다보고 있다. 화신백화점과 같이 가로 경관의 일부로서 입면 형식이 아니라면 굳이 종각 사거리의 남서쪽 대각선 방향을 바라보고 서 있어야 할 이유가 없다고 본다.

종각 사거리의 각 모서리를 차지하고 있는 4개의 건물 중 보신각과 삼성생명 사옥은 대각선 방향으로 서 있고, 제일은행과 영풍빌딩은 도로에 직각 방향으로 남향하여 서 있다. 보신각 건물은 신년 첫날 종소리를 듣기 위해 종각 사거리 광장에 나온 시민들을 향해서 광장 방향으로 서 있다고 할 수 있지만, 삼성생명 사옥은 굳이 광장을 향해 서 있을 이유가 없다.

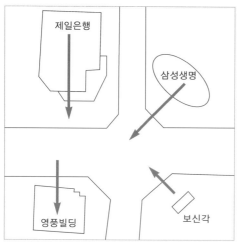

그림 4-11 종각 사거리 건물 좌향의 현황도. 삼성생명 사옥은 영풍빌딩의 모서리살을 맞고 있다.

갑자기 삼성생명 사옥이 대각선 방향으로 서 있게 되면서 대각선 맞은편 영풍빌딩의 모서리를 마주하게 되었다. 삼성생명 사옥이 충살(모서리살)을 받게 된 것은 영풍빌딩의 좌향이 잘못되어 생긴 것이라기보다는 삼성생명의 좌향이 잘못되었기 때문에 생긴 것이다. 삼성생명 사옥은 이렇게 건물살을 자초하게 되는데, 그것이 바로 풍수에서 말하는 충살衝殺이다.

이 건물을 지세가 낮은 쪽인 종로 3가에서 바라보면 뒷면이 보인다. 확실히 지세를 역행하고 있다. 에너지의 흐름을 역행할 필요가 있으면 해야겠지만, 순응하는 것보다 많은 에너지가 소모되고 역행으로 인한 위험 부담도 감수해야 한다.[34] 이 건물을 지으면서도 많은 어려움과 우여곡절이 있었다.

34
최한기, 《기학: 19세기 한 조선인의 우주론》, 손병욱 역, 통나무, 2004, p.325.: "기를 따르는 일로 남을 부리면 남이 쉽게 따르나, 기를 거스르는 일로 남을 부리면 남이 즐겨 따르지 않는다. 기를 따르는 일로 남을 가르치면 말이 쉽게 들어가나, 기를 어기는 일로 가르치면 남이 들어서 믿어주지 않는다. 기를 따르거나 거스르고, 기를 어기거나 기에 부합함은, 말로 논하고 탐구하여 찾기를 기다리지 않고도 들으면 문득 알고 보면 반드시 인식하게 된다. 이것은 평상시에 익숙하게 행하는 것이 기를 따르는 것이면 기뻐하고, 거스르면 화내고, 어기면 근심하고, 부합하면 기뻐하는 데 있기 때문이다."

이 프로젝트(의 진행 과정)에 장애가 없었던 것은 아니다. 1997년 말에는 전 아시아적으로 경제적 위기가 일어나 한국 역시 심각한 경제 침체기에 빠졌고, 국가의 '체불' 내지는 빚더미가 산같이 불어났다. 이러한 경제적 침체로 인하여 환율이 높아지고 이로 인하여 파사드(건물 입면)의 예산은 턱없이 높아지게 되었다.[35]

사진 4-14 삼성생명 사옥 1층 로비. 대각선 맞은편에 영풍빌딩의 모서리가 보인다. 저 멀리 SK 사옥의 모서리도 보인다. 이 모두가 삼성생명 사옥의 좌향이 잘못되어 빚어진 일이다. 풍수에서는 이러한 건물살을 충살로 보고 매우 흉하게 생각한다.

    종각 사거리는 서울의 아주 중요한 자리임에 틀림이 없다. 사실 그 자리는 누구에 의해 독차지될 수 있는 자리가 아니다. 이 건물은 그러한 욕심을 채우기 위해 많은 대가를 지불하였고 앞으로도 계속 지불해야 할 것이다.

    종각 근처에 가면 항상 보게 되는 이 건물은 첨단기술 분야에서 최고라는 삼성의 이미지를 잘 나타내고 있다. 하지만 그 이면에는 거인의 오만함과 자기중심적인 성격에서 비롯된 상당한 위압감과 거부감이 느껴진다. 또 많은 홍보 비용을 쏟아부은 탓에 '국민에게 친근한 기업'으로서의 삼성 이미지를 훼손하고 있다. 이러한 정

35
최한기, 앞의 책, p.77.

신적인 측면뿐만이 아니다. 이미 상당한 건물공사비[36]가 투입되었고 앞으로의 유지관리 비용 또한 만만치 않게 들어갈 것이다.

삼성생명 사옥은 첨단기술의 이미지를 표현하기 위하여 여러 가지 노력을 기울였고, 그런 점에서 또한 좋은 평가를 받고 있는 것이 사실이다. 그런데 첨단기술은 '첨단 위에 첨단 있다' 는 말처럼 항상 새로운 것으로 변화하는 특성이 있다.

이 건물이 갖고 있는 첨단기술의 이미지는 얼마나 유효할까?

사진 4-15 삼성생명 사옥 후면. 종로 3가 쪽으로 지형이 낮아지는 흐름을 보여주고 있는데, 이 건물은 지세가 높은 쪽으로 돌아앉아 있는 형식을 취하고 있다.

그 시간은 갈수록 짧아지고 있다. 틀림없이 이 건물에 비해서 더욱 첨단성을 뽐내는 건물들이 앞으로도 계속 생겨날 것이다. 그때 과연 이 건물의 운명이 어떻게 될 것인지 궁금해진다. 이 건물의 높은 유지관리 비용은 임대하거나 매입하려고 하는 기업 또는 개인에게는 부담이 아닐 수 없다.

이 건물의 꼭대기에는 탑클라우드 공법에 의해 건설된 탑클라우드가 있다. 라파엘 비뇰리는 이를 '세계의 맥박' 이라고 했다는데, 풍수적으로는 그리 좋은 점수를 주기 어렵다. 신라호텔이 운영한다는 레스토랑 '탑클라우드' 는 맞선 보는 자리로 인기가 높다.[37] 건축에서 탑클라우드 공법이란 말은 있을

36
최한기, 앞의 책, p.77.: 이 건물은 당시 m²당 1,750달러의 공사비가 소요되었다고 한다.

수 있지만 풍수적으로 볼 때 건물 꼭대기에 있는 레스토랑의 이름으로 탑클라우드는 적합하지 않는 것 같다. 우리말로 해석하면 '건물 위의 구름' 또는 '구름 낀 건물'이라는 뜻이 되기 때문이다.[38]

이 건물은 창업 1세대가 남대문시대였다면 창업 2세대가 종각시대를 여는 중요한 건물이다. 건물의 주인은 현상설계懸賞設計(competition)에 제출된 여러 안 중에서 비뇰리의 안을 선택하면서 무슨 생각을 했을까? 이 건물은 '마누라와 자식 빼고 다 바꿔라'는 슬로건을 극명하게 보여주는 것이기도 하다. 어려운 시기를 새로운 패러다임[39]으로 극복해보려는 발버둥의 표현이다. 건물의 디자인은 세계 어느 나라에서도 볼 수 없는 새롭고 신선한 그 무엇을 좇아서 시도된 것이다.

그러한 패러다임의 흐름을 타고 건축가 라파엘 비뇰리는 어느 선진국에서도 실현하기 어려운 자신의 실험작을 대한민국의 중심부에다 세울 수 있었다. 당시 국내의 어느 건축가가 똑같은 디자인을 내놓았다면 아마 황당한 디자인이라고 폐기되었을지도 모른다.

우리나라의 정서나 문화와는 동떨어진 개념으로 설계되고 지어진 이 건물을 풍수적으로 따진다는 것은 의미가 없는 일일 수도 있다. 그러나 이 책에서 다루고 있는 주제가 부동산 풍수학인 만큼 우리의 주제 위에 올려놓고 따져보자.

이 건물은 이미지와 형식의 기운, 즉 형기만 강조되었다. 건물의 성능과 내용, 즉 질기에 대한 배려

37
송희라, 〈송희라의 맛과 멋: 서울 종로 탑클라우드〉, 《동아일보》, 1999년 12월 23일 기사 참조.

38
구름의 기운은 여러 가지로 해석된다. 구름은 공기중의 수증기가 뭉쳐져서 만들어진다. 구름을 동적인 것으로 볼 때는 정처없는 나그네로 묘사되고, 정적인 것으로 볼 때는 해를 가리고 달을 가리는 차단물로 묘사된다. 정지된 구름 아래는 그늘이 되고 음의 성격을 가진 공간이 된다. 맑은 것이 아니라 흐린 것으로 간주되고, 구름 낀 날은 기운이 맑지 않은 것으로 본다.

39
신중섭, 앞의 책 p.25.: "우리가 세계를 어떻게 보는가는 우리가 가지고 있는 세계관, 곧 패러다임에 의존한다. 패러다임을 바꾸면 세계가 달리 보인다. 패러다임은 원래 그리스어에서 기원되었으며, 영어의 '패턴pattrern, 보기exemplar, 모델model'을 도입했다."

사진 4-17 탑클라우드. 건물의 허기虛氣가
느껴지는 부분으로 보완이 필요하다. 영화
〈ET〉에 나오는 ET의 모습을 닮았다.
2002년 촬영.

사진 4-16 영화 〈ET〉 포스터.
1984년 개봉된 스티븐 스필버그
감독의 작품이다.

가 너무 소홀했다는 점을 지적하고 싶다.

풍수적으로 볼 때 허한 기운이 감돌고 있다. 이것은 첨단기술의 이미지로 일부 가릴 수는 있다. 하지만 앞에서 언급한 것처럼 이 건물이 첨단기술의 상징적 건물로 위세를 떨칠 수 있는 유효기간은 그리 길지 않을 것으로 생각된다. 그 허한 기운이 가장 강력히 나오는 부분은 건물 제3부위 상층부의 뻥 뚫린 공간(23층에서 30층)이다. 비어 있는 공간의 크기가 너무 클 때 감도는 기운이 바로 썰렁한 기운이며, 허한 기운이다. 건물을 인체와 같이 이해한다면 뻥 뚫린 곳은 가슴에 해당된다.

사실 탑클라우드 부분은 건물 위에 떠 있다[40]는 느낌보다는 영화 〈ET〉에 나오는 ET의 머리 부분처럼 느껴진다. 풍수상으로 말하면 건물의 머리 부분은 최고경영자를 말하는 것이고, 가슴 부분은 중간 관리자, 아래 부분은 현장실무자를 가리키는 것

40
건물 위에 떠 있는 구조로 표현되려면 기둥과 탑클라우드의 관계가 재설정되어야 한다. 건물이 타원체의 측면에서 붙잡고 있는 방식이 아니라 아래에서 떠받치는 형식이 되어야 하고, 기둥과 타원체의 접합부가 잘 느껴지지 않도록 잘록해져야 한다. 지붕을 떠 있는 구조로 잘 표현한 건축가로 고 김중업을 들 수 있다.

이다. 총수의 생각이 중간 계층과는 많은 괴리가 있다는 뜻이다. 가슴 부분을 채우는 노력이 필요하다. 정서는 가슴에서 나오는 것이지 머리에서 나오는 것이 아니다.

현재의 건물주가 이 건물을 팔지 않고 계속 소유하려고 한다면 모종의 풍수적 보완이 필요하다. 즉, 외향적인 '기의 발산' 보다는 내부적으로 '기를 결집' 시킬 수 있는 디자인이 보완되어야 한다. 특히 뚫린 가슴 부위를 치유하는 조치가 있어야 한다.

> 국세청은 첨단 인텔리전트 빌딩으로 지어진 종로타워빌딩이 국세청이 입
> 주하기에는 너무 사치스럽다는 지적이 제기되기도 했으나 건물주인 삼성
> 생명측이 임대비용을 파격적으로 낮게 제시해 최종 타결된 것으로 알려
> 졌다.[41]

한때 이 건물을 국세청이 임대해서 사용한 적이 있었다. 국세청이 얼마간 머무른 사실은 이 건물에 어느 정도 돈기운을 북돋아주었다는 것으로 해석할 수 있다. 삼성생명은 국세청의 돈기운을 받게 된 입장이므로 영업에 도움이 되었을 수도 있다. 그러나 임대료도 싸고 유리로 된 건물이라 세무 행정의 투명성을 상징하고 있다고 하더라도, 허한 기운의 건물에 국가 재정을 담당하는 국세청이 있었다는 것은 어울리지 않는 선택이었다고 생각된다.

| 화기火氣 ─ 예식장의 건물 형태와 이혼율 |

2003년 보건복지부의 보고서에 따르면 우리나라가 머지않아 이혼율이 세계 1위의 국가가 될 것

41
신치영, 〈국세청─종로타워빌딩으로 청사 이전 … 내달부터 업무〉, 《동아일보》, 1999년 8월 27일.

으로 나타났다. 2003년 12월 당시 보고서에서 결혼 대비 47.4%가 이혼한다고 했다.[42] 또한 이 보고서는 외환위기 이전보다 높은 이혼 증가율을 보이는 것으로 보아 외환위기의 경제적 어려움에서 비롯된 가족 해체가 높은 이혼율의 가장 큰 원인으로 분석하고 있다. 경제적 어려움이 이혼하는 이유가 되는 것이다. 하지만 여기에서는 이혼율이 높은 것에 대한 다른 원인을 '기의 세계관'으로 찾아보려고 한다.

예식장의 건물 형태가 이혼율을 높이는 사유가 될 수 있을까? 서울 시내의 예식장들은 거의 천편일률적인 건물 형식을 하고 있는데, 대부분 모양이 만화영화〈슈렉Shrek〉에 나오는 고성古城 같다. 그 고성은 우리나라의 수원화성과 같은 디자인이 아니라 영국의 어느 지방에 있는 성을 본뜬 것처럼 보인다. 어느 나라의 것을 본떴냐가 중요한 것은 아니다. 그런 예식장들은 왕자나 공주처럼 결혼하고 싶은 욕망을 실현하는 데 초점이 맞추어졌기 때문이다. 예식장 건물이 우리나라의 궁이나 성곽이 아닌 유럽의 어느 성곽을 닮은 데에는 고객인 신랑 신부가 동양의 왕자나 공주보다 서양의 만화영화에 등장하는 왕자나 공주가 되고 싶어한다는 점에서 그 이유를 찾을 수 있다. 서울 시내와 지방에까지 대부분 이러한 스타일의 예식장 건물들이라 결혼하는 사람들은 왕자와 공주가 되어 예식장을 걸어 나왔다.

결혼식 때만은 왕자와 공주가 되고 싶은 대다수 신랑 신부의 심정을 이해 못하는 바 아니다. 신랑 신부는 핵가족 시대에 부모님으로부터 금이야 옥이야 하면서 결혼하기 전까지 공주와 왕자 대접을 받으며 살아왔을 것이다. 그 대접이 실제 결혼생활에서도 연장될 것처럼 착각하는 것이 문제이며, 그러한 착각에 예식장의 기운도 일조한다고 본다.

42
이호갑, 〈한국—세계 최고 '이혼천국' 임박〉, 《동아일보》, 2003년 12월 28일 기사 참조

사진 4-18 궁전 형태의 예식장(변경 전). 옥상 위의 장식물은 서양의 궁전이나 성곽을 본뜬 것으로, 한때 예식장 건물의 장식으로 유행하였다. 오행기로 보면 화기운에 속한다. 2004년 촬영, 서울 구로구 개봉동.

사진 4-19 현대식으로 재단장한 예식장(변경 후). 변경 전에 비해 훨씬 기운이 정제되어 보인다. 신혼부부가 총명한 자식을 얻는다는 총명터로 소문났다. 2006년 촬영.

이제 예식장의 건물 형태가 왜 이혼율을 높이고 있는지에 대해 풍수적으로 살펴보고자 한다. 우선 예식장 지붕 위에 장식된 여러 개의 원추형 장식을 주목해보자. 풍수에서 뾰족한 원추형 장식은 화火의 기운을 발산하는 것으로 본다. 화의 기운이 가득한 예식장에서 결혼하여 화의 기운을 잔뜩 받고 나오면 뜨거운 신혼여행을 보낼 수 있을 것이다. 하지만 화기운의 속성[43]상 그 기운을 지속시키기는 어렵다.

의식儀式이나 예식禮式은 무엇인가? 결국 형식을 갖추는 것인데, 형식보다는 내용이 중요하다고들 말한다. 그래서 너무 형식에 치우치는 것을 '허례허식虛禮虛飾'이라고 하지만, 마음[44]은 쉽게 변하기 때문에 잡아둘 '형식'이 필요하다. 다르게 말하면

43

화기운은 바람과 같은 것이어서 손에 잡히지도 않고 바람처럼 왔다가 바람처럼 가버린다.

44

결혼하는 신랑 신부에게는 '사랑하는 마음'이라 할 수 있는데, 그것도 요즘은 너무 빨리 변한다.

마음이 형식이고 형식이 마음이다. 그래서 마음도 중요하고 형식도 중요하다. 형식을 드러내는 기운이 형기이다.

왕자와 공주가 환상적인 신혼여행에서 돌아온 후 결혼생활 자체를 현실로 느끼게 될 때 서로 간에 상당한 이해가 요구된다. 그런데 만화영화에 나오는 멋진 왕자와 공주와는 다르게 서로의 앞에 있는 왕자와 공주는 이해심이 아주 부족하다. 눈앞에 놓인 생활상의 어려움을 극복하기 위해서는 왕자와 공주의 허울은 벗어던지고 하녀와 머슴으로 생활해야 할 때도 있다. 강렬한 화기를 가진 사람끼리는 대화나 타협이 어려울 수밖에 없다. 맞불과 맞바람이 있을 따름이다.

유럽 성곽 스타일의 건물이 탁한 화기를 갖고 있다고 할 수도 있지만, 그런 곳을 좋아하고 고르는 신랑 신부에게도 탁한 화의 기운이 있다고 할 수 있다. 궁전이니, 왕궁이니 하는 스타일은 모텔에 어울리는 것이지 신성한 결혼식장에 어울리는 것이 아니다.

이혼율이 높은 것은 경제적 문제 때문만은 아니다. 비슷한 시기에 경제적 어려움을 겪었던 많은 나라에서도 이렇게 이혼율이 급상승하지는 않았다. 그렇다면 그 이유를 경제적 문제만이 아닌 다른 곳에서도 찾아야 한다. 이혼율은 마음의 문제이고 사고방식의 문제이다. 풍수의 관점에서 볼 때 화기운이 있는 예식장의 건물 형태와 이혼율은 서로 관계가 있다고 할 수 있다. 예식장 업주와 신랑 신부의 마음가짐이 변화되어 우리나라의 예식장 건물 형태와 명칭들이 좀 바뀌었으면 한다. 그래서 이혼율을 줄이는 데 일조한다면 더할 나위가 없겠다.

건물에 살殺이 있다?

| 능압 ─ 대우빌딩 |

현대 도시에서는 길吉한 생기를 좇아가기보다는 흉한 살기를 피하는 것이 우선이다. 도시는 살기가 많은 곳이기 때문이다. 도시환경에는 여러 종류의 살기가 있지만, 풍수적으로 다룰 수 있는 것은 주로 건물살建物殺과 도로살道路殺이다. 도로살에 대해서는 뒤에서 자세히 설명하기로 하고, 우선 건물살에 대해서 실례를 들어 자세히 설명하고자 한다.

건물살은 여러 살들 가운데 석살石殺의 성격을 가진 것이다. 석살은 금살金殺의 일종으로 산이나 바위 등에서 느껴지는 강한 금기운을 말한다. 주변에 큰 바위산이나 뾰족한 바위들이 열 지어 있으면 강한 금기운인 석살을 받게 된다.

강한 금기운을 생기로 받으면 힘센 장사가 배출되고, 살기로 받으면 목기운의 성장을 억눌러 곱추나 난쟁이가 나올 수 있다. 즉, 집안에서 아버지는 금기운에 해당되는데, 아버지의 기운이 세고 성격이 곧으면 훌륭한 아들이 나올 수 있는 반면, 과도하게 강한 아버지에게는 반항적인 아들이 나오거나 전혀 기를 펴지 못하는 소심한 아들이 나올 수 있다.

석살은 자연적인 것인 데 반해 건물살은 인공적인 것이다. 큰 건물이 앞을 가로막고 높게 들어선다면 일종의 건물살을 받게 된다고 할 수 있다. 건물살은 주는 쪽이나 받는 쪽 모두에게 좋지 않은 영향을 미친다.

서울역 앞에 있는 대우빌딩은 건물살을 주는 대표적인 건물이다. 이런 경우를 두고 사람들에게 능압을 주는 건물이라고 한다. 여기에서 능압凌壓이란 능멸하고 압박한다는 뜻이다. 대우빌딩은 기차를 타고 서울역에 도착하여 대합

사진 4-20 2001년 대우빌딩. 능압의 기운이 강하다. 서울역 KTX역사의 신축공사가 진행 중일 때 찍은 사진이다. 절벽이 앞을 가로막고 서 있는 느낌이다. 사람은 희망이 없을 때 절벽 앞에 서 있는 느낌이 든다. 사람을 능멸하고 압박하는 건물이다.

실을 빠져나오는 사람들에게 심한 압박감을 준다. 서울역을 거쳐 간 대다수 사람들은 알게 모르게 대우빌딩이 밀어붙이는 압박감을 경험하게 된다.

대우그룹의 총수는 강하게 밀어붙이는 추진력과 꺼지지 않는 의욕으로 가득찬 사람이었다. 이 건물을 통해서 우리는 어느 정도 재벌 총수의 마음을 읽을 수 있다. 왜냐하면 대우빌딩이 그 자리에 그런 형태로 있게 된 배경에는 당연히 총수의 마음이 가장 크게 작용했을 것이기 때문이다. 대우그룹의 총수는 개발시대에 지칠 줄 모르는 추진력과 의욕을 갖고 있었으며, 이 건물에 그 의

지의 일부를 표현하였다.

　서울역 앞에 대우빌딩이 새
로 건축되었을 때 흰색 와이
셔츠에 넥타이를 매고 그곳에
서 근무하는 직원들은 굉장한
자부심을 갖고 있었으며, 고
향에 있는 그들의 부모에게
도 대단한 자랑거리였다.[45]
하지만 대우빌딩이 상징하는
것처럼 큰★ 집斗은 공룡과 같
은 기운으로 그 앞을 지나가
는 소시민에게 상당한 위압감
을 준다.

　대우빌딩이 조금만 여유있
게 더 뒤로 물러서서 지어졌

사진 4-21 2004년 대우빌딩. KTX역사 준공 후 보행자의 위치가 높아져
능압의 기운이 다소 해소되긴 하였으나 아직도 부담이 느껴진다.

다면 '공룡'이라는 단어를 사용하면서까지 그렇게 심각하게 언급할 필요가
없었을 것이다. 하지만 더 뒤로 물러설 수 없는 시대적 · 경제적 · 지형적인
조건이 있었기 때문에 지금의 대우가 되었고 대우빌딩이 되었다. 다행스럽
게도 서울역이 KTX의 개통으로 새롭게 단장되면서 대합실의 위치도 높아
졌다. 따라서 대우빌딩이 주는 능압의 정도는 많이
줄어들었다. 대우빌딩은 '밀어붙이는 시대'를 청
산하고 새로운 시대에 대응하려면 능압에 대한 추
가적인 보완조치가 필요할 것이다.

45

나의 형 친구 중에 대우 직원이 있었다.
하루는 형과 함께 대우빌딩 지하 커피숍
에서 그를 잠깐 만난 적이 있었다. 내 눈
에 비친 그는 자신감과 자부심으로 가득
차 있었다. 물론 고향의 부모님도 그를
자랑스럽게 여겼던 것으로 기억된다.

| 석살 — 무역센터 |

석살石殺이란 '날카로운 봉우리나 송곳 같은 윗부리가 칼날을 세우는' 그런 것을 말한다. 좀더 단순하게 말하면, 밥상의 모서리에 앉았을 때 받는 살기가 석살이라고 보면 된다. 좁은 밥상에 많은 식구가 둘러앉아 식사할 때 아무 생각 없이 모서리에 앉았다가 집안 어른께 야단맞은 경우가 있었다. 밥을 먹는 것은 몸에 생기를 공급하는 것인데, 살기 있는 자리에 앉아서 식사를 하면 안 된다는 것이다.

조금 규모를 확대해서 생각해보면, 아파트 단지 내에서 이웃하는 아파트 동의 모서리가 거실에서 바로 보일 때 그것은 밥상 모서리에 앉은 것과 같다. 또한 산줄기가 좁게 창 끝처럼 직선으로 내려오는 곳에 마주서는 것도 이에 속한다.

원시시대 사람들은 어디서 제일 먼저 석살과 같은 기운을 느꼈을까? 그것은 아마 돌칼이었을 것으로 생각된다. 역사적 자료를 보면 청동기시대에도 청동기는 소위 지배계급의 권위를 상징하는 귀중품이나 장신구로 사용되었고, 사냥이나 전쟁 시에 주로 사용된 것은 석기였다. 그렇다면 석기는 철기가 일반화되기 전까지 상당히 오랫동안 사용되어왔다고 보아야 한다.

박물관에 전시된 석기 가운데 소위 마제석검摩制石劍이라는 것을 보면 칼날이 아주 예리하게 서 있어 수천 년이 지난 지금도 살기가 느껴진다. 돌칼의 살기, 그것이 인간이 의식하는 석살의 기원이 아닐까?

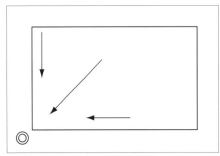

그림 4-12 밥상 모서리살. 어릴 때 밥상 모서리에 앉았다가 할아버지께 혼난 적이 있다. 밥상 모서리에서 먹는 밥은 충살을 받아 생기가 되지 않고 살기가 된다고 한다. 이것이 '모서리살이론'이다.

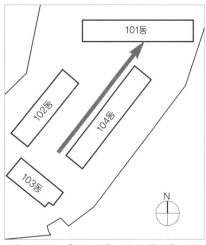

사진 4-22 아파트 충살 1. 건물의 모서리는 맞은편 끝에 있는 아파트 쪽으로 찌르듯이 달려간다. 2005년 촬영.

그림 4-13 아파트 충살 2. 좁은 터에 최대한 많은 세대를 배치하다 보니 한 건물의 모서리가 맞은편 건물을 찌르는 경우가 생긴다.

　　서울 삼성동에 있는 무역센터는 부동산 풍수학의 관점에서 볼 때 건물살을 띠고 있는 대표적 건물이라 할 수 있다. 이 건물은 '니켄세케이日建設計'라는 일본 건축회사의 작품이다. 니켄세케이는 현상설계에서 당선되어 한국의 무역센터를 설계하는 영광을 안게 되었다.

　　2000년대, 선진 한국의 첨병 역할을 수행할 무역센터가 4년 간의 산고 끝에 그 웅장한 자태를 드러냈다. 1984년 공개 현상설계에서 당선된 일본의 '니켄세케이'가 기본 설계를, 차석을 한 '정림건축과 원도시'가 실시설계를 담당했다. 공사비만 4,000억이 넘는 국내 최대 규모의 현상설계에는 외국팀과 국내팀이 함께 참가했으나 완벽한 공정표까지 제시한 니켄이 당선되어 일본 건축계의 치밀함을 증명하였다.[46]

46 이용재, 《건축과 환경》, 1988년, 10월호, p.33.

사진 4-23 관악산 연주대. 칼날 같은 절벽 위는 고행이나 기도를 위주로 하는 종교용지로 적합한 장소로, 석살을 극복하고 득도하는 곳이다. 2006년 촬영.

사진 4-25 돌칼. 석살은 돌칼에서 비롯되었다. 돌칼의 날에는 아직도 살기가 느껴진다.

사진 4-24 서울 삼성동 무역센터. 날카로운 칼날을 세우고 있다. 석살의 대표적인 건물이다.

무역센터 건물은 55층으로 이루어져 있다. 좌우측면에서 볼 때 건물은 4단계로 점차 줄어드는 형상을 하고 있다. 즉, 15층, 29층, 43층, 55층에서 입면 창호가 두 모듈module씩 줄어드는 디자인이다.

건축계획적 측면의 세세한 부분은 건축학에 속하는 것으로 부동산 풍수학에서 중요하게 다루어야 할 사항은 아니다. 다만, 이 건물이 무엇이 되고 싶어했으며, 어떤 기운을 가지고 싶어했는지는 살펴보아야 한다. 이 건물이 추구한 이미지는 '용의 승천昇天'이었다.

부동산 풍수학의 개념으로 볼 때 이 건물은 전혀 용의 기운을 내지 못하고 있다는 데 문제가 있다. 건물을 용으로 간주하면, 앞가슴 쪽이 건물의 후면(서측)이 되고 등지느러미(용의 벼슬, 동측) 쪽이 건물의 전면이 되어야 한다.

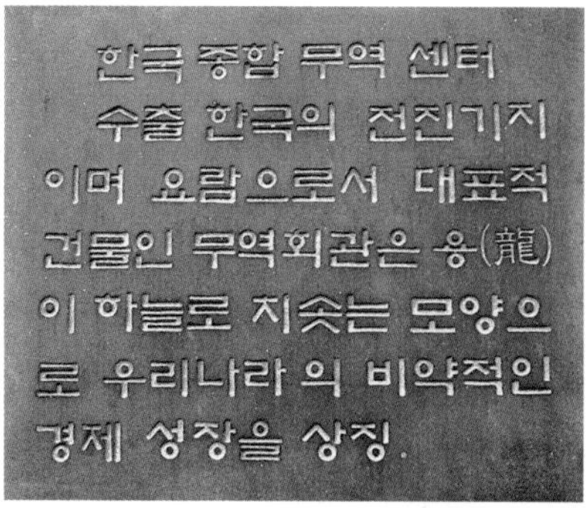

사진 4-26 무역센터의 상징비석. 하늘로 치솟는 용을 상징하고 있음을 강조하고 있다. 일본 사람이 설계한 용은 용으로 느껴지지 않고 칼을 세운 듯이 느껴진다. 2004년 촬영.

풍수에서는 산을 용으로 보며, 혈처를 정할 때 용의 면배面背[47]를 매우 중요하게 다루고 있다. 산을 면배의 개념으로 볼 때는 면을 중요시하는데, 이 건물에서는 배를 더욱 중요시하고 있다. 왜냐하면 용의 면面이 후면이 되고 용의 배背가 정면으로 되어 있기 때문이다.

건축물의 상징이나 이미지로서 용의 개념을 도입할 때 직설적으로 용을 의도하는 것은 촌스러운 디자인이 되기 쉽다. 그만큼 어떤 목소리를 내는 건물을 디자인으로 풀어낸다는 것은 쉽지 않은 일이다. 어쨌든 '말하는 건축'의 디자인은 추상적으로 이루어져야 하는데, 직설적으로 이루어질 경우 조잡하게 느껴지기 쉽다.

무역센터는 분명 추상적으로 디자인되었다. 하지만 사무라이 정신에 투철한 일본 건축가의 성격이 너무 많이 드러나 있어 거북하게 느껴진다. 용을 디자인하더라도 일본 사람이 디자인하면 이러한 용이 된다. 비록 일본 사람은 그것을 용이라고 주장하더라도 한국인으로서는 용으로 봐줄 수가 없다.

용에 관한 선입견을 모두 버리고 이 건물을 부동산 풍수학의 관점에서 한번 살펴보자. 한마디로 그것은 '칼'이다. 돌칼일 수도 있고 유리칼일 수도 있고 금속성의 칼일 수도 있다. 살기의 관점에서 말하면, 이 건물에는 칼날과 같은 건물살의 기운이 감돌고 있다. 무역센터는 과도果刀와 같은 외날형 칼날 모양이다. 외날형 칼날은 양날형 칼날과는 다르게

47
풍수에서는 산의 경사가 완만한 쪽을 면面으로, 급한 쪽을 배背로 본다. 여기에서는 굳이 용을 상징한다고 하였으므로 경사도가 아닌 형태를 기준으로 구분되어야 할 것이다.

사진 4-27 무역센터 건물 입면. 단계적으로 줄어드는 모양은 용의 등지느러미를 표현한 것인데, 이것이 전면이고 수직선으로 상하를 이루고 있는 것이 후면이다. 건물의 면배와 용의 면배가 서로 모순되게 처리되었다. 풍수에서는 면을 배보다 중요시하는 경향이 있다. 이 건물은 면배의 개념에서 볼 때 배에다 주출입구를 두고 있다. 2004년 촬영.

일방향인데, 칼등과 칼날의 구분이 있다. 다시 말해 칼날 쪽은 석살을 받는 쪽이다.

　사실 이 건물은 어느 쪽을 정면으로 보아야 할지 심사숙고해야 한다. 우선 이 건물의 동측면을 정면으로 간주할 수 있는데, 동측의 영동대로상에서 건물을 바라본 면이다. 보통 건물의 긴 면은 정면 또는 배면이 되고 좁은 부분은 측면이 되는 것이 일반적인데, 이 건물의 경우에는 좁은 부분에 주출입구가 설치되어 있어 정면으로 볼 수 있다. 그래서 도로에서 주출입구를 향해 들어올 때 칼날을 마주보게 된다. 물론 설계자는 용의 비상하는 면을 보고 들어온다고 주장할 수도 있다. 용의 비상하는 면을 보고 들어오든 어찌 되었든 간에 건물의 좁은 면을 보고 들어온다는 것은 사실이다.

사진 4-28 서울 역삼동 포스틸 사옥. 역삼각형 쐐기 모양으로 내리꽂히는 형태를 하고 있다. 2006년 촬영.

사진 4-29 포스틸 사옥 외관 디테일. 고드름이 떨어지면 어떤 일이 벌어질까? 2006년 촬영.

사진 4-30 무역센터 앞의 한국전력공사. 한국전력 빌딩은 무역센터의 칼날을 마주하고 있다. 건물살을 받고 있어 비보가 꼭 필요한 위치이다. 2004년 촬영.

사진 4-32 서울 삼성동 현대산업개발빌딩. 창에 찔리고 칼질당하고 긁힌 상처투성이의 건물로 그 표현이 폭력적이다. 2006년 촬영.

사진 4-31 서울 삼성동 동부화재보험빌딩. 석살의 사례로 절벽에 노출된 암석절리를 표현하고 있다. 2004년 촬영.

부동산 풍수학에서 보면 매일 이 건물에 출퇴근하거나 자주 왕래하는 사람들은 칼날을 맞으며 들어오게 되어 건물살의 영향을 받게 된다고 할 수 있다. 특히 무역거래와 협상 업무를 보기 위해 이곳을 방문하는 사람들이 이러한 칼날을 강하게 맞으면서 들어온다는 것은 별로 바람직한 상황이 아니다.

이러한 건물살은 건물에 있는 사람들뿐만 아니라 바로 맞은편에 있는 건물(한국전력빌딩)에도 좋지 않은 영향을 미친다고 할 수 있다. 무역센터는 우리나라 무역의 발전을 위해서도 건물살에 대한 대책을 세워야 한다. 그 대책으로 출입구의 위치를 조정하거나 칼날을 완화하는 것 등을 고려해볼 수 있다.

무역센터 외에도 서울의 강남 테헤란로 주변에는 살기를 머금고 있는 여러 건물들이 있다. 대다수가 외국인 건축가의 실험작으로 그들로서는 연습삼아 한번 디자인해본 것이겠지만, 그곳을 지나다니며 생활하는 사람들에게는 지대한 영향을 미치게 된다. 건물을 설계한 건축가는 각 건물들이 뿜어내는 긴장감을 즐길지도 모르겠다. 하지만 그것들은 도시환경을 폭력적이고 긴장감 있는 분위기로 몰아가고 있다. 이런 건물을 보고 '멋있다'고 표현하는 것은 적절하지 못하다. 도시환경은 영화 한 장면만 찍고 철거하는 일회성의 무대장치가 아니다.

| 도끼살 — 서울중앙우체국 |

도끼살斧殺이라는 말은 이 책에서 처음 사용하는 용어이다. 도끼斧는 칼과는 다르게 더욱 자극적이고 섬뜩한 느낌을 준다. '칼로 찌르다. 도끼로 내려치다'라는 말 가운데 칼보다는 도끼로 내려치는 것이 훨씬 더 강한 살기가 느껴진다.

도로살은 옆으로 찌르는 것, 석살은 위로 찌르는 것, 도끼살은 위에서 아래로 내려찍는 것이다. 서울의 한국은행 근처에 지어지고 있는 서울중앙우체국 건물은 양쪽으로 갈라지는 형상을 하고 있다. 공사 중(2006년 현재)이지만 준공 조감도를 보면 도끼살이 강하게 느껴진다.

서울중앙우체국은 2007년 준공을 목표로 공사 중인데, 소위 턴키Turn-Key 공모에 의해서 몇몇 회사가 컨소시엄을 구성하여 따낸 프로젝트이다. 턴키방식의 공모는 설계자와 시공자가 한 팀을 이루어 설계와 시공을 일괄 책임지고 끝내는 방식이다. 대체로 대형 공사들이 이 방식을 취하고 있다. 서울중앙우체국의 프로젝트 관리자에게는 턴키방식이 매우 편리할 것이다. 하지만 중소 설계업체나 시공업체에는 기회가 주어지기 쉽지 않은 대기업 위주의 발주

공사라고 할 수 있다. 턴키방식은 중소기업에 다소 불리한 방식으로 민간기업에서는 그렇게 하더라도 중소기업을 살려야 할 정부에서는 중소기업을 배려해주어야 할 것이다.

이런 턴키방식은 관리 측면에서도 이점이 많은 방식이다. 건설업체가 일괄해 책임 시공함으로써 책임소재도 일원화되고, 민간기술을 이용한 기술개발과 공기단축을 도모할 수 있다. 하지만 건설업체에 전적으로 맡기다 보니 오히려 풍수적 측면까지 세심하게 신경쓰지 못한 것은 아닌지 되짚어볼 필요가 있다.

으레 현상설계의 설명서에는 지역성과 역사성이 등장한다. 서울중앙우체국 건물의 지역성을 부동산 풍수학의 측면에서 살펴보자. 이 건물이 있는 자리는 위치상 도로살을 받는 곳인데, 한국은행 앞 사거리의 분수대가 없다면 직살直殺을 받게 된다.

지금은 남대문에서 덕수궁을 지나 경복궁으로 바로 들어가는 직선 도로가 있지만, 조선시대에는 경복궁으로 바로 들어가는 직살을 피하기 위해서 티T 자형의 도로를 만들었다. 이 티 자형 도로는 남대문을 통해서 서울중앙우체국 앞을 지나 종각으로 연결되며, 종로에서 좌회전하여 세종로로 연결되는 형식이었다. 그래서 서울중앙우체국 앞의 남대문으로 연결되는 도로는 역사가 아주 오래된 것으로, 경복궁으로 가는 직살을 피하기 위

사진 4-33 서울중앙우체국 조감도 1. 저층부 출입구 부분은 입을 벌리고 있고 전체적으로 볼 때 머리에 모자를 쓴 것 같다. 2006년 촬영.

해 만들어진 것이다.

　뒤에서 설명하겠지만 이렇게 직접 도로살을 받는 터는 화재가 나기 쉽다. 도로는 바람길이기도 한데, 그 바람을 직살로 맞는 곳에 도로살도 받는 것이다. 사실 서울중앙우체국이나 근처 신세계백화점 자리는 화재에 상당한 주의가 필요하다. 그곳은 시청 쪽에서 불어오는 바람과 남산 3호터널 쪽에서 불어오는 바람이 마주쳐 회오리형 바람을 일으키는 곳이기도 하다. 비록 오래 전의 일이지만 서울중앙우체국 건물과 인접한 대연각호텔의 화재(1971)를 생각하

사진 4-34 서울중앙우체국 조감도 2. 입면상과 평면상 모두 뾰족한 면을 만들고 있다.

면 지금도 끔찍하다.

　서울중앙우체국의 신축건물은 남대문의 역사성을 바탕으로 '문' 이라는 개념을 디자인 콘셉트로 하였으나, 전혀 문으로 느껴지지 않는다는 것에 문제가 있다. 문이라기보다는 오히려 쐐기형의 브이v 자로 여겨진다. 굳이 첨단 기술의 미래지향적인 상징성을 띠고 있다고 우긴다면, 로봇 태권브이 정도로 봐줄 수 있을 것 같다.

　그런데 이 건물에 대한 반응은 여러 가지이다. 어떤 사람은 지퍼 내린 바지처럼 섹시하다고 하고, 어떤 사람은 도끼로 내리찍어 쪼개진 건물 같다고 표현하기도 한다. 어찌 되었든 이 건물에서 느껴지는 기운이 그리 좋은 것 같지는 않다. 민간기업의 건물도 아닌 관공서를 많은 돈을 들여서 이렇게 강한 살

기를 띠는 형식으로 짓고 있다는 것은 참으로 안타까운 노릇이다.

부동산 풍수학의 관점에서 보면 이러한 형식의 건물들은 기운이 가운데로 응집되지 않고 양쪽으로 갈라지게 된다. 즉, 기운이 밖으로 나간다는 뜻이다. 건물의 기운이 응집되지 않고 갈라진다는 것은 건물에 입주한 사람들에게는 그리 바람직한 것이 아니다. 설계설명서에 있는 이 건물의 설계 개요를 보면 다음과 같다.

> 서울중앙우체국은 물리적·기능적 다양성과 복합성을 지니고 있습니다. 사대문 삼각축, 명동, 회현지하상가 …… 남대문시장, 미도파백화점, 롯데백화점 …… 우정사업본부, 우체국, 임대사무실의 분리와 연계, 그리고 이곳을 회유回遊하는 정보와 사람들 …… 서울중앙우체국은 이 모든 것들과 관계 맺고 함께하여야 합니다. 서울중앙우체국은 복잡하게 얽혀 있는 이 모든 것들을 한데 모을 수 있는 중심이어야 하고, 골고루 확산시킬 수 있는 분배기이어야 합니다. 이는 우체국 기능의 본질이자, 이 땅을 점유하는 건축물의 의무이기도 합니다.

수박이나 통나무를 여러 개로 쪼개서 나누어주는 것은 좋은 일일 수 있다. 하지만 설계설명서에서 말하는 대로 건물이 '분배기'가 되고 싶다는 것을 추상적으로 표현한 것이 꼭 이런 식으로 되어야 하는가 하는 문제는 한번 따져보아야 한다.

'분배기' 운운하는 것은 건축가가 자신의 디자인을 관철시키기 위한 하나의 미사여구일 뿐이고, 처음부터 분배기를 생각하고 디자인한 것은 아니었을 것이다. '서울중앙우체국은 복잡하게 얽혀 있는 이 모든 것들을 한데 모을 수

있는 중심이어야 하고, 골고루 확산시킬 수 있는 분배기'
라는 것을 주요 디자인 개념으로 시작했다면, 지금 지어
지고 있는 형태와는 다른 여러 가지의 대안들이 나올 수
있었을 것이다.

부동산 풍수학의 관점에서 볼 때 이 건물이 '모으고
분배하는 곳'이 되고 싶다면 무엇을 어떻게 모으고 분배
할 것인지를 고민해야 한다. 고층빌딩이 수박이나 통나
무가 될 수는 없다. 서울중앙우체국은 생기를 모으고 분
배하는 것이 아니라 살기(도로살)를 모아서 더 많은 살기를 만들어 분배하는
꼴이다. 우체국은 어려운 사람들에게 좋은 소식을 전해주어 삶의 생기나 희
망의 생기를 안겨주어야 하는데, 살기를 전달한다면 한심스러운 일이다.

이 건물을 보면, 워너브라더스사가 제작하고 제임스 맥테이그가 감독한
〈브이 포 벤데타V For Vendetta〉(2006년 개봉)라는 영화가 생각난다. 영화에 나
오는 마크와 건물 모양이 너무나 닮았기 때문이다. 사실 이 영화는 전체주의
독재정치에 항거하는 메시지를 담은 정치영화이며, 관공서 건물의 상징적 가
치를 다시 생각하게 하는 작품이다.

The building is a symbol, as is the act of destroying it. Symbols
are given power by people. Alone, a
symbol is meaningless but with enough
peopl … blowing up a building can change
the world.[48]

48
영화 속의 주인공 브이V가 한 말이다.
"건물은 상징이다. 그것을 파괴하는 행위
도 상징이다. 상징은 사람들이 부여한 권
력(힘)이다. 상징 그 자체로는 아무 의미
가 없는 것이다. 많은 사람들과 의식을
같이하여 그 건물을 폭파시킨다면 세상
은 달라질 수 있는 것이다." 영화를 보지
않고 이 글의 의미를 정확히 파악하기는
어렵다.

<u>사진 4-36</u> 마이산. 상대적으로 뾰족한 것이 숫마이봉(678m)이며 맞은편에 있는 것이 암마이봉(685m)이다. 마이산은 산 모양이 말의 귀처럼 생겼다고 해서 붙여진 이름이다. 원래 하나의 산이었는데, 둘로 갈라진 것이라고 한다. 2005년 촬영.

　　서울중앙우체국 건물을 부동산 풍수학의 관점에서 이해하려면 하나의 산으로 보면 된다. 산의 모양이 서울중앙우체국의 모양과 같다면 그것을 단산斷山이라 한다. 풍수에서는 산을 용에 빗대어 설명하는 경우가 많다.

　　서울중앙우체국과 같은 단산은 일종의 광룡狂龍으로 기운이 정제되지 않아서 살기를 품고 있다. 우리나라의 산 중에서 이와 같이 강한 기운을 갖고 있는 대표적인 산은 전라북도에 있는 마이산馬耳山(해발 685m)이다.

　　마이산과 서울중앙우체국의 형태는 서로 유사성이 있다. 마이산도 생성 초기에는 강한 살기를 가지고 있었음이 분명하다. 현재의 마이산은 오랜 세월 풍화작용에 의해 강한 살기가 많이 정제되었다. 더욱이 양쪽 봉우리가 암수로 나누어져 있어 음양의 교합원리를 잘 설명해주고 있다. 하지만 서울중앙

사진 4-37 공사중인 서울중앙우체국. 빨간색의 철골 방부 페인트가 칠해져 더욱 강렬한 느낌을 주고 있다. 도끼살 이 느껴지는 건물이다. 2006년 촬영.

우체국과 같은 신축 건물을 마이산 형태로 짓는 것은 아주 무모한 일이다. 건물의 살기는 산처럼 풍화시켜 순한 생기로 변환시킬 수 없다.

서울중앙우체국의 경우 건물이 갖고 있는 살기를 완화시키기 위해서는 두 건물 사이의 갈라지는 부분을 어떻게 보완할 것인지를 생각해보아야 한다. 오히려 공사 중에는 공사의 편의를 위해서 양쪽을 연결시켜주는 층별 연결 통로가 가설 假設되어 있어 시각적 보정을 해주고 있다. 상층부를 두 개의 동으로 분리한 것은 환기나 채광의 측면에서는 좋은 아이디어로 평가받아야 한다. 이 건물을 차라리 두 개의 동으로 확실히 구분하여 브이 자형이 되지 않도록 하였다면 더 나았을지도 모른다. 이 건물의 설계자 명단에 외국인의 이름이 끼어 있는 것으로 보아 디자인 콘셉트는 아마도 우리의 문화나 풍수에 대한 개념이 전혀 없는 외국인이 설정한 것이 아닐까 하는 생각이 든다. 혹은 영화 〈브이 포 벤데타〉의 영향을 받았는지도 모르겠다.

사진 4-38 체신 마크의 변천. 서울 중앙우체국의 공사 현장 울타리에 변천과정을 연대별로 소개하고 있다. 2006년 촬영.

도끼로 쪼갠다는 것은 하나의 기운덩어리를 둘로 분리시킨다는 의미이다. 건물에서 도끼살이란 건물이 가진 기운을 분리시키는 것을 총칭하는 것이다. 도끼살이 있는 건물

사진 4-39 서울 공군회관. 상징성을 강화하기 위해서 비행기 모양을 본뜬 것이다. 가운데로 기운이 결집되는 것이 아니라 양쪽 날개 끝으로 기운이 갈라진다. 2004년 촬영.

사진 4-40 부산 자갈치시장. 이 건물의 형태는 갈매기의 날개를 본뜬 것이라 한다. 이채주 제공. 2006년 촬영.

에 근무하거나 거주하는 사람들 간에는 주로 단합이 잘 되지 않을 가능성이 높다. 예를 들면 노사분규가 끊이지 않는다든지, 생산자와 소비자 간의 갈등이 계속 발생한다는 것이다. 아이로니컬하게도 앞에서 거론한 영화 〈브이 포 벤데타〉에서 전체주의 국가체제를 유지하기 위한 벽보 선동 문구는 단합을 강조하고 있다. "Strength Through Unity, Unity Through Faith(국가의 힘은 단합을 통해, 단합은 종교적 신념을 통해)."

도끼살이 있는 건물은 주로 비행기나 새의 날개 등을 직설적으로 표현하려다 실패한 경우가 많다. 특히 우체국의 상징마크는 '분배기'가 아니라 빠르게 날아가는 새(제비)를 주제로 하고 있다. 새의 날개나 비행기를 상징하는 경우 흔히 브이 자형을 띠게 되는데, 브이 자형 건물은 양쪽을 가르고 가운데가 움푹 꺼져 있어 그 아래를 짓누르는 기운이 생기게 된다. 즉, 꼭짓점 아래에 있는 층은 도끼살을 받게 된다. 결국 뭉치게 하는 기운이 아니라 쪼개는 기운이 강하게 작용한다는 것이다.

브이 자의 각도가 예리할수록 살기는 강해진다. 건축물의 정면을 이와 같이 계획하는 것은 피해야 한다. 새의 날갯짓을 표현하려면 고故 김중업金重業(1922~1988)의 프랑스대사관**49**처럼 전통 한옥의 지붕 형식을 참조하는 것이 좋다. 비행기나 새의 날개를 표현하고 있어 주목받고 있는 건물로는 서울 시흥대로상에 있는 공군회관과 신축한 부산 자갈치시장이다.

풍살과 우울증 – 아파트

서울 강북의 단독주택 지역이 앞으로 뉴타운 지역으로 지정되어 모두 대단위 아파트 단지로 바뀔 전망이다. 한편으론 환영을 하면서도 여러 걱정이 앞선다. 이제 아파트는 단독주택의 비율을 상회하여 전국적으로 우리나라의 대표 주거 형태가 되었다. 아파트 주거 형태는 단독주택에 비해 많은 장점이 있지만 몇 가지 문제점을 안고 있다. 부동산 풍수학의 관점에서 아파트 주거 형태의 문제점에 대해서 거론하고자 한다.

49
지붕에 균열이 일어나 지금은 다른 지붕이 올려지고 주변 환경도 변했지만 프랑스대사관 건물은 서구건축과 한국건축의 요소들을 절묘하게 결합시킨 것으로 우리나라의 현대건축사에서 매우 중요하게 인식되고 있다.

제일 큰 문제는 선분양 후시공제[50]라는 제도이다. 이미 상가분양제도에서 여러 번의 분양 관련 사기 사건이 터지면서 사회문제가 되어 선시공 후분양 형식으로 전환하였다. 하지만 아파트는 아직도 선분양 후시공제를 시행하고 있다. 선분양 후시공제는 사실상 수요자(입주자) 위주의 정책이 아니라 공급자(시행자, 시공자) 위주의 정책이라 할 수 있다.

부동산 풍수학에서 볼 때 아파트, 즉 공동주택에 산다는 것은 죽어서 공동묘지에 들어가는 것과 유사한 개념이다. 공동주택은 산 사람을 위한 양택陽宅이고, 공동묘지는 죽은 사람을 위한 음택陰宅이다. 요즘 공동묘지에도 자리가 없어 많은 사람들이 화장을 선택하기도 하지만, 설사 자리가 있다고 하더라도 수요자가 선택할 수 있는 상황은 아니다.

갑자기 돌아가신 분을 모시고자 할 때는 공동묘지 공급자가 제공해주는 곳으로 들어가야 한다. 이런 상황에서는 풍수를 따질 여지가 없다. 공동주택의 경우도 선택의 여지가 별로 없는 것은 마찬가지이다. 공동주택인 아파트를 추첨에 의해 분양받을 때 단지의 배치가 잘못되어 있거나 동호수가 마음에 들지 않는다고 하더라도 입주자가 이를 변경할 수는 없다. 그래서 입주자로서는 사치스럽게 풍수이론상의 이것저것을 따질 형편이 못 된다.

선분양 후시공제에서는 대체로 모델하우스만 보고 아파트를 구입한다. 그래서 많은 아파트 시행사와 시공사들은 모델하우스 꾸미기에 아주 열성적이다. 분양신청자들은 잘 지어진 모델하우스를 꼼꼼하게 살펴보고 분양 신청을 하지만, 입주 후 실망하는 경우가 적지 않다. 선분양 후시공제의 가장 큰 문제점은 수요자가 터에 대한 이해가 충분하지 못한 상태에서 분양 신청을 해야 한다는 것이다.

50
서울특별시는 2006년 9월 24일 은평 뉴타운 고분양가에 대한 대책으로 후분양제를 시행할 것을 발표했다. 여기에서 후분양제는 80% 이상 공정이 진행된 후의 분양을 말한다.

아파트의 입지조건이 분양 비율을 높이는 데 많은 영향을 끼치는 것은 사실이다. 하지만 이때의 입지조건이란 아파트 단지 전체의 입지조건이지 아파트 동호수의 개별적 입지조건이 아니다. 물론 아파트 단지 전체의 입지조건이 중요하지 않다는 것은 아니다. 이 책은 부동산 풍수학에 관한 것이므로 단지 전체의 형국이 어떠한지, 주변 산세나 지세는 어떠한지를 살펴보는 것을 중요하게 여긴다.

하지만 아파트에 입주한 개인이나 가족에게 가장 큰 영향을 미치는 것은 내가 분양받은 개별 동호수의 풍수적 입지조건이다. 하나의 단지 안에 있는데, 풍수적으로 얼마나 차이가 날지 의아해 하는 사람이 있을지 모르겠다. 하지만 의외로 많은 차이가 있음을 알 수 있다. 이 같은 사실은 아파트 단지 내에서 오랫동안 중개업무를 해온 공인중개사들이 더 잘 알고 있다. 같은 동이라고 할지라도 잘되는 집이 있고 잘 안되는 집이 있을 수 있다.

아파트 단지의 동별 배치를 유심히 살펴보면, 입주자들이 남향을 선호하기 때문에 계획 당시 가능하면 많은 동을 남향으로 배치하기 위해서 노력한 흔적을 찾을 수 있다. 나 역시 아파트 배치계획을 해본 적이 있는데, 아파트 설계는 배치계획에서 거의 80% 이상의 내용이 결정된다.

아파트 설계는 일정한 대지에 얼마나 많은 세대를 집어넣을 수 있는지에 초점이 맞추어진다. 심지어 아파트 배치계획에서는 10cm 정도의 오차도 아주 중요해진다. 좀더 심하게 말하면 아파트 동 배치계획은 배치한다는 개념보다는 가능한 한 많은 세대를 쑤셔넣기 위한 것이라는 표현이 옳을 것 같다. 이런 식으로 배치를 계획하는 것은 선분양 후시공제 하에서 아파트 단지의 대체적인 경향이라고 생각하면 틀림이 없다. 부동산 풍수학에서는 아파트 배치계획에서 풍수적 개념을 무시하고 마구 배치한 것을 '막배치'라 부른다.

가능한 한 많이 분양 세대수를 늘리는 것이 목적인 배치계획에는 풍수의 개념이 끼어들 여지가 전혀 없다. 실제 아파트 설계에서도 풍수이론에 입각하여 주변 환경을 살피고 지세에 따라 배치향을 결정하며, 건물살과 풍살에 대한 검증을 제대로 하는 경우는 매우 드물다.

생명력의 원천인 땅이 일단 아파트 건설부지로 정해지면 그 자체의 생명성은 전혀 고려되지 않는다. 땅의 경사도가 있든 없든 하나의 평지로 가정된다. 모델하우스는 아파트 건설부지에 세워지는 것이 아니어서 입주 예정자로서는 터에 대한 이해가 더욱 어렵다. 그래서 준공 후 분양받은 아파트에 막상 입주하려고 보면 황당한 상황이 연출되기도 한다.[51]

아파트 단지 계획에서 중요한 것은 살殺을 만들지 않는 것이다. 살이 없는 아파트가 좋은 아파트이다. '막배치' 된 아파트 단지에 입주한 지 몇 년이 지나면 땅의 위치에 따라 집값의 우열이 드러난다. 의식적이든 무의식적이든 지기地氣의 차이가 드러나며, 건물살과 풍살의 위세가 나타나기 시작한다.

지세향에 대해서는 앞에서 간단하게나마 언급하였는데, 선시공 후분양제가 되기 전에는 계획적인 실현이 어렵다. '막배치' 단지에서 입주자가 할 수 있는 일은 가능하면 지세의 흐름에 맞게 생활하는 것이다. 그러기 위해서는 우선 지세의 흐름을 볼 줄 알아야 하는데, 높은 쪽으로 머리를 두고 낮은 쪽으로 다리를 뻗는 식이다.

앞에서 잠깐 언급한 것과 같이 아파트 단지의 건물살은 맞은편 건물의 모서리가 보이는 경우에 나타난다. 좁은 대지에 많은 세대를 배치하다 보면 가끔 이런 경우가 생긴다. 건물살을 받는다는 것은 내가 사는 동호수에서 인접 아파트의 모서리가 보이는 경우이다. 이러한 건물

51
홍원상, 〈땅속으로 내려간 아파트: 화성 고도제한 따라 8m 파내고 세워 옹벽과의 거리 3m 안 돼 … 뒤늦게 시정조치〉, 《조선일보》, 2004년 11월 19일 기사 참조.

살(모서리살)은 하나의 단지 내에서도 생길 수 있지만 이웃 단지가 개발되면서 생길 수도 있다.

아파트의 풍살은 앞에서 언급한 공장의 풍살과는 조금 성격이 다르다. 공장의 풍살은 주로 외부적 조건에 의해서 생기는 데 반해, 아파트의 풍살은 주로 단지 내의 동별 배치 각도에 의해서 생긴다. 또 공장의 풍살은 화재를 유발하는 것이지만 아파트의 풍살은 거주자에게 우울증을 유발한다.

여기에서 우울증의 원인을 의학적으로 규명하려고 하는 것은 아니다. 우리는 일이 잘 안 풀리거나 기대치에 미치지 못하는 결과가 나왔을 때 '우울하다'고 표현한다. 우울증이 계속될 때 심하면 환청이 들리고 환각현상이 일어나며 자살로 이어지는 경우가 있는데, 결국은 기분의 문제인 셈이다. 이 사람의 기분은 여러 가지 환경 조건에 따라 쉽게 영향을 받는다.

자살의 문제는 병으로 죽거나 사고로 죽는 경우와 달리 스스로 죽음을 택한다는 의미에서 정신건강과 관련이 있으며, 우리 시대의 종교가 제 구실을 못하고 있다는 반증이기도 하다. 2005년 우리나라의 자살률은 OECD 가입국 중에서 최고를 기록했다.[52]

2005년의 사망 원인별 순위를 보면 암 6만 5천여 명, 뇌혈관질환 3만 1천여 명, 심장질환 1만 9천여 명, 자살 1만 2천 명으로 자살이 4위를 기록했다. 하루 평균 33명이 자살한다는 이야기이다. 풍수적으로 볼 때 이혼율과 자살률이 높은 것은 살기가 많은 현대 도시에서 생활하기 때문이기도 하다.

우울증에도 여러 종류가 있다. 신경증적 우울증, 정신병적 우울증, 노인성 우울증, 계절성 우울증, 산후우울증 그리고 기분이 들뜨는 상태와 가라앉는 상태가 공존하는 조울증 등이다. 풍살에 의한 우울증은 풍살우울증이라 부

52
정혜전, 〈목숨 끊는 한국인 OECD 으뜸〉, 《조선일보》, 2006년 9월 19일 기사 참조

르면 어떨까 한다. 자신이 우울증인지 한번 판별해보자.

□ 기분이 울적하다.

□ 쓸데없이 온갖 일에 잔걱정이 많아졌다.

□ 먹고 싶은 음식이 없고 식욕이 많이 떨어졌다.

□ 세수하고 밥 먹는 일도 귀찮다.

□ 미래에 좋은 일이 있을 거란 생각은 전혀 안 든다.

□ 잠들기 힘들고 잠들어도 숙면을 못 취한다.

□ 남들은 재미있다고 하지만 나는 재미나 흥미를 전혀 못 느낀다.

□ 평상시 늘 하던 일도 몸이 무겁고 처지면서 제대로 해내기 힘들다.

□ 옛날 생각이 많이 나면서 후회·원망·서운함이 자꾸 떠오른다.

□ 나는 참 보잘것없는 사람이라는 생각이 들고 자신감이 없다.

□ 머리가 잘 안 돌아가고 집중력·기억력·판단력 등이 떨어졌다.

□ 죽고 싶다, 죽는 게 낫지 않을까 하는 생각(자살충동)이 들기도 한다.[53]

위의 진단 항목 중 7가지 이상에 해당되면 바로 정신과 진료를 받아야 한다. 풍수학에는 가끔 풍수와 사람의 건강과 관련된 내용이 등장한다. 그런 것을 두고 요즘 사람들은 웰빙풍수라고 한다. 웰빙풍수란 이 책에서 여러 번 말하였듯이 분위기雰圍氣를 적절히 조절하는 것이다. 분위기는 자신을 감싸고 있는 기운을 말하는데, 적절한 조절이 매우 중요하다.

우울증을 유발하는 기운을 음과 양으로 구분한다면 분명 음기이다. 외부의 탁한 음기가 자신의 몸 속에 있는 탁한 음기와 결합하면서 시너지 효과를

53
황세희, 〈'우울증=마음의 병'은 편견, 뇌 기능의 문제 … 약으로 치유해야〉, 《중앙일보》, 2004년 10월 27일.

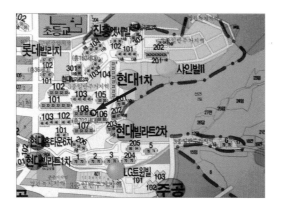

사진 4-41 108동의 풍살. 그림상으로 골짜기에서 불어오는 바람이 깔대기처럼 배치된 아파트 동 사이를 지나 108동에 몰아친다. 108동의 투신자살 사건은 여러 가지 이유가 있을 수 있다. 개인적인 사유가 있을 수 있고 집안의 분위기가 문제일 수도 있다. 하지만 풍수에서는 풍살을 받은 것으로 해석한다. 풍살은 우울증을 유발하고 우울증을 가진 사람을 더욱 자극할 수 있다. 바람에 묘한 기운이 실려 있어 우울증에 걸린 사람을 찾아 자극하는데, 우울증에 걸린 사람은 이를 피해 달아나다가 추락사고를 당하는 것으로 해석한다. 2004년 촬영.

일으켜 우울증이 생기는 것이다. 특히 우울증은 수용소 같은 아파트 칸막이에 갇혀 이러지도 저러지도 못하는 상황에 봉착해 있는 노인과 주부에게 잘 찾아온다. 자유로운 시골에서 전원생활을 경험한 노인들의 경우 아파트를 감옥에 비유하여 아파트 생활을 '감옥살이'로 표현하기도 한다. 부동산 풍수학의 관점에서 볼 때 공동주택은 우울증에 걸리기 쉬운 구조로 되어 있다고 평가할 수 있다. 전업주부는 가족들이 모두 출타한 후에 시간이 나면 남편의 외도를 주제로 하는 아침 드라마에 푹 빠지게 되는데, 그러다가 멀쩡한 남편을 의심하게 되고 조금만 이상해도 시비를 걸어 말다툼을 하게 된다. 이러한 상황이 반복되면 주부는 심각한 우울증에 빠질 수 있다.

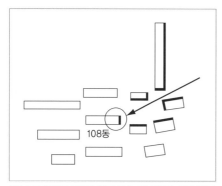

그림 4-14 아파트 배치에 따른 풍살. 이 단지가 생길 당시에는 별 문제가 없었으나 이웃의 단지가 묘한 각도로 배치되어 깔대기를 형성하였다. 산 쪽에서 불어오는 음산한 기운이 바람을 타고 집 안으로 들어가면 풍살이 된다. 이웃에 새로 지은 아파트는 별 생각 없이 대지 모양에 따라 최대 세대수를 채우기 위해서 배치한 것이지만, 풍살을 받는 사람에게는 목숨이 달린 문제가 된다.

몇몇 공인중개사의 도움으로 고층에

사진 4-42 아파트 바람길. 골짜기에서 불어온 바람이 가운데 108동으로 몰려간다. 현재 지어진 아파트는 우울증에 걸리기 쉬운 구조이다. 현대건축이 열린건축이 아니라 닫힌건축을 추구하기 때문이다. 집 안에 양기보다는 음기가 많은 구조라는 뜻이다. 집 안의 음기와 외기의 음기 그리고 사람의 몸에 있는 음기가 탁하게 결합하면 우울증으로 발전한다. 골짜기 바람을 타고 음산한 기운이 침입한다. 2004년 촬영.

사진 4-43 마산 화재 현장. 화재사고 후 대구한의대 사회개발대학원 풍수지리학과 학생들이 찍은 사진이다. 2004년 촬영.

54
마르탱 모네스티에, 《자살, 도대체 왜들 죽는가》, 한명희 역, 세움, 1999.: 자살에 이르는 사람의 심리에 대해 상세히 기술하고 있다.

55
〈작년 수마水魔 올해 화마火魔 … 불운의 마산상가〉, 《조선일보》, 2004년 11월 17일: "경남 마산시 해운프라자 건물 내 6층 호프집에서 16일 오전 불이 나 소방차가 진화에 나서고 있다. 이 건물은 지난해 태풍 '매미'로 마산항에 야적된 원목이 지하실을 덮쳐 8명이 숨진 곳이다."(연합)

서 추락하여 자살[54]한 사고가 있었던 아파트 몇 군데를 조사해보았다. 사례가 충분하지는 않지만 몇 가지 공통점이 발견되었다. 그중에서도 가장 주목할 점은 아파트의 각 동은 배치 각도에 따라 묘한 바람길을 만드는데, 그 바람길의 끝에 서 있는 아파트 건물이 대상이 되었다는 것이다.

어떤 경우는 묘하게도 아파트 각 동의 배치가 마치 깔대기와 같은 구조를 형성하였으며, 사고가 있었던 아파트는 깔대기 끝에 있었다. 이 아파트는 깔대기를 통해서 불어오는 바람을 집중적으로 맞고 있었다. 부동산 풍수학에서는 이 바람을 풍살이라 하고 우울증을 유발하여 심화시키는 것으로 본다.

깔대기 구조에 의한 풍살의 사례는 마산 해운대 호프집 화재사건의 경우에도 해당된다. 관련 신문 기사에서 말하는 수마水魔는 수살이고 화마火魔는 풍살이다.[55] 마산의 경우는 해안에서 불어오는 바람(풍살)에 대한 대책이 없었다. 그런데 왜 하필 그 건물만 피해를 입었을까? 그것은 그 건물이 불이

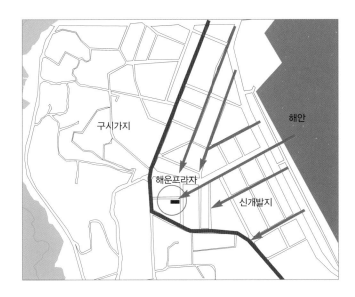

구시가지

해안

해운프라자

신개발지

그림 4-15 마산 화재 현장 부근의 풍살개념도. 신도시를 개발하면서 직선도로를 계획하였는데, 화재 현장이 속한 지역은 해안에서 맞바람이 불어오는 곳이 되었다. 즉, 풍살을 맞는 위치에 있는 것이다. 2003년에 태풍 매미가 왔을 때는 수살을 맞고, 2004년에는 풍살을 맞아 화재가 발생했다. 이 지역은 항상 수살과 풍살에 대한 대비를 철저히 해야 할 곳이다. 아파트 단지, 신도시 공업단지를 계획할 때는 인근 지역에 어떤 영향을 미칠 수 있는지에 대한 면밀한 검토가 필요하다. 잘못된 도시계획은 본의 아니게 인근에 애꿎은 피해를 줄 수 있다.

날 조건을 갖추었기 때문이다. 그림에서 볼 수 있듯이 건물이 있는 지역이 도로 구조에 의해서 바람이 집중적으로 몰려가는 쪽에 있었다. 따라서 부근에 있는 건물들도 항상 풍살과 수살에 주의를 기울이고, 대비를 해야 할 필요가 있다.

아직은 더 많은 사례 연구를 해야 할 사항이긴 하지만, 풍살은 풍수이론에서 말하는 일종의 충沖의 개념이다. 탁한 기운을 품은 바람이 집 안으로 불어오면 우울증 환자는 더욱 참기가 어려워져 이를 피하려다 뛰어내리는 불행한 일이 벌어지기도 한다. 풍살이 오는 쪽이 깨끗하지 않을 경우 살기는 더욱 기승을 부린다. 바람 부는 쪽에 버려진 컨테이너나 흉가 등이 있을 경우는 이를 제거하고 깨끗이 정돈하는 것이 필요하다. 풍살의 피해를 줄이려면 우선 단지 주변을 깨끗이 해야 하고, 다음으로 풍살이 집 안으로 침입하지 않도록 하는 것이 필요하다.

만일 내가 연구한 대로 정말 풍살이 그러한 일들을 일으킨다면, 아파트 단지의 설계자는 배치계획을 할 때 심사숙고해야 할 필요가 있다. 설계자는 경제성을 고려하여 배치한 것이지만, 여기에 입주한 사람들에게는 풍수적 고려 없이 막배치한 결과로 자신의 목숨을 걸어야 하는 상황이 될 수 있다.

선분양 후시공제의 현실에서 입주자가 모델하우스나 배치 모형만을 보고 이러한 건물살이나 풍살 여부를 가려내기는 쉽지 않다. 디벨로퍼나 공인중개사는 전문가로서 이런 부분을 판단할 수 있는 능력을 갖추어야 한다. 디벨로퍼는 건물살과 풍살이 생기지 않도록 해야겠다는 최소한의 직업의식을 가져야 하며, 공인중개사는 건물살이나 풍살이 있는 집을 가려내고 살기에 대한 비보책을 강구할 수 있는 능력을 갖추어야 한다.

설기 – 기가 샌다

| 역지세향에서 비롯되는 설기 — 스타타워 |

앞에서 집 안의 기운을 모으지 않고 반으로 쪼개버리는 도끼살에 대해서 언급하였다. 설기泄氣는 두 가지 경우로 나눌 수 있다. 첫째는 살기를 빼내는 것, 둘째는 생기가 빠져나가는 것이다. 예를 들어 금기운이 강한 사람은 수기운으로 씻어냄으로써 맑은 금기운이 되도록 해야 한다. 그것은 거친 바위가 계곡물에 씻겨 반짝반짝 빛나는 것과 같다.

탁한 금기운은 결국 자신을 다치게 할 수 있는데, 이를 방지하기 위해 일정 부분 설기가 필요하다. 이러한 설기법은 주로 강한 금기운을 가진 기업가들에게 종종 필요한데, 만일 금기운이 강한 사람과 협상을 해야 한다면 수기운의 방법으로 대응하여 득을 볼 수 있다. 이 방법은 오행상생론에 근거한 설기의 방법을 이용하는 것이라 할 수 있다. 살기를 설기하는 것이 아니라 생기를 설기하는 경우는 뼛속의 칼슘 성분이 빠져나감으로써 골다공증이 생기는 것과 같다.

부동산 풍수학의 관점에서 볼 때 어떤 건물이 설기하는 건물인가, 설기 대책으로는 어떤 것이 있는가 하는 것이 중요한 문제이다. 주로 경사가 급한 대지에 있는 건물이 설기한다고 할 수 있다.

서울 강남구 역삼동에 있는 스타타워에 대한 풍수 관련 이야기가 있다. 스타타워는 미국 설계회사인 케빈로쉬앤존딘켈루 사Kevin Roche & John Dinkeloo Associates가 설계하고 2001년 9월에 완공된 지하 8층, 지상 43층의 건물이다.

사진 4-44 스타타워. 지구를 떠나 외로운 별Lone Star을 향해 쏘아올릴 로켓 모양을 하고 있다. 2006년 촬영.

스타타워는 원래 현대산업개발에서 착공할 당시 건물 명칭이 '아이타워'였으나, 소유권이 '론스타Lone Star'라는 외국 회사로 넘어가면서 '스타타워'가 되었다.

이 건물의 터가 화기운이 강해 입주한 회사들이 사업에 실패한다고 묘사되는 경우도 있다.[56] 그러나 그곳이 왜 화기가 강한지에 대한 언급은 없었다.

56
〈테헤란밸리 스타타워 풍수지리괴담〉, 《스포츠서울》, 2003년 10월 20일 기사 참조.

그뿐만 아니라 화기운을 제어하기 위해서는 피라미드형으로 지어야 한다는 풍수전문가의 조언도 있었는데, 그에 대한 근거도 제시되지 않고 있다.

회사가 망하는 것이 어째서 터의 잘못이라고 할 수 있을까? 회사의 흥망에는 여러 가지 이유가 있을 수 있다. 제일 중요한 것은 회사에 몸담고 있는 사람의 의식이 아닐까 한다.

사진 4-45 스타타워 정문 출입구 북측. 건물 외관 사진을 찍고 있는데, 어디선가 연락을 받은 보안요원이 막 뛰어나와 제지하려고 한다. 2006년 촬영.

어느날 이 건물에 얽힌 풍수와 관련된 말들을 듣고 현장조사를 하면서 인도에서 건물의 사진을 찍고 있던 중이었다. 갑자기 보안요원이라며 각종 장비로 무장된 조끼를 입고 터프한 기운을 드러내는 근육질의 남자가 와서 제지하였다. 사진을 찍으려면 상부의 허가를 받아야 한다는 것이었다.

건물의 실내를 찍는 것도 아니고 건물의 대지 안에서 찍는 것도 아닌데, 군사시설처럼 허가를 받아야 한다니 황당한 일이 아닌가? 이러한 보안요원들의 제지는 필시 건물 주인의 의사가 반영된 행동일 것이다. 뭔가 상당히 예민해져 있는 분위기임을 감지할 수 있다. 또한 노출을 꺼리는 심정이 크게 작용하였을 것으로 생각된다.

스타타워의 주변 건물 중에서 가장 주목되는 기운 센 건물이 'GS타워'이

다. 멀리서 바라보면 두 건물의 기
싸움이 확연히 느껴진다. 대지의
위치로 보면 스타타워에 비해 GS
타워가 유리하다. 스타타워의 북
동쪽에 위치한 GS타워의 건물 형
태를 측면에서 보면, 스타타워를
향해 마치 칼날을 세우고 있는 것
처럼 보인다. 스타타워에 입주한
업체의 고전이 이 때문이라고 하
기에는 조금 미흡한 점이 있다. 그
이유는 다른 측면에서 추가로 규
명되어야 한다. 스타타워가 근처
의 역삼동 여타 건물들과 다른 점

사진 4-46 스타타워와 GS타워. 동측도로를 사이에 두고 두 건물이
기싸움을 하고 있다. 스타타워에 비해 GS타워가 훨씬 공격적이다.
GS타워의 입면은 마치 칼날을 세운 듯하다. 2006년 촬영.

은 무엇일까? 특별한 경우를 제외하고 경사지에 건물을 지을 때는 낮은 곳에
서 높은 곳으로 진입하는 것이 일반적이라 할 수 있다. 그런데 스타타워는 반
대로 설계되었다. 그렇게 된 배경을 이해하기 위해서는 다소 전문적인 건축
계획의 분석이 필요하다.

스타타워의 주진입 방식이 현재와 같이 된 이유는 다음의 두 가지 점에 특
히 높은 비중을 두었기 때문으로 파악된다. 첫째로 지하철 역삼역 2번 출구
가 대지의 가장 높은 곳에 인접해서 맞닿아 있기 때문이다. 둘째로 대지가 접
한 4면의 도로 중 지대의 높은 쪽인 동쪽과 북쪽에 상대적으로 폭이 넓은 두
개의 도로가 있다는 점이다.

좀더 구체적으로 살펴보기로 하자. 스타타워는 대형 건물이다. 게다가 도

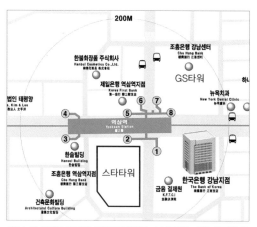

로에 의해 구획된 하나의 블록을 혼자서 차지하고 있다. 이 건물은 동東에서 서西로 지형이 낮아지고 경사가 급한 대지 위에 세워졌다. 도로 현황으로 볼 때 북쪽과 동쪽은 상대적으로 폭이 넓은 도로에 면하여 있고, 남쪽과 서쪽은 상대적으로 폭이 좁은 도로에 접하고 있다.

그림 4-16 지하철 역삼역 주변지역안내도. 스타타워는 2번 출구와 연결되어 있다. 서울지하철공사 제공.

주차장의 입구는 남쪽 도로, 출구는 서쪽 도로이다. 보행자는 거의 북쪽과 동쪽의 도로에 면한 출입구로 드나든다. 언뜻 생각하면 자동차 동선은 넓은 도로, 보행자 동선은 좁은 도로로 이루어져야 하는데, 왜 그 반대로 계획되었는지 의아해 할 수도 있다. 하지만 건축가로서 그것은 당연한 결정이며 법적으로도 정당하다. 대지가 좁거나 넓은 여러 도로에 접해 있을 경우, 교통량이 많고 차량 속도가 빠른 넓은 도로로 자동차의 출입구를 만드는 것은 교통의 흐름을 방해하기 때문에 계획적·법적으로 허용되지 않는다. 이와 달리 보행자 동선에 대한 계획은 전적으로 건축가의 몫이다. 그래서 보행자의 통로를 어떻게 계획하였는지를 보고 건축가의 수준을 가늠한다.

테헤란로 지하에는 지하철 2호선이 운행되고 있는데, 이 건물은 역삼역 2번 출구와 3번 출구에 접한다. 2번 출구는 지형상으로 동북쪽 모서리 높은 곳에 있다. 사실상 스타타워의 주된 에너지는 지하철 2번 출구를 통해서 공급된다고 할 수 있다. 즉, 건물에 필요한 에너지를 동굴에서 나오는 사람(물)에 의존하

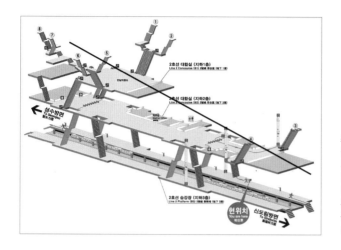

그림 4-17 역삼역 이용안내도. 2번 출구 쪽은 지대가 높은 곳이므로 3개의 층, 3번 출구 쪽은 지대가 낮은 곳이므로 2개의 층을 거치면 지상으로 나갈 수 있다. 이것은 스타타워의 대지 경사가 그만큼 심하다는 것을 반증하는 것이다. 서울지하철공사 제공.

고 있는 꼴이다.

동측 건물의 제일 높은 곳에 건물의 부출입구가 설치되어 동측의 인도로 접근 가능하도록 하고 있다. 또 서측 건물의 제일 낮은 도로면에서는 사실상 지하의 은행을 이용하는 사람만 이용이 가능하도록 출입구가 설계되어 있다.

요약하면, 건물의 높은 쪽으로 주된 에너지 공급(주진입)이 이루어지게 되어 있다. 결국 경사지의 아래에서 위로 접근하는 전통적이고 일반적인 진입 방식을 따르지 않고 있다. 아래에서 위로 진입하는 것은 배산임수背山臨水의 지형상 당연한 것인데, 위에서 아래로 진입하는 형식을 취하다 보니 경사진 대지인데도 임산배수臨山背水의 역세지향이 되었다. 이러한 진입 방식은 건축가가 대지의 높은 쪽인 역삼역 2번 출구와의 관련성에 너무 집착한 결과가 아닐까 하는 생각이 든다. 대지의 낮은 쪽인 3번 출구도 어떻게 계획하느냐에 따라 스타타워 지하로 곧바로 연결할 수 있지 않았을까?

2번 출구보다는 조금 떨어진 거리에 있지만 3번 출구를 주에너지 공급통로로 보고 설계하였다면 내용은 사뭇 달라졌을 것이다. 2번 출구는 지하철을 이

사진 4-47 역삼역 2번 출구 지하통로. 스타타워 지하층과 바로 연결된다. 2006년 촬영.

용하기 위해서 3번 출구보다 1개 층을 더 내려가야 한다. 그렇다면 접근성에서는 3번 출구가 2번 출구보다 유리하거나 거의 동일한 가치를 갖는다고 할 수 있다. 3번 출구에도 2번 출구처럼 곧바로 지하에서 스타타워 지하나 1층으로 갈 수 있는 통로를 만들 수 있다. 만일 두 군데의 연결통로를 모두 허가받

을 수 없는 상황이었다면 2·3번 출구 중에서 당연히 지형상 낮은 쪽인 3번 출구를 선택해야 하지 않았을까 하는 생각이 든다. 스타타워를 설계한 외국 건축가가 2번 출구에 높은 비중을 두게 된 이유는 지상으로 나와서 바로 접근할 수 있고, 물리적 거리상 3번 출구에 비해서 조금 더 가까이 인접해 있다고 판단했기 때문이다.

그림 4-18 스타타워 주변 레벨 현황. 동측과 서측의 출입구는 3개 층이나 차이가 난다.

그림 4-18에서 보듯이 북측의 출입구 바닥은 1층, 동측의 출입구 바닥은 2층, 남측의 출입구 바닥은 1층, 서측의 출입구 바닥은 지하 1층이다. 지표면에서 각 층의 출입은 각기 단수段數가 다른 계단을 통해서 이루어진다. 특히 서측의 경우만 지표면에서 아래로 통하는

＋기준지표면

사진 4-48 스타타워 정면 출입구. 정면은 북향을 하고 있는데, 정면 도로의 경사가 심하다는 것을 알 수 있다. 여기에서는 건물 바닥과 도로면이 만나는 지점이 기준지표면이 된다. 설기하기 쉬운 지형적 조건이다. 2006년 촬영.

하향 계단을 통해서 건물에 출입하도록 설계되었다. 가장 낮은 서측면과 가장 높은 동측면의 단차는 3개 층(지하 1층에서 지상 2층)이나 된다.

　4면의 지표면에서 각기 건물에 출입하기 위한 계단의 수와 상·하향은 어떻게 결정이 될까? 그것은 기준지표면基準地表面의 설정을 어떻게 하는지와 깊은 관련이 있다. 건축물의 기준지표면을 결정하는 것은 건축가가 해야 할 중요한 일 중의 하나이다. 이 결정은 땅과 건축이 만나는 지점을 정하는 것인데, 특히 풍수적 사고가 필요하다. 건물과 땅의 만남을 어떻게 소홀히 다룰 수가 있겠는가? 4면이 경사진 도로에 건물이 접해 있을 경우 어느 도로의 어떤 지점을 기준지표면으로 할 것인지를 결정하는 것은 매우 까다로운 문제이다. 스카이라인이 '건축과 하늘의 만남天氣'이라면, 기준지표면은 '건축과 땅의 만남地氣'이라고 할 수 있다.

스타타워의 기준지표면(±0)은 북측면의 가운데 부분이다. 도로경사는 건축가가 계획할 수 있는 부분이 아니다. 따라서 도로는 경사의 흐름을 그대로 가지게 되고 어느 한 지점에서 건축물의 1층 바닥과 교차하게 된다. 건물의 층바닥은 수평선이고 도로의 바닥은 사선이다. 이 두 개의 선이 교차하는 지점이 바로 기준지표면이 된다.

기준지표면이 정해지면 나머지 지하층의 레벨과 지상층의 레벨은 필요한 층별 높이層高에 따라 쭉쭉 올라가고 내려가면 된다. 즉, 땅의 레벨과는 상관없이 층고層高가 계획되어 진행된다는 뜻이다. 건물 4개 면 중 한 면에서 기준지표면이 정해지면 나머지 3개의 면과 도로의 만남은 상하 계단의 수를 조정하는 것으로 처리된다.

이 건물의 설계자는 북측도로에서 가운데 정도 되는 지점을 이 건물의 기준지표면으로 삼았다. 하지만 그것보다는 지형상 가장 낮은 서측도로의 어느 지점이 기준지표면이 되었으면 좋았을 것이라는 생각이 든다.

기준지표면이 변경되면 현재와 어떤 차이가 있느냐 하면 서측도로에서 보행자 진입이 훨씬 쉬워진다. 지금의 서측도로에서는 지상층으로 바로 갈 수 없고, 반층 정도 하향계단을 통해서 지하로 들어가든지 아니면 좌북·우남측으로 돌아서 지상층으로 들어가야 한다. 서측도로를 감안하여 기준지표면이 결정되었더라면 서측도로에서 반지하로 들어가는 것이 아니라 지상층이나 바로 지하층으로 들어가는 형식이 되었을 것이다.

사진 4-49 역삼역 2번 출구와 연결되는 스타타워 지상층. 2번 출구가 있는 쪽은 지형조건상 가장 높은 곳이다. 스타타워는 가장 높은 곳에서 흘러나오는 에너지를 취하고 있다. 상층부 동굴에서 기운은 쏟아져 내리는데, 기운을 담을 그릇이 없다. 2006년 촬영.

서측도로면이 기준지표면이 되었다면 북측의 정면성은 어떻게 될까? 내가 분석한 바로는 정면성은 훼손되지 않는다. 단지 정면으로 진입하는 교차레벨 (도로면과 1층 바닥 레벨의 교차 수준)이 다소 올라가거나 내려가는 정도이다. 즉, 북측의 정면성이 훼손되지 않고도 문제 해결이 가능하다는 것이다.

결과적으로 보행자의 측면에서 보면 스타타워는 절벽면에 기대어 세워진 건물이다. 절벽의 윗부분에서만 진입이 가능하고 절벽의 아랫부분은 거의 동선의 진입을 허용하지 않는다. 음택에서 절벽 위에 묘를 쓰면 절손絶孫한다는 말이 있다. 기업하는 사람에게 절손의 의미는 무엇일까? 미래를 기약하기 어렵다는 뜻이다.

앞에서 살펴본 바와 같이 스타타워의 배치는 여러 가지 측면에서 역지세의 형상이 된다. 동선의 처리가 제대로 되려면 대지의 서측 도로에 지금의 동측 도로에 배려한 만큼의 시설이 들어가야 한다. 즉, 대지의 낮은 쪽(서측)에 여러 조경 시설들을 두고 부출입구를 만들었다면 하는 아쉬움이 남는다. 이 건물의 전면이 주변 도로 중 위계가 가장 높은 테헤란로를 바라보는 북쪽 면이라고 하더라도, 동쪽의 분수대가 있는 부출입구만은 대지의 아래쪽인 서측에 있어야 할 것으로 생각된다. 물론 설계자 케빈로쉬앤존딘켈루 측은 여러 가지 대안을 검토하였겠지만, 결국 편리한 접근성에 많은 비중을 두고 결정을 내렸다.

대지의 북측에 면해 있는 테헤란로는 에너지의 공급이 가장 활발한 도로임에 틀림없다. 비록 북향이긴 하지만 어쩔 수 없이 그쪽을 택해야 하는 당위성이 있다. 하지만 동측의 넓은 도로까지 차지하겠다는 것은 지나친 욕심이었다. 결국 이 건물은 대지의 높은 쪽에 있는 가장 물살(도로살)이 센 두 개의 도로를 에너지 공급통로로 삼은 것이다. 강물 위를 다니는 것은 배요, 도로 위를 달리는 것은 자동차이다. 배가 다닐 정도의 강물은 사람이 쉽게 떠먹을 수 있는 생수가 아니다. 먹는 물을 구하기 위해서는 그보다 훨씬 위계가 낮은 계곡이나 도랑으로 가야 한다.

도로의 경우도 마찬가지이다. 보행자가 다니는 도로가 따로 있고 보행자의 에너지를 공급받을 수 있는 도로가 따로 있다. 북측과 동측의 도로가 강물이라면 남측과 서측의 도로는 도랑물이다. 이 건물에는 도랑물을 떠먹을 수 있는 장치가 없다. 한편 물을 이용한 분수대는 동남쪽의 절벽 위에 설치되어 있고 동측 도로에서 바로 접근이 가능하다. 물이나 사람이나 모두 대지의 높은 쪽에만 몰려 있는 꼴이다. 즉, 지기도 높은 곳에서 받고 천기인 수기와 인기도 높은 곳에서 받는 꼴이다. 스타타워는 폭포가 떨어지는 절벽 중간에 자리하

사진 4-50 스타타워의 분수대. 지형상 제일 높은 곳에 있다. 2006년 촬영.

고 있는 것으로 이해하면 된다. 물을 받아 자기 것으로 만들지 못하고 그냥 흘려보내고 만다.

산줄기를 타고 온 지기가 물을 만나면 멈추게 되는데,[57] 그 자리를 혈처라 하고 생기가 충만한 곳으로 간주한다. 물은 지기가 흐르는 아래쪽에 있어야지 위쪽에 있으면 효과가 없다.

산을 음, 물을 양으로 취급하여 음양교합陰陽交合의 개념으로 설명하기도 하는데, 지기를 묶는 역할을 물이 하고 있다고 보면 된다. 아래쪽에 물이 없으면 지기는 멈추지 않고 그냥 설기된다. 스타타워의 경우 대지의 위쪽은 화려하지만, 아래쪽은 관쇄關鎖가 잘 되어 있지 않고 절벽이 있을 뿐이다. 물과 사람을 아래쪽에 모아서 수기와 인기를 받아야만 한다.

건물의 여유 공간을 모두 남측에 두고 있는데, 풍수적으로 보면 지형상 제일 낮은 서측에 여유 공간을 두어야 옳다고 생각된다. 서측에 전혀 여유 없이 건물을 배치하다 보니 그쪽으로 출입구를 만들 수 없었고, 사람이나 물자

57
《청오경·금낭경》, 최창조 역, 민음사, 2003, pp.72~74.: "氣乘風則散, 界水則止"를 말하는 것으로 금낭경에 나오는 말이다.

사진 4-51 스타타워 서측 부분. 건물의 4면 중에서 지대가 가장 낮고, 출입구가 없는 유일한 쪽이 서측 면이다. 다시 말해 절벽 위에 건물이 있는 것과 같은데, 절벽 같은 느낌을 줄이기 위해서 키가 큰 나무를 열 지어 심었다. 수목으로 가려져 있는데, 수목이 없다고 생각하면 높은 벽체(기단) 위에 건물이 있음을 알게 된다. 2006년 촬영.

가 머무를 공간을 마련하지도 못했다.

전체적으로 이 지역의 경사가 심한 만큼 건물을 나서자마자 바로 급경사를 만나게 한다는 것은 여러모로 바람직하지 않다. 서측에 여유공지를 만들어 사람들이 들락날락하게 만들고 낮은 담장을 만들어서 설기를 방지한다면 제대로 된 비보가 될 수 있겠으나 현재로서는 불가능하다. 지금 당장에 할 수 있는 비보는 차량 통행 방식을 변경하는 것이다. 일방통행으로 가장 낮은 쪽으로 차량이 빠져나가도록 되어 있는 것은 장독 밑이 터진 꼴이다.

이 건물에 입주한 회사들 중에 망한 회사가 많다면 설기에 대한 대책을 한 번 세워보는 것도 좋을 듯하다. 주로 경사가 심한 대지에 있는 건물은 설기하기 쉽다. 부동산 풍수학에서 이 건물에 입주하여 성공할 수 있는 업종을 굳이 추천한다면 설기와 관련이 깊은 내수업종보다는 전 세계적이고 우주적인 프로젝트를 취급하는 업종이 적합하다고 할 수 있겠다.

앞에서 언급한 것처럼 설기는 기가 빠져나가는 것을 말하는데, 경사도가 있는 대지에서 빠져나가는 첫 번째 기운은 수기이다. 혹자들이 이곳을 화기가 강한 터라고 한 근거는 분명하게 알 수 없지만, 수기가 쉽게 빠져나가는 것은 화기를 제어할 수 있는 기운이 없어지는 것이므로 더욱 상황을 악화시킨다고 보면 된다.

수기가 쉽게 설기되는 것을 어떻게 막을지에 대한 고민이 있어야 하겠다. 1차적으로 주산主山[58]에서 공급되는 지기가 물에 의해서 관쇄된다면, 지기를 멈추게 한 이 물을 다시 좌청룡·우백호가 관쇄한다고 보면 된다. 도심지의 대지 내에서 좌청룡·우백호는 주로 대지의 경계에 있는 좌우측 담장이나 조경시설로 보면 되고, 관쇄되어야 할 수구水口는 출입문이라고 보면 된다. 물은 풍수에서 주로 재물財物을 의미한다.[59] 기업

사진 4-52 스타타워의 서측 차량 출구. 지형상 가장 낮은 서측에는 설기하는 방향으로 자동차가 빠져나가는 출구만 설치되어 있다. 사람보다도 자동차의 속도가 빠를 때 설기의 속도는 더욱 빨라진다. 더욱이 설기하는 기운을 걷어올리기 위한 아무런 대책과 장치가 없다. 건물 모서리에 있는 팔각형의 형상은 로켓에 달린 분사체噴射體를 연상시킨다. 2006년 촬영.

체의 수기가 빠져나간다는 것은 아무리 많이 벌더라도 더 많이 지출된다고 해석할 수 있다. 돈과 물은 유통이 되는 것이지만, 내 주머니에 오랫동안 머물다가 유통이 되어야 부자라고 할 수 있다. 물도 마찬가지이다. 마당에 들어온 물이 상당 기간 머물다가 빠져나가야지, 곧바로 빠져나가는 것은 풍수상으로 흉하게 생각한다. 그래서 중국에서는 마당에 떨어진 낙숫물을 가득 채워서 한동안 보관하다가 내

58
풍수이론에서 주산은 건물 뒤에 있는 산, 즉 경사지의 높은 쪽을 주산의 방위로 보면 된다.

59
물은 재물, 산은 인재를 뜻한다.

보내는 풍경을 흔히 볼 수 있다.

풍수에서 수구가 잘 관쇄되어야 한다는 것은 한 명의 개인에서 마을 단위로 넓혀 생각하는 것이 가능하다. 마을의 물이 쉽게 빠져나가지 못하도록 수구를 잘 관쇄한다는 것은 물의 정화 차원에서도 이야기될 수 있다. 마을에서 사용한 물이 일정 시간 천천히 흐르게 함으로써 의도적이든 그렇지 않든 간에 침전 여과 단계를 거치면서 배출되는 것이다. 상류 마을에서 빠져나온 물은 하류 마을에서 생활용수로 사용된다.

이 건물에는 수기를 담는 분수 시설이 남동쪽 면에 있다. 물을 담는 그릇은 높은 곳이 아니라 대지 안의 가장 낮은 곳에 있어야 한다. 가능하다면 하늘에서 대지 안으로 떨어진 빗물을 일정 시간 가두어둘 수 있는 위치에 설치하는 것이 필요하다.

하늘에서 온 빗물은 천기이며 재물이며 돈이다. 하지만 스타타워는 지형상 높은 면만 중요시한 채 하늘의 별만 바라보고 있다. 스타타워는 낮은 면을 무시했기 때문에 낮은 면(서측)에 물을 담을 수 있는 공간을 마련하지 못했다.

건축적인 측면에서 본다면 스타타워는 아주 세련된 입면을 갖고 있다. 즉, 손볼 데가 없는 완벽한 디자인이라 할 수 있다. 그런데 부동산 풍수학의 관점에서 보면 건축물과 땅이 만나는 기준점의 설정이 잘못되었다. 스타타워의 모든 문제는 여기에서 비롯된 것이다. 설기의 문제도 그렇고 보행자의 동선 처리 문제도 그렇다.

이러한 설기를 막기 위해서는 어떻게 디자인이 변화되어야 하는지를 생각해보자. 설기 자체가 문제되는 것이 아니라 속도 조절이 문제이다. 사람의 경우 음식물을 먹고 배설하지 못한다면 큰일이지만, 먹는 대로 설사를 한다면 그것 또한 큰일이다. 앞에서 언급한 대로 스타타워에는 지형상 아래쪽에서 흘러내리는 기운을 걷어올릴 만한 것(사람이나 차량의 동선)이 하나도 없다. 또한 건물의 외관과 평면의 구조가 모두 직선적 · 평면적으로 이루어져 있어 설기의 속도가 조절되고 있지 않다. 수기를 담을 수 있는 시설의 위치를 조정하고 직선적인 성격을 완화해줄 수 있는 곡선적인 성격의 디자인이 추가되어야 한다. 설기를 저지하는 것은 외부 사진을 찍는 것을 간섭하는 보안요원의 완력으로 해결되는 것이 아니다.

| 수구관쇄水口關鎖로 설기를 막는다 − 경찰청 |

스타타워 외에 설기의 가능성이 높은 건물을 예로 든다면 그것은 서울 서대문구에 있는 경찰청이다. 경찰청 건물은 우리나라의 대표 건축가 중의 한 사람인 고 김수근의 작품이다. 김수근은 프랑스대사관을 설계한 고 김중업과 함께 1970년대부터 1980년대까지 한국 건축을 대표하는 건축가이다. 이 건물의 형기를 논하기 전에 김수근의 작품 성향에 대해서 이해할 필요가 있다.

김수근의 건축 작품의 특징은 형태와 공간으로 구분하여 설명되어야 한다. 김수근이 발표한 건축 철학을 바탕으로 그의 작품을 살펴보면, 공간은 '음의 성격', 형태는 '양의 성격'을 띠고 있다. 양 속에 음이 있는 형상이다. 김수근은 음양의 이론을 그대로 적용하고 있는 건축가이다. 특히 경찰청의 건물은 여러 개의 남성적 기둥이 촘촘하게 세워져 있어 외형적으로 양기를 드러내고 있는 것이 확실하다. 경찰청을 괘상卦象으로 보면 이괘離卦(☲)에 해당한다. 외부의 양기가 내부의 음기를 보호하고 있는 형상인데, 외부의 양이 외부적 충격에 의해서 자꾸 안쪽으로 밀리고 있어 문제가 된다. 이럴 경우 내부 공간은 쪼그라들게 되어 안에서 근무하는 경찰청 사람들이 영향을 받게 된다.

경찰청에서 근무하는 사람들은 과중한 업무뿐만 아니라 공간적인 압박감

사진 4-53 경찰청. 건물의 강건함에 비해 대문이 너무 허술하다. 정문에 경찰이 지키고 있다고 관쇄가 되는 것은 아니다. 2004년 촬영.

에 시달리고 있다. 경찰청 건물 안으로 들어가면 왠지 옥죄는 기분이 들어 업무 피로도가 가중된다. 공간적인 압박감이란 실제 물리적인 공간이 아닌 의식적인 공간이 좁아지는 데에서 느껴지는 것이다. 경찰청이 있는 터는 원래 살기가 많은 곳이었다. 특히 근처의 서소문공원은 많은 순교자들이 희생된 곳이기도 하다.

경찰청의 외관은 수직성을 강조한 원형기둥이 질서 정연하게 세워져 있어 권위적 상징성을 강하게 드러내고 있다. 또한 외부 재료가 유리와 금속으로 되어 있어 금기운도 강하게 발산하고 있다. 국민의 안전을 책임지는 관청의 건물로서는 아주 훌륭한 디자인이라고 할 수 있다.

경찰청 건물이 내부로 옥죄어 들어가는 것을 완화하기 위해서는 외부적 충격이나 간섭을 받아주는 완충공간緩衝空間(bubble space)을 잘 관리해야 한다. 여기에서 완충공간이란 경찰청 담장 내부의 마당을 말한다. 완충공간이 든든하면 건물 자체의 긴장감은 상당히 완화될 수 있다. 그런데 경찰청이 경직되고 긴장된 기운을 띠는 것은 담장과 대문이 허술하기 때문이다.

경찰청에서는 대문이 문제라고 할 수 있겠다. 대문의 위치가 문제이고 형식이 문제이다. 부동산 풍수학의 관점에서 살펴볼 때 경찰청 정문과 본관 출입문이 직선으로 마주보고 있어 곧바로 충살을 받게끔 되어 있다. 더욱이 얼마 전까지 건너편 차선에서 오던 차량이 바로 좌회전을 해서 본관 쪽으로 진입하도록 되어 있었는데, 그럴 경우 충살의 강도는 훨씬 높아진다. 지금은 좌회전이 가능한 위치를 전면 도로(의주로)에서 훨씬 북쪽으로 변경 설치하여 충살의 강도가 조금 줄어들었

사진 4-54 경찰청 계획 당시의 현황. 처음 계획상에는 정문과 현관 출입문 사이에 조경 시설물이 설치되어 있다(출처: 〈추모특집: 건축가 김수근〉, 《공간》, 1986년 9~10월호).

사진 4-55 대검찰청 주차장 출입구 변경 전. 2002년 촬영.

사진 4-56 대검찰청 주차장 출입구 폐쇄 변경 후. 2003년 촬영.

다. 충살이라는 것은 일종의 도로살을 말한다.

이러한 충살을 의식했는지는 모르겠으나, 원래 김수근의 설계를 보면 정문과 본관 출입문 사이에 충살을 제어하는 조경 시설물이 있다. 아마도 누군가가 긴급히 본관을 출입하는 데 장애가 되거나 자동차의 통행을 저해한다는 이유로 이것을 없애버린 것이 아닐까 하는 생각이 든다.

조경 시설물을 다시 세우거나 정문의 위치를 남쪽으로 조금 내려서 설치하는 방안이 필요할 것 같다. 조경 시설물을 설치하는 임시방편보다 정문의 위치를 옮기는 것이 더 확실하고 안전한 방법이다. 서울 서초동에 있는 대검찰청은 이미 도로살에 대한 풍수상의 비보 조치를 하였다.[60]

경찰청 정문은 다른 관공서의 정문과 비교할 때 그 형식이 격에 맞지 않는다고 할 수 있다. 부동산 풍수학에서는 대문의 크기가 건물에 비해 과도하게 화려해도 좋지 않다고 보지만, 이렇게 격에 맞지 않게 빈약한 것도 흉하게 본다.

60
김태철, 〈기氣 샌다 … 대검 주차장 출입구 폐쇄 – 악재 겹쳐 '입방아'〉, 《한국경제》, 2002년 10월 21일 기사 참조.

가옥은 아무리 화려하다 하더라도 지나치게 사치한 정도에는 이르지 않

고, 아무리 검소하다 하더라도 누추한 정도에는 이르지 않게 하는 것이

좋다 宅欲其華不至汰, 儉不至陋.[61]

문이란 외부와 내부의 기운이 서로 교류하는 경계에 있는 시설이다. 지금의 정문은 외부의 기운에 눌리는 형식이라고 할 수 있다. 즉, 처음 경찰청을 접하는 창구에서 외부의 기운이 내부의 기운을 제압하는 상황이 된다. 좀 심하게 말하면 '범죄자들의 기운'이 경찰청을 '우습게 아는' 상황인 것이다. 물론 '국민에게 가까이 가는 친절한 경찰'이 되어야 하겠지만, 우선 국민의 안전을 굳건히 지켜주는 든든한 '신뢰의 경찰'이 되어야 할 것이다.

지금 경찰청의 정문은 잘 아물어져 있지 않아서 살기가 쉽게 침입하고 생기가 빠져나가는 구조로 되어 있다. 건물을 사람에 비유할 때 정문은 입 부분이라고 할 수 있다. 사람을 판단할 때 얼굴 가운데 눈을 보기도 하지만 입 부분도 중요하게 본다. 정문이 단정하고 위엄이 있는 건물은 입매가 단정한 사람과 같다.

풍수학에서는 수구水口를 중요시한다. 수구는 기운이 들락날락하는 곳이다. 그런 의미에서 경찰청의 수구는 잘 관쇄되지 못하고 느슨하게 열려 있다. 또한 경찰청에는 뒷문이 있어 설기의 형식을 잘 갖추고 있다. 뒷문은 대체로 음기가 드나드는 곳인데, 음기의 관리가 잘못될 경우 외부적 압력보다 내부의 분란에 의해 조직이 와해된다. 구설수나 스캔들이 발생하는 근원지가 뒷문이다. 뒷문을 없애라는 이야기가 아니라 철저한 관리가 필요하다는 것이다. 지금의 뒷문은 좁은 골목으로 연결되어 좋은 기운이 들어오는 통로가 아니다. 뒤쪽의 대지를 사들

61
서유구, 《임원경제지》, 5권, 보경문화사, 1983, p.451.

사진 4-57 경찰청 내부에서 밖을 보면 도로에서 들어온 살기가 곧바로 본청의 로비로 들어온다는 것을 알 수 있다. 즉, 직살을 받는 구조로 되어 있다. 밖에서 안이 훤히 보이는 집은 항상 구설수에 휘말린다. 2003년 촬영.

여서 번듯한 통로를 만들어 제대로 관리하든지 아니면 특별한 경우를 제외하고 통행을 제한하여야 한다. 이와 비슷한 이유로 조선시대 때 서울 사대문 중에서 북쪽에 있던 숙정문肅靖門62은 특별한 경우를 제외하고 잘 열지 않았다고 한다.

경찰청은 행정자치부에 속해 있지만 경찰 조직 전체를 이끄는 사실상 독립된 조직이다. 지금의 경찰청이 독립적 기운을 가진 조직으로서 권위를 가지기 위해서는 터와 건물이 권위를 가져야 한다. 경

62
원래 이름은 숙청문肅淸門이며 현재 서울 종로구 삼청동에 있다. 조선 태종 때, 이 문을 지나는 것을 지맥을 손상시키는 것으로 여겨 폐쇄하고 소나무를 심어 통행을 금지했다.

찰청 건물은 독립적으로 기운을 응집해야 하고 기운을 생산해낼 수 있어야 한다. 경찰청이 휴대전화 대리점처럼 길가에 가판대를 놓고 서 있는 형식을 취해서는 곤란하다. 경찰청은 대리점이 아니라 총수가 있는 본사가 되어야 한다는 뜻이다. 그렇게 되기 위해서는 경찰청 서쪽 뒤편의 대지가 흡수되어야 한다. 현재의 대지 형태는 도로에 길게 접해 있는데, 이런 상황에서 경찰본청의 권위는 지켜질 수 없다.

총수의 집무실은 좀 깊숙이 들어가 있어야 권위가 선다. 조금 과장해서 말하면 지금 총수의 집무실에서는 도로에서 개 짖는 소리도 다 들릴 상황이다. 대검찰청과 대법원 등의 여타 정부기관들과 비교해볼 때 경찰본청은 시장판에 나와 있는 것과 같다는 말이다. 지금의 북악산 아래 청와대는 너무 깊숙이 들어가 있어서 문제이고, 경찰청은 시장판에 나와 있어서 문제이다. '국가정보원' 정도의 수준은 아니라고 하더라도 안정된 분위기에서 경찰본청이 국가 치안에 대한 총지휘를 할 수 있도록 배려해주어야 한다.

건축가는 병원을 건축설계할 때 의사와 환자 간의 친밀한 접촉을 고려해야겠지만, 의사의 피로도를 줄여주기 위해서 의사들만의 동선이나 영역을 고려하지 않으면 안 된다. 경찰청의 상황도 마찬가지이다.

경찰청은 오히려 서울지방경찰청보다도 권위가 서지 않는 대지의 위치, 형상, 건물 배치를 보여주고 있다. 경찰본청에 근무하는 사람은 업무의 비중 면에서 서울지방경찰청에 근무하는 사람들보다 많은 부담을 느끼고 있을 것이다. 하지만 근무 피로도는 과다한 업무뿐만 아니라 건물이나 터에서도 영향을 받는다는 점을 알아야 한다. 국가와 국민의 안전을 책임지는 경찰청의 권위를 찾기 위해서 대문 담장을 조정하는 것이 필요하고, 대지의 깊이, 즉 종축 縱軸의 깊이가 깊어져야 한다. 터나 건물의 성격은 곧 전체 기운을 장악하고 있는 총수에게 영향을 미친다는 것이 부동산 풍수학의 관점이다.

흉가(살기 있는 집)를 생기 있는 집으로

사람을 보고 그 사람이 어떤지를 판단하는 방법에는 여러 가지가 있다. 그 중에서도 오래된 것이 관상觀相을 보는 방법이다. 결국 외모를 보고 판단한다는 것이다. 요즘은 그런 경향이 더욱 심해졌다. 그래서 성형외과에 사람들이 몰리는 것이 아닐까? 어떻게 사람의 외모만 보고 판단하겠느냐고 반박하겠지만 여전히 외모는 중요한 판단기준이다. 부동산을 판단할 때도 모양을 중요시하는 경향이 있다. 여기에 일정한 형태는 일정한 기운, 즉 형기를 가지고 있다는 생각이 뒷받침되어 있다.

그러면 어떠한 형태를 가진 것이 좋으냐 하는 것이 문제가 되는데, 답하기 쉽지 않은 질문이다. 앞에서도 언급했듯이 건물은 주인과 건축가의 성격을 드러내는 것이다. 어떤 것이 좋으냐보다는 어떤 것이 나에게 적합하느냐를 따져보아야 한다. 이 문제는 상대적인 해답을 요구하는 것이므로 원하는 사람의 성격이나 기운을 알아보지 않고는 답할 수 없는 문제이다.

여기에서는 어떤 집이 좋으냐보다는 어떤 집에 투자하지 말아야 하느냐에 대해서 언급하고자 한다. 대체로 흉가가 되는 경우는 처음부터 탁한 기운을 가지고 있어 운명적으로 흉가가 되는 경우와 새로운 생기가 지속적으로 공급되지 못해서 흉가가 되는 경우가 있다. 앞에서 언급한 살기 있는 건축물은 전자에 속하는 경우라고 할 수 있다. 이런 경우는 대체로 건축할 당시에 건축가를 잘못 만난 경우이다.

사진 4-58 이 건물은 형기와 질기가 모두 흉해 흉가가 될 가망성이 높다. 그래서 좋은 건축가를 만나는 것이 건축물에도 큰 복이 된다. 2006년 촬영.

건축가는 터를 제대로 읽고 그 장단점을 살펴서 어떻게 건축하는 것이 좋은지를 우선적으로 고민해야 한다. 멋진 모양내기나 경제성을 우선시하는 건축가에게서 좋은 기운을 가진 건축물을 기대하기는 어렵다. 그래서 건축가를 잘못 만나면 장점은 사라지고 단점이 부각되는 건축물이 나오게 된다.

예식장 건물의 외관을 이야기하면서 화기에 대해서 설명하였는데, 집을 지을 때도 오행기五行氣의 어느 것이든 과하게 되면 살기가 되어 흉가가 될 수 있다. 앞에서는 주로 건물의 형태, 즉 형기의 측면에서 어떤 기운인지에 대해 다루었다. 여기에서는 주로 건축 재료, 즉 질기의 측면에서 언급하려고 한다.

사진 4-59 강돌로 마감한 주택. 강돌은 수기가 많은 재료인데, 그것으로 지은 집은 차가운 기운을 발산하고 있어 임대 놓기가 어렵다. 안온한 집을 원하는 사람들은 모두 이런 집을 꺼린다. 2006년 촬영.

한국과 중국의 건축에서는 소위 오재병용五材竝用의 개념[63]이 있어서 일찍부터 오행의 관점에서 건축재료를 생각해왔다. 하지만 오행 가운데 화기火氣나 수기水氣는 건축재료로 사용할 수 없으므로[64] 구체적인 언급이 어렵다. 다만 화기를 갖고 있는 숯[65], 수기를 갖고 있는 얼음이나 강돌 같은 것으로 대체해서 설명하는 것은 가능하다.

강가에 있는 강돌을 건물의 외장재로 사용한 건물을 가끔 볼 수 있다. 그런 경우 돌은 그 자체가 금기운이지만 강물 속에서 오랫동안 다듬어지면서 수기운을 잔뜩 머금게 된다. 강돌과 같이 강한 수기운이 있는 재료는 사람에게 피해를 줄 수 있다. 물론 수기운이 강돌에서만 나오는 것은 아니다. 지하층의 경우도 지하수의 영향으로 수기운이 가득 차게 된다. 지하층이 아니라고 하더라도 실내 공간의

63
리원허, 《중국 고전건축의 원리》, 이상해 외 역, 시공사, 2003, p.243.: "오재를 조화롭게 사용한다. …… 오재병용은 중국 고전건축 구조형식과 구조설계의 가장 중요한 실제적인 원칙이며, 가장 기본적인 정신이 있는 부분이기도 하다."

64
벽돌을 구울 때는 화火, 흙을 반죽할 때는 수水를 사용하므로, 화기와 수기가 직접 재료로 사용되는 것은 아니지만 재료 준비의 과정상 포함된다고도 할 수 있다.

65
숯공장에서 공급해주는 목초액은 수기이지만 화기를 갖고 있다. 집 안의 화초에 목초액을 뿌리면 햇빛을 공급해주는 것과 유사한 효과를 거둘 수 있으며, 벌레의 번식을 줄일 수 있다. 하지만 너무 농도를 진하게 뿌리면, 화기가 강해서 나뭇잎이 말라죽는 경우가 생기기 때문에 주의해야 한다.

채광과 환기가 안 좋을 경우 음의 수기운이 작용하여 사람이 우울증에 빠질 수 있다.

목기木氣의 경우도 마찬가지이다. 목재는 목기운을 가진 대표적 건축재료이다. 소위 건강상의 이유로 목조주택이나 황토주택을 찾는 사람이 많은데, 목재라고 해서 사람에게 항상 좋은 목기운을 주는 것은 아니다. 목기운 중에서도 탁하고 살기를 띤 기운이 있다. 한옥을 전문으로 짓는 목수들은 목재를 사용할 때 목재가 심통을 부리지 않도록 상당한 주의를 기울인다고 한다. 목재는 화학적 재료와 달리 자연의 생명체에서 채취한 것이므로 기운의 흐름을 잘 살펴야 한다는 것이다. 그래서 사용되는 목재

사진 4-60 상주 오작당의 왕목. 다른 곳에서 사용하던 나무를 가져와서 다시 쓸 때는 목왕王木, 왕목王木이라는 글씨를 써서 나무가 살기를 갖지 않도록 조치하였다. 2004년 촬영.

를 아래위의 크기가 동일하게 가공했다고 하더라도 기둥을 세울 때는 살아있는 나무처럼 위아래를 항상 가려야 한다는 점을 강조한다. 만일 기둥을 거꾸로 세웠을 경우는 반드시 주술적인 힘을 빌려 그것을 달랬다고 한다.

한편 목재가 부족해서 다른 집에서 사용하던 목재를 빌려왔을 때나 사용하던 목가구를 들여왔을 때는 반드시 목왕木王이라는 글씨를 써서 거꾸로 붙였다. 이러한 것을 어겼을 경우에는 집안에 목살木殺이 미친다고 한다.

요즈음에는 생태건축이라고 하여 지붕 위에 흙을 덮고 그 위에 풀이 자라게 하는 형식의 집이 잡지에 소개되는 것을 볼 수 있는데, 그것은 주로 독일의 생태건축 형식의 하나이다. 그런데 부동산 풍수학에서는 지붕 위에 잡초가 산발하는 집을 흉가로 판단한다. 풀이 마당에 자라는 것도 흉하게 보지만 지

붕 위에 자라는 것은 더욱 흉하게 본다. 생태건축을 이야기하더라도 그 지방의 정서와 문화에 근거를 두고 우리나라의 전통건축 속에 숨겨진 원리로서 생태건축을 추구해야지, 무조건 서양건축을 모방하여 들여오면 실패할 가능성이 높다. 부동산 풍수학에서는 지붕 위에 잡초가 무성하게 자란 것을 두고 목생기가 왕성하다고 보는 것이 아니라 목살의 기운이 지붕을 뒤덮고 있다고 본다. 정제되지 않은 목기운은 목생기가 아니라 목살이 된다.

최근에 벽면 녹화에 대한 관심이 많은데, 담쟁이 식물이 벽을 타고 자라 벽면을 장식하고 있는 것을 볼 수 있다. 말 그대로 담장용으로 담쟁이를 사용해야지 담쟁이가 온통 건물을 뒤덮는 것은 우리 정서에 어울리지 않는다. 미국이나 영국에서는 오래된 대학 건물의 상징으로서 담쟁이가 건물을 완전히 뒤덮고 있는 사진을 볼 수 있는데, 그것도 부동산 풍수학에서 볼 때 목살로 간주된다. 건물을 사람이라고 생각하면 이해하기가 쉬운데, 사람이 그물망에 갇혀 옴짝달싹 못하고 있는 꼴이다. 담쟁이는 높은 옹벽이나 담의 금기운을 완화시키기 위한 목기운으로만 적용되어야 한다.

대표적인 금기金氣의 재료는 돌이나 철인데, 건축 재료로 많이 쓰인다. 중국의 자료에는 죽은 사람을 위해서는 석재를, 산 사람을 위해서는 목재를 사용한다는 내용이 있다.[66] 즉, 음택에서는 석관石棺을 사용하고, 양택에서는 목조집을 사용한다는 이야기이다. 요즈음 지사地師들은 석관을 사용하는 것을 꺼린다. 왜냐하면 석관은 관 안에 물방울이 맺히기結露 때문이다. 혈처에 물기가 있는 것을 꺼리는 것

66

GUO Qinghua, Tomb Architecture of Dynastic China: Old and New Questions, 《2002 서울 동아시아 건축사학 국제학술대회 논문집: 현대 동아시아와 전통건축》, 한국건축역사학회, 2002, p.409.: "The philosophy was established in the Warring State period and applied in the architectural design in the Han. The five elements are metal, wood, water, fire and earth, which are the essence of the physical universe, understood by the ancients. In the Five-Element theory, wood suggests birth, vigour and energy: stone is cold, stiff and still. Thus, their applications were determined: wood for living and stone/brick for the dead."

과 관련이 있다. 그래서 납골당을 만드는 경우만 석관을 사용하고, 매장하는 경우는 거의 석관을 사용하지 않는다. 납골당의 경우는 화장한 뼛가루를 도자기에 담고 그것을 보관하기 위한 납골당을 석재로 만들어 이중의 금기운으로 감싸고 있는 셈이다.

금기운이 있는 재료는 단단하고 반사율이 높다. 요즘 부식철판을 이용하여 외장재료로 사용한 건물을 가끔 볼 수 있다. 부식되기 전의 철판의 기운은 금기운이지만, 부식되고 나면 반사율이 떨어지면서 토기운의 질감을 주고 색채는 붉은 색으로 화기운이 된다. 화생토와 토생금의 순환고리가 잘 이루어진다면 사람에게 좋은 기운을 줄 수 있다.

한편 금기운을 남발하여 돈을 들여 살기를 불러들이는 경우가 있다. 호텔 로비에 깔린 대리석은 품위의 상징이다. 그런데 아파트 거실이나 침실 바닥을 호텔 로비처럼 고급 타일이나 대리석으로 시공하는 경우가 있다. 신발을 벗고 들어가 살갗이 닿게 되는 곳을 금기운으로 하는 것은 좋지 않다. 외장재로 단단하고 반사율이 높은 재질을 사용하는 것은 괜찮지만, 사람의 몸에 밀착하여 매일 기운을 주고받아야 하는 실내 공간까지 금기운으로 마감하는 것은 바람직하지 않다.

토기土氣는 가루로 이루어져서 날리기 쉽고, 가라앉아 제자리를 찾기까지 상당한 시간이 필요한 기운이다. 토기운은 사람에게 안정감을 주는 것이 가장 가치 있는 점이지만 안정되기 전까지는 사람에게 좋지 않은 탁기로 다가올 수 있다. 이러한 토기운이 안정되는 일련의 과정을 풍수적 측면에서 이야기할 수 있다.

토기운을 흔드는 것은 바람이다. 토기운은 물기운을 구속(토극수土克水)하는 기능을 갖고 있는데, 바람은 토기운에서 물기운을 뺏어간다. 토기운은 결국 바람에 함께 날리게 되는데, 이때 토기운이 도망가지 못하도록 붙잡는 것이 목기운이다. 산에 나무가 없으면 황사현상이 심해지는 것과 같다. 황사가 식물에게는 생기일 수 있지만, 인간에게는 탁한 토기운으로 미세한 먼지가 되어 다가온다. 사람의 신체 구조는 이러한 미세입자를 막아낼 수 있도록 되어 있지 않기 때문에 황사가 탁한 토기운이 된다.

나노기술은 금기운을 일종의 토기운으로 바꾸는 것이다. 입자를 균일한 크기로 분포시키면 균일한 기운을 발생시킬 수 있다. 다시 말해 덩어리로 뭉쳐져 있는 기운을 얇게 펼치는 기술이다. 은나노 코팅 제품은 은이라는 금속이 갖고 있는 금기운을 미세한 가루로 만들어 토기운으로 만든 다음, 이것을 고르게 살포하여 다시 금기운으로 굳힌 것이다. 하지만 인체의 세포가 통제할 수 있는 수준보다 미세한 입자가 되었을 경우에는 살기로 다가올 수 있음을 명심해야 한다. 나노 단위의 미세한 가루는 강력한 토살이 되어 인간에게 치명적인 피해를 줄 수 있으므로 관리에 상당한 주의를 기울여야 한다.

토기운을 가진 대표적인 재료는 황토이다. 황토는 여러 가지 측면에서 인간에게 유익한 재료로 알려져 있다. 하지만 건축에서 흙재료는 적정한 습도에서 적당히 굳은 상태로 유지될 경우 토생기를 공급해주지만, 그렇지 못할 경우는 나노입자처럼 토살의 형식으로 인간을 공격할 수 있다.

웰빙 바람을 타고 황토집을 원하는 사람들이 있는데, 황토집의 토기운이 입주자에게 생기로 유지되려면 많은 노력이 필요하다는 것을 알아야 한다. 중국 황토고원지대인 요동지역에서 황토굴이 점차 없어지고 벽돌로 지은 집으로 대체되는 이유도 황토굴의 유지관리가 쉽지 않기 때문이다.

오행의 기운이 적절하게 조화를 이루지 못하면 흉가가 될 수 있다. 그래서 좋은 집이란 오행의 기운이 조화를 이룬 집이라고 할 수 있다. 기운이 조화를 이루지 못하고 어느 한 가지 기운만 득세하고 있는 경우 득세한 기운의 살기가 있는 집이 된다.

한편 생기의 지속적인 공급과 관리가 이루어지지 못하여 흉가가 되는 경우가 있는데, 대부분 기와집으로 된 한옥이 처한 현실이다. 명당이라고 소문나고 길택이라 소문난 집도 세월의 풍파에는 어쩔 수가 없다. 이것을 보면 명당에도 유효기간이 있다

사진 4-61 흉가는 종종 도둑고양이들의 안식처가 된다. 그것은 고양이가 음기와 수기를 좋아하기 때문이다. 2004년 촬영.

는 풍수상의 논리가 설명이 된다. 미신같이 느껴지지만 고려 말에는 개성의 지기쇠왕설地氣衰往設로 인해 여러 번 논란이 거듭되었다. 결국 개성의 지기쇠왕설의 연장선에서 천도가 이루어졌으며, 한양이 조선의 수도가 되었다.[67]

요즘 들어 등산하는 이들이 많아졌는데, 등산을 하다 보면 산도 휴식이 필요하다고 하여 '휴식년제'라고 쓰인 팻말이 붙어 있는 것을 볼 수 있다. 땅의 생기도 주기가 있듯이 건물도 주기적으로 생기를 조절해야 하는 것이 아닐까? 그래서 필요한 것이 리모델링이다. 리모델링은 건물에 새로운 기운을 불어넣어주기 때문이다.

서울의 대학로에 '뉴게이트 이스트'라는 전시관이 있다. 이곳의 주인은 원래 광화문에서 '뉴게이트'라는 전시관을 운영하고 있었는데, 조금의 여윳돈을 가지고 대학로의 허름한 한옥을 구입하여 훌륭한 전시관으로 리모델링한 것이다.

원래 이 집은 주택용이었는데, 주택 용도를 유지

67
이병도, 《고려시대의 연구: 특히 지리도참사상의 발전을 중심으로》, 을유문화사, 1948 참조.

사진 4-62 문간채 변경 전.

사진 4-63 문간채 변경 후. 대문의 위치를 변경했다.

사진 4-64 부엌 변경 전.

사진 4-65 부엌 변경 후. 접이식 문의 설치는 필요 시 마당까지 공간
이 확대될 수 있게 한다.

사진 4-66 구조 변경 전.

사진 4-67 구조 변경 후. 목구조의 경우 주요 구조부재는 그대로 사용하면서 리모델링하므로 기존의 면적을 그대로 차지할 수 있다.

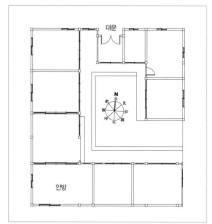

그림 4-19 변경 전의 평면도(절명택).

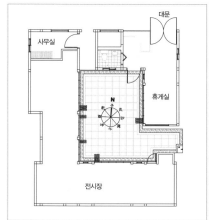

그림 4-20 변경 후의 평면도(천을택).

하면 1가구 2주택에 해당되어 여러 가지 중과세의 대상이 되었다. 리모델링 하면서 전시관으로 바꾼 것이다.

이곳의 리모델링 설계와 감리를 맡아 새로운 기운을 불어넣었다. 이 집은 집주인이 처음 흉가를 방문했을 때 들어가기가 무섭다며 집 밖에 있을 정도로 음침한 기운이 감도는 곳이었다. 검은 도둑고양이가 마당에서 생선 뼈를 발라먹고 있는 그런 집(절명택絶命宅)이었다. 하지만 3개월 정도 대대적인 리모델링 작업을 거쳐 생기가 충만한 집(천을택天乙宅)으로 되살아났다.

제 5 장

도로를 풍수적으로 본다

– 도로살을 본다

부동산 풍수에서는 도로를 물길과 같다고 간주하며 부동산에 영양분을 공급해주는 통로로 본다. 도로와 물길은 선형이므로 서로 유사한 성격이 있다. 도로가 선이라면 부동산은 면이 된다. 면적을 가진 부동산과 길이를 가진 선형의 도로가 만날 때 길게 접하는 것이 좋을까, 짧게 접하는 것이 좋을까? 또 선의 두께가 여러 종류라면 가는 선에 접하는 것이 좋을까, 아니면 두꺼운 선에 접하는 것이 좋을까? 도로가 구불구불한 곡선일 때는 도로의 어느 쪽에 자리를 잡는 것이 좋을까? 도로의 형태를 알고 도로살을 피할 수 있어야 한다.

도로는 물길과 같다

| 도로와 물길은 선형이다 |

도로와 물길을 기하학적 측면에서 보면, 점·선·면·입체 중 선형線形에 속한다. 또한 기의 세계관으로 보면 점은 점대로 선은 선대로[1] 각기 독특한 기운을 가지고 있다. 부동산은 선에 접한 면이다. 도로에 접하지 않은 부동산은 맹지盲地로 그 가치가 떨어진다. 부동산과 도로의 관계는 부동산의 가치를 좌우하는 매우 중요한 요소이다. 도로나 물길이 선형이라면 선형의 특성에 대해서 풍수적으로 분석해볼 필요가 있다.

선은 길이가 있다. 선의 길이가 긴 것과 선의 길이가 짧은 것이 있다. 면적을 가진 대지가 길이를 가진 도로에 접할 때 길게 접하는 것이 좋을까, 짧게 접하는 것이 좋을까?

선은 두께가 있다. 폭이 넓은 도로와 폭이 좁은 도로가 있다. 그렇다면 두꺼운 선에 접하는 것이 좋

1
점은 정적인 기운을 갖고 있는 반면 선은 동적인 기운을 가지고 있다. 즉,점이 움직이면 선이 된다고 할 수 있다.

을까, 가는 선에 접하는 것이 좋을까?

선은 형태가 있다. 곡선형이 있고 직선형이 있다. 곡선형 굴곡의 어느 쪽이 유리할까? 직선형 도로의 장단점은 어떤 것이 있을까?

선은 방향성이 있다. 어느 쪽으로 진행될 것인가? 경사진 도로는 어떻게 해석되어야 할까? 선의 방향성과 관련하여 도로와 물길의 유사점과 차이점은 어떤 것이 있을까?

지금부터 이러한 문제들에 대하여 풍수적 관점에서 다루어보고자 한다.

| 도로는 영양분을 공급해주는 통로이다 |

도로는 부동산에 영양분을 공급해주는 통로이다. 어떤 식으로 도로에 접하느냐에 따라 부동산의 가치는 많은 영향을 받는다. 도로가 터의 남쪽에 있는지, 북쪽에 있는지, 경사도는 어떠한지에 따라 부동산의 가치와 접근성은 영향을 받게 된다.

건축설계를 시작하면서 하게 되는 대지분석이라는 것은 대부분 대지와 도로의 관계에 대한 것이다. 설계는 어느 쪽에 출입구를 만들 것인지를 고민하는 것에서부터 시작하는데, 세부적으로 차량과 보행자의 동선을 어떻게 구분할 것인지, 서비스 동선과 주동선은 어떻게 할 것인지, 시간대별로 이용되는 동선은 어떻게 구분할 것인지를 계획한다.

도로상의 에너지가 건물 안으로 들어오는 과정은 풍수학에서도 심도 있게 다루어지는 주제이다. 앞에서 설기의 사례로 스타타워와 경찰청 건물을 들어 출입문 설계에 대해 설명하였다. 스타타워의 경우는 도로와 건축이 만나는 지점의 설정, 즉 기준지표면을 결정하는 데 문제가 있었고, 경찰청의 경우는 도로와 대지의 경계상에 있는 대문의 위치와 형식에 문제가 있다고 거론하였

사진 5-1 해인사 일주문. 공간과 시간의 전이轉移를 표현한다. 여러 공간과 시간을 거친 후에 대웅전으로 갈 수 있다. 특히 팔만대장경이 있는 경판전은 제일 깊숙하고 높은 곳에 있다. 문과 문 사이의 공간에 큰 나무들이 열 지어 서 있는 것은 통과의례의 정도를 더욱 심화시키는 것이다. 2005년 촬영.

다. 부동산 풍수학에서 도로와 건물의 접합면에 있는 대문의 구조는 중요하게 취급된다.

대문의 구조가 중요하게 다루어지는 이유는 설기를 조절하는 측면 외에 살기가 침입하는 것도 방지해야 하기 때문이다. 부동산풍수학에서는 일단 도로상의 기운을 탁하고 거친 것으로 간주한다. 따라서 대문은 다듬어지지 않은 기운이 집안으로 곧장 들어오지 못하도록 하는 장치이다.

전통건축물의 내외벽內外壁이나 중국건축에서 볼 수 있는 조벽照壁, 우리나라 사찰에서 볼 수 있는 여러 단계의 문은 모두 이러한 장치에 속한다. 특히 사찰에서 보이는 여러 단계의 문은 속세에서 성스러운 공간으로 가는 과정의 일부로서 종교적 마음을 고양시키기 위한 전이공간轉移空間이기도 하다. 결국 외부의 거친 기운을 정제하고 다듬는다는 측면에서는 일맥상통하는 것이다.

도로에 대지가 접하게 될 때 대지의 긴 면이 접하는 것이 좋을까, 짧은 면이 접하는 것이 좋을까? 부동산 일반학에서는 길게 접하는 것을 좋은 것으로 평가한다. 하지만 풍수이론에서는 그 반대이다. 이 부분은 약간의 윤리적 문제

사진 5-2 안동 오미리 전통가옥의 내외벽. 전통가옥에는 외부인의 시선이 안채에 이르지 못하도록 하는 장치로 내외벽 또는 내외담이 있다. 2003년 촬영.

사진 5-3 중국 왕가대원의 조벽. 중국의 전통가옥에서 안쪽 뜰이 외부에 노출되지 않게 정문 바로 뒤에 세우는 것이다. 2004년 촬영.

가 개입되었다는 점을 인정해야 한다. 도로를 나 혼자 차지하는 것이 아니라 주변의 터와 공유하려는 마음가짐이 반영된 것이다. 무조건 값비싸게 인정받을 수 있는 터보다 윤리적으로 건강한 터를 선호한다고 보아야 한다.

부동산 풍수학의 관점에서는 용도에 따라 도로에 닿는 대지의 깊이가 짧은 것A이 좋을지, 긴 것B이 좋을지를 먼저 결정해야 한다. 한때 국회의원 출마자의 선거공약으로 다리를 놓고 도로를 건설하겠다는 내용이 인기가 있던 시절이 있었다. 하지만 도로나 철도를 통해서 공급되는 에너지가 생기일 수도 있지만 살기일 수도 있다는 점을 간과해서는 안 된다. 조용한 섬 동네에 육지로 통하는 다리가 놓이면서 섬 전체가 쓰레

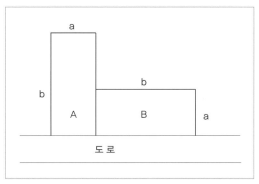

그림 5-1 도로에 접한 길이에 따라 판단하는 길흉. 권위적이고 소량의 고급물품을 취급하는 건물의 배치를 원한다면 A형 대지가 좋고, 대중적이고 대량의 값싼 물품을 취급한다면 B형 대지가 좋다. 과거 전통시대에는 주로 A형 대지를 길한 것으로 간주하였다.

기장이 된다든지, 그 좋던 마을 인심이 살벌하게 변하는 것은 모두 육지에서 넘어온 살기 때문이다. 이러한 경우는 에너지 공급통로를 통해서 살기가 공급되었다고 볼 수 있다.

한편 생기를 공급하지는 않고 일방적으로 뺏어가는 통로로 도로나 철도가 이용되는 경우가 있다. 이 경우 도로나 철도는 설기의 통로가 된다. 도로나 철도로부터 다소 거리를 두어 이러한 설기를 피하는 것이 좋을 때도 있다.

우리나라 근대사에서 일본 주도로 건설된 한반도의 철도는 대표적인 수탈의 도구였다는 의견이 설득력을 얻고 있다.

> 이 땅에 등장한 철마는 서구와 전혀 다른 야수와 폭군의 얼굴로 나타났다. 서구인들에게 공간과 시간을 지배하는 환희를 안겨주었던 철도가 20세기 초 조선인들에게는 …… 만주에서 일본군을 먹여 살리는 병참철도로 계획되었다. 철도용지 부근 주민들은 철로터를 대가 없이 징발당하고, 수시로 장정과 식량, 가축들을 제공해야 했다. …… 1906년 5월 15일자 《대한매일신보》는 '철도가 통과하는 지역은 온전한 땅이 없고, 기력이 남아 있는 사람이 없으며, 열 집에 아홉 집은 텅 비었고, 천리길에 닭과 돼지가 멸종하였다.' 라고 개탄하였다. …… 10여 년 전까지도 열차를 보고 돌팔매질을 하곤 했던 겨레의 특유한 근대 풍습 이면에는 이처럼 철도로부터 지독한 시달림을 당했던 고통과 궁핍 그리고 정신적 혼란의 기억이 도사리고 있었던 것이다.[2]

2
노형석, 《한국근대사의 풍경》, 생각의 나무, 2006, pp.17~27.

도로나 철도, 교량과 육교 등이 편리한 이동을 가능하게 하지만 한편으로 더 큰 고통과 시련을 주는

사진 5-4 용산 KT 사옥 앞 육교 1. 건물 밖에서 보면 사옥 앞을 가리고 있는 육교는 일종의 충살이다. 출입구에 머리를 박고 코를 킁킁대면서 먹이가 나오기를 기다리는 공룡 같다. 2006년 촬영.

사진 5-5 용산 KT 사옥 앞 육교 2. 건물 안에서 보면 바로 코앞에 육교가 버티고 서 있다. 2006년 촬영.

사진 5-6 육교 철거 현장. 육교는 2006년 11월 버스전용차로가 생기면서 철거되었다. 2006년 촬영.

사진 5-7 용산 KT 사옥 앞의 육교 충살. 하필 육교가 건물 앞에 버티고 서 있다. 육교가 철거되기 전까지 건물과 육교 사이에 밀고 밀리는 기싸움이 있었다. 2006년 촬영.

사진 5-8 신·구 강화대교. 문수산에서 강화도 쪽을 보면서 찍은 사진이다. 강화대교 아래의 바닷물이 빠지는 썰물 때는 강바닥이 거의 드러난다. 2006년 촬영.

경우도 있다. 이러한 점이 도로 개설 시 풍수를 고려해야 할 이유가 된다.

강화도는 이미 강화대교와 초지대교가 놓여져 있어 섬이라고 말하기 어려울 정도로 육지와의 왕래가 자유로운 곳이 되었다. 강화도 서쪽에는 석모도가 있는데, 요즘 강화도와 석모도를 연결하는 대교를 놓는 문제가 한창 거론되고 있다.[3]

석모도로 가는 대교가 놓일 경우 이것은 생기의 공급통로가 될까, 살기의 공급통로가 될까? 석모도에는 보문사라는 유서 깊은 사찰이 있다. 석모도로 들어가는 사람 대부분은 아마 이곳을 찾아가는 사람일 것이다. 보문사는 소위 기도발이 좋은 곳으로 알려져 있다.

보문사의 기도발에 대해 풍수적으로 해석해보자. 김포에서 강화대교를 건너기 전에 문수산文殊山(해

3

최재용, 〈인천 앞바다 섬 셋 육지 된다: 2013년까지 연륙교 연결〉, 《조선일보》, 2006년 10월 31일 기사 참조.

두만강

백두산

정백정간

서수리곶산

백

원산

압록강

청북정맥

낭림산

두
용흥강

미곶산

청천강

청남정맥

두

대동강

두류산

중악산

개련산

분수령

임진강

금강산

해서정맥

장산

예성강

한북정맥

대

백룡산

장명산

오대산

임진북예성남정맥

문수산

한남정맥

한강

태백산

칠현산

지령산

낙동정맥

금북정맥

속리산

한남금북정맥

부소산

금강

간

낙동강

금남정맥

마이산

장안산

금남호남정맥

섬진강

지리산

백운산

분산

엄광산

호남정맥

낙남정맥

그림 5-2 한반도 산줄
기도. 한남정맥은 남
성 성기에 해당된다.

발 376m)이 있다. 문수산은 한남정맥의 끝에 위치한 산이다. 또한 한남정맥은
백두대간에서 갈라진 여러 정맥 가운데 거의 유일하게 아래(남)에서 위(북)로
뻗어 올라가는 용맥龍脈이다.

한반도를 남성의 신체구조로 보면 밑에서 위로 올라오는 가지는 바로 성기
뿐이다. 한남정맥의 위치나 형상으로 볼 때 말이 되는 이야기이다. 그렇다면

문수산은 성기의 몸체이고 강화도는 성기의 귀두 부분이 된다. 그중 마니산은 정액이 나오는 가장 중요한 부분이다. 그렇다면 석모도를 비롯한 여러 개의 섬들은 귀두에서 뿜어져 나온 엑기스인 정액인 셈이다. 석모도는 그중 제일 큰 것이다. 이 석모도 보문사에 가는 사람들은 주로 아주머니가 많은데, 대부분 자식들을 위한 기도를 하기 위해 찾아간다고 한다.

보문사의 기도발은 석모도가 성기에서 뿜어져 나온 정액으로 남아 있을 때만 효과가 있다. 그곳에 다리가 놓인다면 그 의미는 없어지고 기운이 확 달라지게 된다. 또 육지의 모든 혼탁한 기운들이 섬을 덮치게 될 것이다. 석모도로 가는 길이 불편하고 힘들다 하더라도 모든 것이 정성을 담은 기도를 하기 위한 마음의 준비과정이라고 본다. 다리 놓고 케이블카를 타고 급하게 가면 마음의 준비과정이 없기 때문에 같은 장소에서 기도를 하더라도 기도발이 생기지 않을 것이다. 강화도와 석모도가 연륙교延陸橋로 연결되면 신성한 섬이 아니라 육지가 되기 때문에 보문사의 기운은 탁해져서 기도의 효력은 사라질지도 모른다.

| 큰 도로는 큰 강이다 |

부동산 풍수학의 관점에서 볼 때 도로는 물길이다. 같은 관점에서 광장은 큰 연못이나 호수라고 할 수 있다. 큰 도로는 폭이 넓은 큰 강이다. 대지가 큰 도로에 접해 있을 때 큰 도로는 큰 에너지를 공급하는 통로라고 볼 수 있지만, 한편으로 에너지 공급을 차단하는 큰 장애물이기도 하다. 신도시에서는 이러한 점이 고려되지 않고 자동차의 소통을 위주로 도로계획이 이루어져 큰 도로가 오히려 지역경제의 장애물이 되기도 한다. "안산·일산·평촌과 같은 계획도시나 신도시의 도로계획이 처음부터 잘못되어 있어, 보행하기 불편하

사진 5-9 자동차전용도로 입구의 노점상. 노점상의 매출 정도는 자동차의 통행 속도와 밀접한 관련이 있다. 적당한 차량 속도가 유지될 때 뻥튀기의 매출은 올라간다.

고 상권도 위축되는 등 악영향을 미치는 것으로 지적됐다."[4]

부동산 풍수학에서는 강폭뿐만 아니라 물이 흐르는 속도도 중요하게 다루어진다. 너무 빨리 흐르는 물은 생기 대신 살기를 공급하거나 설기시키는 구실을 한다.

부동산 풍수에서는 물이 흐르는 속도와 같은 측면에서 도로 위를 달리는 차량의 속도도 매우 중요한 고려 사항이 된다. 고속도로변에 있는 터는 차량 흐름의 속도가 줄어들지 않으면 고속도로로부터 어떠한 에너지도 공급받을 수 없다.

고속도로는 물살이 세고 아주 큰물이지만, 속도를 줄이지 않고는 도움이 되는 에너지로 볼 수 없으며 그림의 떡일 뿐이다. 고속도로상에 정체구간이 있으면 어김없이 상인들이 오징어나 뻥튀기를 들고 나타난다. 도로상의 상인에게 도로의 운행 속도는 에너지 공급에 있어서 매우 중요한 조건이 된다. 도로를 물로 볼 때 적정한 에너지의 공급을 위해서는 적정한 속도를 유지하는 것이 필요하다.

너무 느리거나 고여 있으면 기운이 탁해져서 못 쓰게 되고, 너무 빠르면 기운이 빠져 나가버려 기운을 모을 수 없게 된다. 도로의 속도가 너무 느려 자

4
이충일, 〈뻥 뚫린 도로가 지역경제 장애물로: 상권분리 부작용 심각〉, 《조선일보》, 2006년 5월 19일.

동차의 정체가 심한 곳은 자동차 매연으로 공기가 좋지 않고 자동차 경음기의 소음 또한 심한 편이다. 반대로 속도가 너무 빠른 경우는 대형사고가 나기 쉽고 차량의 가속주행으로 인한 소음이 심해진다. 풍수에서는 '물은 재물이고 산은 인재'[5]라고 한다. 부동산 풍수학에서는 도로를 물의 관점에서 볼 수 있으므로 '도로는 곧 재물이다'라고 할 수 있다.

물을 재물이라고 했을 때 물이 너무 빨리 흘러가거나 순환하지 못하고 정체되어 있으면 살기가 된다. 물이 너무 빨리 흘러가는 경우는 설기하게 되는데, 앞에서 서울 역삼동의 스타타워를 예로 들어 설명하였다.

도로도 물과 같이 경사도에 따라 여러 가지 영향을 받게 된다. 경사가 급한 곳에서는 물이 빨리 흐르고 심한 경우 폭포가 된다. 마찬가지로 경사가 급한 도로는 안전하지 않고 심한 경우 계단식 도로가 되어 흐름이 끊기고 건축이 불가능한 경우도 생기게 된다.

| 물과 도로의 유사성과 이질성 |

'물길은 도로'라고 할 수 있지만 물과 도로의 성격이 꼭 같은 것은 아니다. 유사한 점도 있고 다르게 구분해서 보아야 할 점도 있다.

강물은 반드시 그 발원지를 가진다. 대개 발원지는 강물을 거슬러 올라갔을 때 가장 상류에 속하는 곳을 말한다. 한강의 발원지는 오대산 우통수于洞水라고 한다. 발원지에서는 조그만 물줄기로 시작하지만 하류로 내려오면서 다른 물줄기들과 합쳐져 큰 강물을 형성한다. 이러한 물줄기의 형상을 살펴보면 큰 나무의 가지가 갈래갈래 뻗어 있는 듯한 모양을 하고 있다. 이렇게 물줄기가 만들어내는 큰 나무는 동일 수계에 속하는 지역의 범위로 볼 수 있다.

[5]
고탁장로辜託長老, 《입지안전서》, 청호선사淸湖仙師 역, 청운문화사, 2003, p.219.: "水主財祿山主人"

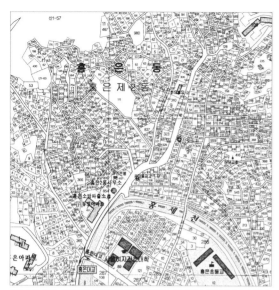

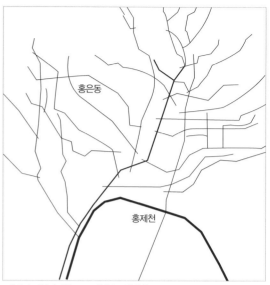

그림 5-3 서울 서대문구 홍은동 일대의 지적도. 경사가 급한 산지이며 주로
골짜기 물길을 따라 길이 있다. 나뭇가지형 도로이다.

그림 5-4 나뭇가지형 도로. 홍은동 일대의 도로 구조를 대략 스케치한 것이
다. 나뭇가지형 도로에서 공급되는 기운의 세기는 도로의 위계에 따른다.

낙동강 수역이라는 것은 낙동강 물줄기가 만드는 나무 한 그루의 범위를 말
한다. 〈대동여지도〉나 《산경표》에서 한남정맥이니 낙동정맥이니 하는 산줄
기들은 모두 이러한 강줄기를 기준으로 표현한 것이다. 물줄기를 나뭇가지로
이해할 때 나뭇가지의 굵기에 따라 그 위계가 결정되며, 에너지 공급의 정도
에도 차이가 생긴다. 한반도의 지형적 특성으로 인해 산줄기와 물줄기는 한
집안의 족보처럼 위계가 순차적으로 정리될 수 있다.[6]

도로의 경우도 물줄기와 같이 위계가 있을 수 있다. 도로법에 의하면 도로
는 고속국도, 일반국도, 특별시도 · 광역시도, 지방
도, 시도, 군도, 구도로 나누어진다.[7] 근대 이전의
도로는 물길을 따라 만들어지는 경우가 대다수이
므로 도로의 형태는 물줄기의 형태를 닮게 된다.

6
산줄기 체계를 족보처럼 작성한 것이 바
로 《산경표山徑表》(여암 신경준)이다. 《산경
표》와 같은 체계로 정리하는 방법을 종
법宗法이라고 하며, 유교사회에서의 태
조, 고조, 중조, 소조의 질서 체계와 합치
되는 것이다.

표 5-1 물줄기 형태와 도로 형태의 유사성

구분	물줄기	도로
시작점	발원지	막다른 골목
형태	선형나뭇가지형	선형나뭇가지형, 네트워크형

따라서 도로도 하나의 큰 나무 형식을 취하는 경우가 있다.

물줄기와 같이 도로의 발원지를 굳이 따진다면, 그것은 막다른 골목이다. 막다른 골목은 길이에 따라 도로폭을 건축법[8]에서 따로 정하고 있다. 막다른 도로의 폭을 길이에 따라 별도로 규정하는 것은 화재 시 소방차의 진입을 보장하기 위함이다. 막다른 도로가 길의 발원지라면 그곳의 기운은 어떻게 보아야 할까? 풍수에서는 막다른 골목의 끝에 위치한 집을 흉하게 보는 경향이 있는데, 이는 충살에 대한 위험 때문이다. 이때 풍수에서 흉하게 생각하는 것은 막다른 도로 끝에 위치한 것에 국한해서 말하는 것으로 이해되어야 한다. 막다른 도로에 연접한 여타의 집들에 대해 무조건 흉하게 간주할 것은 아니라는 것이다.

도로를 통과도로와 막다른 도로로 나누어 생각한다면, 막다른 도로에 접하고 있는 경우가 통과도로에 접한 경우보다 훨씬 안정감이 있는 것은 사실이다. 풍수적으로 형국이 완벽하게 갖추어진 곳(마을)은 거의가 막다른 곳이다. 여기에서 막다른 곳이라고 함은 들어갈 때 이용한 길을 나올 때도 이용해야 하는 곳을 말한다. 좌청룡ㆍ우백호가 잘 갖추어진 곳은 마을 뒷길로 조그만 고갯길이 있을지언정

7
도로법 제11조(도로의 종류와 등급) 도로의 종류는 다음 각호와 같고 그 등급은 다음에 열거한 순위에 의한다〈개정 1993. 3. 10, 1995. 12. 6〉. 1. 고속국도 2. 일반국도 3. 특별시도ㆍ광역시도 4. 지방도 5. 시도 6. 군도 7. 구도[전문개정 1970. 8. 10]

8
건축법 시행령 제3조의3에 따르면 막다른 도로의 길이가 10m 미만일 경우 폭 2m 이상, 10m 이상 35m 미만일 경우 3m 이상, 35m 이상일 경우 6m 이상(도시 지역이 아닌 읍ㆍ면 지역에서는 4m 이상)이다.

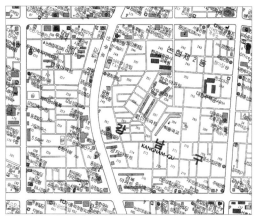

그림 5-5 서울 강남구 논현동 일대 그물형·네트워크형 도로. 비교적 평탄한 지형임을 나타낸다. 현대토목기술의 발달로 지형조건에 관계 없이 도로체계는 그물형 도로가 되고 있다.

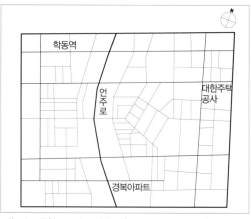

그림 5-6 그물형 도로의 스케치. 넓은 범위에서는 지역에 따른 큰 차이가 없이 비교적 균질한 기운이 공급된다. 좁은 범위에서 공급되는 기운의 세기는 나뭇가지형 도로 체계와 같이 도로의 위계에 영향을 받는다.

주된 출입은 마을 동구洞口를 통해서 이루어진다. 건축설계기법 중의 하나로 쿨데삭Cul-de-Sac이라는 것이 있는데, 이것은 동선의 흐름을 막다른 도로처럼 구성하는 것을 말한다. 물줄기로 말하면 막다른 도로 지역은 발원지와 같은 곳인데, 그러한 곳에 통과도로가 새로 생길 경우 해당지역은 탁한 기운으로 오염되어 안정감이 없어진다. 풍수적으로 좋은 형국을 갖춘 전통마을에 새로 생긴 통과도로가 가로질러가는 경우를 볼 수 있다. 이러한 경우 마을이 발전하는 것이 아니라 오히려 황폐해지는 것은 물줄기의 발원지가 오염되는 것과 같은 원리로 볼 수 있다. 아파트 단지에서 주민들이 통과도로의 한쪽 방향을 차단하는 것은 바로 이러한 이유로 기운을 조절하려는 것이다.

나뭇가지형 도로에서는 도로의 폭에 따라 공급받을 수 있는 기운의 세기가 달라진다. 하지만 도로의 폭이 넓어짐에 따라 공급받을 수 있는 기운이 무한정으로 강해지는 것은 아니다. 도로폭의 일정한 수준까지만 증감의 법칙이 적용된다. 현대의 도로는 물줄기와는 다르게 지형경사도를 극복하고 길이 나는 경우가 많다. 그래서 도로의 등급이 고속국도에서 구도까지 나누어져 있긴 하지만 나뭇가지형이 되지 않고 네트워크형(그물형)[9]이 되는 경우가 많다.

네트워크형 도로 구조에서는 기운의 공급이 위계에 따르지 않고 비교적 평면적으로 균질하게 이루어진다. 네트워크형 도로 구조의 기운은 비교적 넓은 범위에서는 세기가 균질하다고 할 수 있으나, 블록 단위의 좁은 범위에서는 나뭇가지형 도로와 같이 세기에 위계가 있다.

한편 서로 인접한 도로 간의 등급이 심한 차이를 보일 경우 일종의 도로살로 인해 각종 교통사고가 빈번하게 일어날 수 있다.[10] 이러한 사고는 급작스럽게 기운이 달라지는 것에 운전자가 적응하지 못해서 생기는 현상이다. 주변 도로의 상황을 보고, 나뭇가지형으로 봐야 할지 네트워크형으로 봐야 할지를 잘 판단해야 한다.

물이 에너지를 운반할 때는 일방향성이다. 하지만 도로는 좌측, 우측으로 통행하는 양방향성이다. 만일 일방통행 도로라면 물길의 성격과 아주 유사하다고 할 수 있다. 하지만 일방통행 도로라고 하더라도 물과 꼭 같다고 할 수 없는 것은, 차량 동선이 일방통행이어도 보행자 동선은 일방통행으로 보기 어렵기 때문이다. 이때는 물살이 센 물(차량 동선)은 일방향성이고, 물살이 약한 물(보행자 동선)은 양방향성이다.

풍수향법에서는 물이 좌선左旋이냐 우선右旋이냐를 따지는 경우가 있는데, 도로도 마찬가지로 좌회전과 우회전을 따진다. 차량 또는 보행으로 목적지를 찾아갈 때 주로 좌회전해서 도착하는지, 우회전

9
부동산 풍수학에서는 도로의 형태를 크게 두 가지로만 구분하였다. 그 이유는 기운이 공급되는 통로로서 도로가 나뭇가지형과 네트워크형으로 크게 나누어질 수 있기 때문이다. 네트워크형에는 방사형, 환상형 등이 모두 포함된다.

10
《km당 사고 서울외곽순환로 최다 – 경찰청 2006 도로교통안전백서 … 사고 사망 10만 명당 13명 OECD 30개국 중 26위》, 《조선일보》, 2006년 10월 17일: "1km당 교통사고 발생건수로 따져 보면 서울외곽순환고속도로가 가장 높다. 다음으로는 경인고속도로, 구마고속도로의 순서이다. 김인석 박사는 '외곽순환고속도로의 경우 교통량도 많을 뿐 아니라 진입로와 출구 부근에서 속도가 갑자기 변하면서 이 부근에서 교통사고가 많다'고 설명했다."

사진 5-10 중국 베이징 향산 벽운사. 탑신의 가운데에 있는 불상들이 바라보는 방향은 탑돌이 방향과 관련이 있는 것으로 보인다. 탑돌이는 불상을 바라볼 수 있도록 좌선, 즉 시계방향으로 이루어짐을 알 수 있다. 중국과 같이 인구가 많은 지역에서 처음 탑돌이 하는 사람이 탑돌이 방향을 잘못 잡게 되면 나중에는 걷잡을 수 없는 상황이 발생될 수 있다. 2006년 촬영.

해서 도착하는지는 광고판을 어떤 각도로 설치할지를 결정하는 데에도 중요한 고려사항이다.

주진입로의 방향이 정해져 있다고 하더라도 광고판이 설치되는 위치가 좌측이 좋은지 우측이 좋은지는 결정하기 어렵다. 다만 우리나라의 경우 보행자는 좌측통행을 해야 한다는 의식이 일반적이므로 우측에 있는 상가보다 좌측에 있는 상가에 들어갈 확률이 높다는 주장이 있는데, 일면 타당성이 있는 주장이다. 하지만 그런 원칙이 반드시 지켜지는 것은 아니다. 보행자 전용도로라고 하더라도 보행의 패턴이 항상 좌측통행으로 지켜지는 것은 아니다.

사진 5-11 중국 운남성 백사향 인리촌 1. 마을을 관통해서 흐르는 큰물은 생활용수가 아니라 마을과 마을을 연결하는 큰 도로와 같이 취급된다. 물길을 따라서 큰 길이 나 있다. 2002년 촬영.

풍수향법에서도 좌우를 구분하고 있는데, 좌선은 양기로 취급하고 우선은 음기로 본다. 차량으로 이동하고 있을 경우에는 오히려 우측의 상가가 유리한 입장이 된다. 이런 경우 좌측 상가보다는 우측 상가를 선호하는 경향이 더 강하게 작용한다고 볼 수 있다.

풍수에서는 물의 양과 속도뿐만 아니라 물이 흐르는 방향이나 모양도 중요시한다. 도로의 형태는 크게 직선도로와 구불구불한 곡선도로가 있는데, 물길도 마찬가지이다. 주로 인공적으로 조성된 수로는 구불구불한 곡선 형태보다는 직선형이 많다. 하지만 자연형 하천은 구불구불한 곡선 형태가 대다수이다. 풍수에서 직선으로 뻗는 것은 산줄기나 물줄기 모두 흉하게 간주한다. 즉, 생룡이 아

사진 5-12 중국 운남성 백사향 인리촌 2. 집 앞으로 흐르는 물은 현대 상수도 시설과 같이 인위적으로 물길을 끌어와서 조성한 것이다. 이 물은 용천수에서 비롯된 것인데, 맑고 물살이 은근해서 생활용수로 사용된다. 물길을 따라 집과 집을 연결하는 좁은 길이 있다. 2002년 촬영.

사진 5-13 경사진 위험도로의 도로살 줄이기. 서울 서대문구 고은초등학교 앞의 경사진 도로. 스쿨존에서 경사진 도로의 과속으로 인한 사고를 줄이기 위해 도로에 구불구불하게 꺾인 선을 그어두었다. 이러한 시각적 방법은 차량 속도를 줄이는 데 효과적이다. 운전자는 도로변의 굴곡선 형태에 따라 반사적으로 속도를 줄이고 조심해서 운전을 하게 된다. 2006년 촬영.

나라 죽은 용으로 간주한다. 그래서 물길이나 도로가 직선으로 내달릴 때는 살기로 보거나 설기하는 것으로 본다. 부동산 풍수학에서도 직선도로보다는 구불구불한 곡선도로를 좋게 보는 이유가 여기에 있다. 즉, 곡선도로가 도로 위를 달리는 자동차의 속도를 적당하게 유지시켜주기 때문이다.

강폭과 도로폭, 도로 합류점과 합수 지점은 모두 물의 흐름과 비교해서 살펴볼 필요가 있다. 물길은 좁아지면 그 흐름이 빨라지는[11] 데 반해 도로가 좁아지면 오히려 정체현상이 일어난다. 인터체인지나 사거리 등은 소용돌이가 일어나는 곳으로 이해하면 된다. 이러한 곳은 여러 거친 기운들이 충돌하는 곳으로 교통사고가 자주 일어난다.

물이 소용돌이치는 곳에서 에너지의 강도는 세지만 기운이 혼탁하고 안정성이 없다. 이러한 곳에 터를 잡는 경우 적합한 용도가 아니라면 도로살에 휘둘려 실패할 가능성이 높기 때문에 풍수에서는 인터체인지와 같이 풍기가 문란한 곳을 꺼리는 경향이 있다.

11
베르누이의 정리Bernoulli's theorem: 수평면에 놓인 단면적이 서로 다른 관을 통해서 유체가 흐를 때 관의 단면적이 작을수록 유속은 증가한다.

도로에 살殺이 있다?

| 도로의 형태와 도로살 |

도로와 물을 동일시할 때 물길의 형태와 도로의 형태는 터를 결정하는 데 있어서 중요한 고려사항이다. 물길이 구불구불하다면 물길의 안쪽에 자리할 것인지 바깥쪽에 자리할 것인지는 중요한 문제이다. 산의 면배를 따지듯 물길의 면배를 따지면 물길의 안쪽이 면이 되고 바깥쪽이 배가 된다.

예를 들어 안동의 하회마을은 낙동강 물길의 안쪽(퇴적사면, 옥대수 측)에 자리하고 있다. 이와 같이 마을의 중심에서 볼 때 물의 흐름이 허리띠처럼 휘어 감싸고 지나가는 물을 옥대수玉帶水라 한다. 허리띠를 두른 듯한 모양으로 흘러가는 물줄기를 말하는 것이다. 옥대수의 맞은편에서 볼 때 물줄기의 모양은 반궁수反弓水가 되는데, 반궁수는 맞은편에서 이쪽을 향해 활을 쏘는 듯한 형국으로 간주되어 흉한 것으로 본다.

하회마을의 경우라면 맞은편 부용대 쪽이 반궁수로서 수살을 맞는

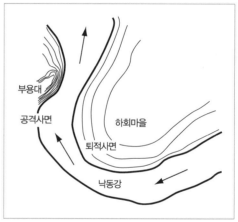

그림 5-7 안동 하회마을. 부용대 쪽은 공격사면으로 절벽을 이루고 하회마을 쪽은 퇴적사면으로 모래사장을 이룬다. 시간이 지날수록 퇴적사면의 면적이 넓어지고, 공격사면의 면적이 줄어든다.

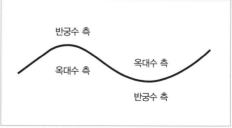

그림 5-8 옥대수 측과 반궁수 측의 구분. 옥대수 측은 생기가 있는 곳, 반궁수 측은 살기가 있는 곳으로 간주된다.

곳이 된다. 대체로 이러한 곳은 절벽을 이루는 경우가 많은데, 이는 물의 공격을 받아 침식이 이루어진 탓이다.

지리학에서는 옥대수 측面을 퇴적사면堆積斜面이라고 하고, 맞은편 반궁수 측背을 공격사면攻擊斜面이라고 한다. 공격사면은 수살을 받아 자꾸 깎여 나간다. 한편 절벽에 부딪힌 물은 속도가 느려지는데, 그동안 물에 실려온 흙모래가 물과 분리되어 쌓이면서 퇴적사면을 만든다. 여러 가지 이유로 풍수에

사진 5-14 서울 남대문로 대한전선 사옥. 반궁수 측에 위치하고 있어 도로살을 받을 수 있다. 살은 갑자기 불행을 몰고온다. 대한전선은 재벌총수의 갑작스러운 유고로 당시로서는 가장 많은 금액의 상속세를 물었다. 2004년 촬영.

서는 옥대수 측을 반궁수 측에 비해 좋은 곳으로 간주한다.

물의 경우에서 옥대수와 반궁수로 구분해보았는데, 도로의 경우는 어떠할까? 마찬가지로 도로의 선형이 구불구불하다면 옥대수처럼 감싸주는 쪽을 선택하는 것이 마땅하다. 도로의 선형이 반궁수와 같은 쪽을 택하게 된다면 도로살을 받게 된다. 도로살을 받는 사례를 한 가지 들어 설명해보자. 서울 남대문시장 근처에 위치한 '대한전선빌딩'이 그 사례이다. 한때 대한전선은 총수가 갑자기 세상을 떠나는 바람에 당시로서는 역대 가장 많은 상속세를 낸 것으로 유명하다.[12] 대한전선빌딩은 지하철 회현역 3번 출구 쪽에서 보면

12
이광회, 〈1,355억! 대한전선 유가족 사상 최대 상속세〉, 《조선일보》, 2006년 9월 17일 기사 참조.

도로살을 받는 위치에 있음을 알 수 있다. 도로가 반궁수의 형태를 취하고 있는 자리에 사옥이 위치하고 있다.

살殺을 받는 일은 갑자기 닥쳐오기 때문에 풍수에서는 상당히 꺼리는 것이다. 꼭 도로살을 받아서 갑자기 재벌총수가 세상을 떠났다고는 볼 수 없지만, 풍수이론상으로 대한전선빌딩은 도로살을 받는 위치에 있다. 이 부분이 마음에 걸린다면 지금이라도 전문가의 자문을 받아 도로살을 막을 수 있는 보완조치를 마련하는 것이 좋겠다.

도로는 일방향의 물과는 다른 점이 있다. 도로살은 일차적으로 반궁수 측에 영향을 주지만, 반대편 옥대수 측에도 영향을 줄 수 있다. 그 이유는 도로에 흐르는 것이 물이 아니라 사람이 운전하는 자동차이기 때문이다. 반궁수 측의 도로살을 피하려다 핸들을 틀어 옥대수 측으로 뛰어드는 경우가 있다. 그때 옥대수 측에 운행하는 차량이나 보행자가 있으면 피해를 본다는 것이다.

자동차로 여행하다 보면 여러 가지 형태의 도로를 만나게 되는데, 도로를

사진 5-15 반대측 차선이 반궁수. 반궁수 측 차선에서 급하게 핸들을 돌릴 경우 맞은편 옥대수 측도 영향을 받는다. 이 점이 물길과 도로의 다른 점이다. 도로에 사고 당시의 바퀴 자국이 선명하다. 바퀴 자국이 있는 곳은 안전한 옥대수 측이지만, 반궁수 측의 차량 때문에 영향을 받은 것이다. 반궁수 측에는 주택이 있는데, 도로보다 낮은 곳에 자리하고 있다. 도로살을 받기 쉬운 위치이다. 2004년 촬영.

물길로 간주할 때 삼각주三角洲 형태를 이루는 것도 있다. 즉, 하나의 직선도로가 내리막길 삼거리에서 양쪽으로 갈라져 두 개의 도로가 되는 경우이다.

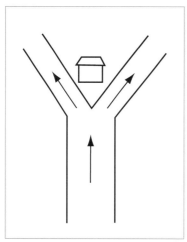

그림 5-9 삼각주. 양쪽으로 갈라지는 도로 사이에 있는 집은 도로살에 대한 대비책을 세워야 한다. 모서리가 뾰족할수록 도로살의 강도는 커진다.

물이 폭이 넓은 강을 만났을 경우 퇴적물이 쌓여 일종의 모래섬 같은 것을 만들게 되는데, 그것이 삼각주이다.

삼각주형 삼거리에서 가장 문제가 되는 것은 삼각주의 꼭짓점에 해당되는 삼각형 대지에 건물을 세우는 경우이다. 이 경우 아주 심하게 도로살을 받게 된다고 할 수 있다.[13] 주로 강 하구에서 만들어진 삼각주는 물의 흐름이 일방향이므로 영양가가 많은 사질토를 퇴적시켜 농사에 도움이 된다. 그런데 도로의

사진 5-17 삼각주 위치의 건물. 광고판을 설치하는 데 있어 최고의 효과를 볼 수 있는 곳이다. 2006년 촬영.

구조상 삼각주는 양방향이면서 차량이 공격적으로 다가오는 위치에 있기 때문에 좋은 터라고 할 수 없다.

　이러한 삼각주 터에 집을 지을 경우 유일한 대안은 오히려 살이 있는 건물을 짓는 방법이다. 삼각주의 삼각형 꼭짓점을 뾰족하게 하는 것이다. 그래서 살이 살을 누르고, 살이 비켜가게 한다는 논리이다. 물론 맞은편에서 달려오는 차량의 운전자에게는 그 건물이 위협적으로 느껴질 수 있다. 이러한 곳은 종교용지로 사용하는 것이 적합하다.

13 서유구, 《임원경제지》, 5권, 보경문화사, 1983, p.461.: "[十忌] 居址忌, 祭壇, 廢址, 爐冶, 碓房, 油坊, 壞塚, 石斷童岡山, 衝水割交, 道間隙居地, 興映, 又忌近蛟潭龍." 제단, 폐지, 대장간, 방앗간, 기름집, 허물어진 묘, 석산 · 단산 · 동산 · 강산, 물이 갈라져 흘러내리는 곳(삼각주), 길 사이 도랑(해자垓子)은 피해야 할 곳인데, 이곳에 터를 잡으면 재앙이 일어난다. 또한 용이나 이무기가 사는 호수 근처도 피해야 할 곳이다.

도로가 오르막길에서 갈라지는 경우라면 그리 걱정할 것은 아니다. 풍수이론상으로 그곳은 삼각주가 아니라 양쪽의 물이 합쳐지는 길한 자리로 소위 묘자리풍수에서 말하는 혈처가 된다. 다만 건물 앞의 도로가 너무 직선으로 빠져나가지 않는 것이 좋다. 도로가 직선으로 되어 있는 것은 물이 직선으로 빠져나가는 것과 같으므로 설기의 우려가 있다.

도로살을 받는 경우는 도로의 선형뿐만 아니라 도로의 연장선이 집 안으로 곧장 들어가는 경우도 해당된다. 앞에서 도로살을 받는 경찰청을 예로 들어 이미 설명하였다. 또한 공장터에 대해 설명하면서 청도 버섯공장이 풍살에 의해 화재가 난 것을 예로 들었다.

풍살에 의한 화재가 우려되는 또 하나의 사례를 언급하려 한다. 서울 대연각호텔의 화재사건에 대해 기억하고 있는 이들이 많을 것이다. 1971년 성탄절 아침, 2층 커피숍에서 LPG 가스 폭발로 불이 나 지하 2층, 지상 21층이나 되는 빌딩을 몽땅 태워버렸다. 167명의 사망자와 64명의 부상자를 낸 대형 화재사건이었다. 당시 10살이었던 나는 지방에서 흑백 텔레비전으로 생중계되는 화재 현장을 지켜보았다. 대연각호텔 부근의 도로 구조가 지금과 같은 것이었는지 아니면 다른 것이었는지는 기억이 정확하지 않다. 다만 지금의 상황으로 미루어볼 때 서울역 방면에서 넘어오는 도로와 그 위에 건설된

사진 5-18 대연각빌딩. 반궁수의 위치에 있다. 2004년 촬영.

206

고가도로의 선형은 대연각호텔에 대
해 반궁수 구조로 되어 있다.

1978년 5월에는 근처에 남산 3호터
널이 개통되는 바람에 대연각호텔은
양쪽에서 풍살을 받는 위치가 되었다.
대연각빌딩 관리자는 예전에 대형화
재를 겪은 경험이 있기 때문에 화재에
대한 상당한 주의를 기울이고 있을 것
이다.

부동산 풍수학의 관점에서 더욱 풍
살의 피해가 우려되는 건물은 대연각
빌딩이 아니라 남산 3호터널과 가까이
있는 LG CNS 건물(프라임빌딩)이다.

사진 5-19 LG CNS. 뒤에 보이는 대연각빌딩은 LG CNS
건물의 보호를 받고 있다. LG CNS는 남산 3호터널에서
불어오는 풍살에 대비해야 한다. 2003년 촬영.

이 건물은 남산 3호터널에서 오는 도로살로 풍살을 곧바로 맞는 위치에 있다.
대연각빌딩의 입장에서 보면 이 건물이 일종의 풍살을 막아주는 비보 구실을
해주는 셈이다. 이 건물의 관리자는 화재에 대한 특별한 주의를 기울여야 할
것이다. 흉한 기운은 짧은 시간에 급작스럽게 닥치고 길한 기운은 천천히 알
게 모르게 다가오는 법이다.

도로살의 여러 측면들이 신비한 것으로 치부될 수 있지만, 그래도 몇 가지
측면에 대해서 따져보자. 도로살의 기본 성격 중 하나는 지속적으로 뚫고 나
아가려는 연장적延長的 성질[14]이다.

앞에서 도로는 물길을 따라서 생긴다고 언급하
였다. 도로가 물길을 따라 생기는 이유는 적은 에너

사진 5-20 서울 우면산터널. 직선도로가 예술의전당 밑을 통과하고 있다. 예술의전당은 도로살을 맞게 된다. 2005년 촬영.

지로 길을 낼 수 있기 때문이다. 물은 흘러가면서 길을 내는 데 장애가 되는 여러 조건들을 해소해준다. 이러한 물길과 달리 산길은 산줄기를 따라서 생기며 산을 넘어야 할 경우는 고개를 넘어간다. 이와 같이 예전에 길이 난 곳은 결국 산줄기와 물줄기의 흐름을 따른 것이었다. 지금은 토목기술의 발달로 물줄기와 산줄기를 고려하지 않고 마구잡이로 길을 내고 있다. 이러한 기술의 발달은 도로에 그려진 화살과 같은 성질, 즉 연장성을 더욱 강화시키고 있다. 언제 어느 곳에 도로가 생겨 도로살을 안겨줄지 이제 안심할 수 없는 시대가 되었다.

서울 타워호텔과 국립극장 사이의 버티고개로 넘어오는 길은 한남대교(1969년 12월 개통)로 연결되어 서울과 부산을 오고 가는 길이 되었다. 하나의 고갯길이 물 건너 산 넘어 쭉 뻗어나가 부산까지 간 것이다. 어쩌면 더욱 연장되어 일본으로 건너가는 길이 될지도 모른다. 이와 유사한 사례로 볼 수 있는 것이 예술의전당 밑을 통과하는 우면산터널이다. 여러 반대에도 불구하고 도로는 화살처럼 예술의전당 밑을 뚫고 지나갔다.

도로의 연장성은 부동산 풍수학에서는 매우 중요하게 다루어야 할 대상이다. 도로 기술이 많이 발전했기 때문에 지금은 도로가 막혀 있다고 하더라도 머지않아 뚫릴 수 있다는 점을 간과해서는 안 된다. 도로의 연장성은 위치에 따라 살기가 될 수도 있고 생기가 될 수도 있다. 그래서 도로가 개통되는 것을 찬성하는 경우나 반대하는 경우가 생기는 것이다.

도로를 건설하는 것은 매우 신중하게 다루어야 할 부분이다. 새로운 길을 낸다고 했을 때 그것이 생기를 공급하는 통로가 될 수 있지만 새로운 도로살을 만드는 원인이 될 수도 있다.

공사 중단 5개월여 만인 19일 새벽에 개통된 경기도 용인시 죽전동-성남시 분당구 구미동 도로가 개통 10시간 만에 도로 연결에 반대하는 주민들의 점거로 차량 통행이 중단됐다. 구미동 무지개마을 주민들은 이날 오전 11시 30분께 도로 연결 지점에서 죽전동에서 구미동 방면으로 진입하려는 차량을 승용차 3대와 몸으로 막은 데 이어, 주민 100여 명이 구미동 쪽 100m 지점의 미금로 왕복 6차선을 점거해 농성을 벌였다. 이 과정에서 주민 2명이 경찰에 연행되고 1명이 다쳐 119구조대에 의해 인근 병원으로 옮겨졌다. 초등학생과 중학생 50여 명도 이날 오후 방과 후 도로 점거 농성에 가세해 '등하교길 고속도로가 웬 짓이냐' 등이 적힌 플래카드를 들고 죽전 방면으로 진입하는 차량을 돌려보냈다. …… 이 도로의 차량통행이 중단됨에 따라 퇴근시간대 미금로 일대에 극심한 정체현상이 우려된다. 경찰은 전경 2개 중대 200여 명을 농성 현장 주변에 배치해 놓고 해산을 설득하고 있으며, 자진 해산하지 않을 경우 일반교통방해죄를 적용, 형사처벌할 방침이다. 토공은 18일 죽전동-구미동 도로연결공사에 착수, 19일 오전 1시께 공사를 끝내고 왕복 4차선을 개통했다. 경기도는 당초 왕복 6차선을 전면 개통시킬 계획이었으나 주민들의 반발을 감안, 왕복 4차선만 우선 개통해 교통량 추이를 지켜본 뒤 보완책을 마련하기로 했다. 토공은 이에 따라 죽전동 방면 1차로를 줄여 안전지대를 설치했으며, 성남시도 구미동 쪽 건널목 중심부 2차로에 보행자 안전지대를 조성할 계획이다. 성남시는 죽전동-구미동 도로와 연결되는 미금로의 제한속도를 시속 40~50km로 줄이고 8t 이상 화물트럭의 통행을 제한할 방침이다.[15]

이제는 무조건 도로를 넓히거나 새로 확충한다고 해서 주민들을 위한 것으로 볼 수 없는 시대가 되었다. 그것이 누구에게는 생기의 공급통로가 되지만 누구에게는 살기의 공급통로 내지는 설기의 통로가 될 수 있기 때문이다. 사회 기반시설을 확충하는 데 있어서 여러 조건들을 면밀히 검토해야 한다. 특히 도로공사·주택공사·토지공사·수자원공사 등의 공기업들은 과거 개발시대에 가졌던 의식으로 사업을 해서는 안 된다. 또한 이렇게 규모가 큰 기업은 자신의 조직을 유지하기 위해서 대규모 사업을 벌인다는 인상을 주지 않도록 각별히 신경을 써야 할 것이다.

살기를 많이 품고 있는 도로란 어떤 도로를 말하는가? 이것을 알려주는 단서가 있다. 오토바이 폭주족이 좋아하는 도로가 바로 살기가 많은 도로라고 할 수 있다. 오토바이 폭

15
김경태, 〈죽전-분당 도로 위의 초등학생들〉, 《연합뉴스(성남)》, 2004년 11월 19일.

주족은 심야에 굉음을 내고 도로를 질주하면서 쾌감을 느낀다. 이들은 오토바이를 타고 난폭하게 달리면서 우울한 마음을 달래는 것이다. 또한 몸 속으로 전달되는 전율을 즐기기 때문에 도로살이 있는 곳을 본능적으로 찾아다닌다. 부동산 풍수학의 관점에서 보면 그들의 증세는 일종의 우울증이라고도 할 수 있다.

풍살과 우울증의 관계는 일종의 숨바꼭질과 같다. 앞에서 아파트의 풍살에 대해 설명하면서 풍살이 주부의 우울증을 유발하고 심화시킨다고 하였다. 아파트 풍살에 의한 주부 우울증이 풍살을 과도하게 피하려는 데에서 문제가 발생하는 것이라면 도로살에 의한 오토바이 폭주족의 우울증은 오히려 도로살을 찾아다녀서 문제가 생기는 것이다. 아파트 풍살의 경우는 풍살이 '술래'가 되고 우울증에 걸린 주부가 '숨는 사람'이 된다. 반대로 도로살의 경우는 오토바이 폭주족이 '술래'가 되고 도로살이 '숨는 사람'이 된다. 오토바이 폭주족은 더욱 강한 도로살을 찾아 밤새도록 질주하는 것이다. 숨바꼭질을 할 때 '술래'를 다른 말로 '귀신'이라고도 하는데, 숨바꼭질은 나를 잡아먹으려고 찾아다니는 귀신을 피해 꼭꼭 숨는 놀이인 것이다.

| 도로살 염승법 |

　도로살이라는 용어는 이 책에서 처음으로 정의한 것이다. 하지만 도로살에 대한 관심과 대책 마련은 이미 오래 전부터 있어왔다. 이병도李丙燾(1896~1989)의 《고려시대의 연구》는 개성의 개국사와 관련한 이제현李齊賢(1287~1367)의 〈중수기重修記〉에 그런 내용이 있음을 수록하고 있다.

　　첫머리는 태조太祖(왕건)의 불법佛法 천양闡揚의 의의意義 급及 당시當時의 탑묘塔廟 건립建立의 필수必須 조건條件을 말하고, 태조太祖가 탑묘塔廟를 세우매 반드시 산천山川 음양순역陰陽順逆의 세세勢를 상相하여 그 세勢의 익益한 것은 이를 손손損하고 승勝한 것은 이를 압壓하여야 할 곳에 하였다는 것. 그 다음은 개국사開國寺 근방近方의 땅에 대하여 종래從來 삼겸三鉗 -노겸路鉗·수겸水鉗·산겸山鉗-의 설說이 있다는 것 …… 소위所爲 삼겸설三鉗說에 대하여 음미吟味하면 먼저 '겸鉗'이라는 것은 무엇이냐 하면 겸鉗의 원의原義는 즉 칼[頸枷(罪人의 목에 끼우는 刑具)]의 뜻으로 전전轉하여 타他를 해害한다, 제입制壓한다는 말도 되고, 또 전전轉하여 미워한다, 꺼려한다는 뜻도 되나 여기서는 최후最後의 기忌하는 의미意味로 해석解釋하는 것이 가장 적당適當하다고 생각된다. 그러면 삼겸三鉗이라는 것은 세 가지 꺼리는 땅이라는 의미意味의 말로서 기중其中의 일겸一鉗은 로겸路鉗이라고 할 수 있는 것이다. 로겸路鉗은 개국사開國寺 부근附近은 도외都外(南方)와 도내都內를 연락連絡시키는 유일唯一한 대로大路인 고로 인마人馬의 왕래往來가 끊임없고 참으로 시끄러워 꺼릴 곳이라는 것이다.

다음의 일겸一鉗은 즉 수겸水鉗이라고 할 수 있는 것이니 그곳은 또 도내都內의 원근遠近 세대細大의 계수溪水가 다함께 유출流出하는 내수구內水口로 하추夏秋 강우降雨 때는 분류광란奔流狂亂, 마치 삼군三軍의 돌진突進함과 같은 형세形勢가 있는 꺼릴 땅이라는 것, 끝의 것은 산겸山鉗이라고 할 만한 것으로 그곳은 주산主山 송악松岳으로부터 동서東西에 분기分岐되어온 외청룡左의 外肩 · 외백호右의 外肩의 서로 맞선—즉 용호龍虎의 충돌衝突이 있는 꺼릴 곳이라는 것이다. 요컨대 개국사開國寺 부근附近은 세 가지 겸기鉗忌가 있는 역기逆氣의 사세邪勢의 땅이므로 이것을 압승壓勝(損益)하기 위하여 해사該寺(開國寺)를 세웠다는 것이다.[16]

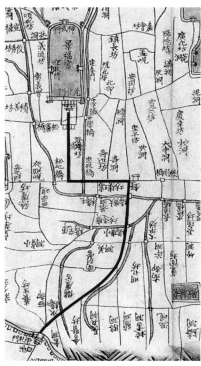

사진 5-22 조선시대 고지도상의 남대문에서 종로, 광화문까지 이르는 도로 구조. 1920년대에는 남대문에서 광화문에 이르는 직선도로가 개설되었다.

도로살에 대한 염승책으로서 하나의 사례를 분석해보고자 한다. 서울의 세종로는 도로살이 센 곳이다. 세종로는 남대문에서 서울시청을 지나 광화문까지 거의 직선으로 연결되는 도로이다. 조선 초기의 광화문 앞은 육조거리[17]로 관청들이 도로에 열 지어 배치되어 있었다. 1910년 이후 일제강점기를 거치면서 교보빌딩 앞에서 남대문까지의 도로는 군사주둔지인 용산에서부터 경복궁까지 곧

16
이병도, 《고려시대의 연구: 특히 지리도참사상의 발전을 중심으로》, 을유문화사, 1948, pp.73~75.

17
조선시대 한양의 육조거리는 1394년 한양으로 천도했을 때 경복궁의 정문인 광화문 앞 좌우에 의정부를 비롯한 육조六曹 등 주요 관아가 건설되면서 형성되었다. 육조는 이조吏曹, 호조戶曹, 예조禮曹, 병조兵曹, 형조刑曹, 공조工曹를 말한다.

사진 5-23 광화문을 향한 화살표. 화살표는 광화문을 향해 있고 이순신 장군 동상이 이를 저지하고 있는 형상이다. 2003년 촬영.

사진 5-24 이순신 장군 동상. 광화문으로 들어가는 도로살막이 역할을 충분히 해내고 있다. 2005년 촬영.

장 진입하기 위해 직선화된 도로이다.

고지도에서 보듯이 광화문으로 가기 위해서는 남대문에서 지금의 한국은행이 있는 쪽으로 가서 종각으로 간 후 다시 좌회전하여 세종로로 가야만 한다. 이는 다분히 도로살, 즉 도로가 직접 광화문을 향해 직진하지 못하도록 한 조치인 것이다. 하지만 도로가 문화재가 아닌 이상 조선시대와 같은 도로 형식을 고집할 수는 없다. 세종로는 급변하는 현대 상황에 걸맞게 그 형식이 바뀌어 도로살을 강하게 받게 되었다.

세종로에는 동상이 하나 서 있다. 바로 조각가 김세중金世中(1928~1986)이 만든 충무공 이순신 장군의 동상이다. 세종로에 세종대왕이 아니라 왜 이순신 장군의 동상이 있느냐 하는 의문이 들 수 있다. 도로명과 동상의 주인공이

사진 5-25 광화문 현판. 고 박정희 전 대통령의 글씨로 알려져 있다. 광화문 제막식 때 쓴 글씨를 3개월 만에 다시 고쳐 썼다고 한다(노형석, 〈광화문 현판 글씨 맘에 안 든다. 박정희, 석 달 만에 고쳐〉, 《한겨레》, 2005년 1월 27일 기사 참조). 광화문 일대의 기운을 장악하고 있는 글씨이다. 2005년 촬영.

다르다는 점이다. 세종로에 이순신 장군 동상을 세우면서 여러 가지 말들이 많았던 것이 사실이다.[18] 세종로의 이순신 장군 동상은 이은상 시인의 아이디어로 고 박정희 전 대통령의 결정에 의해서 세워진 것이라 한다.[19]

당시의 자세한 내막은 알 수는 없으나 세종로의 이순신 장군 동상은 세종로의 강한 도로살을 상당히 완화시켜주고 있다. 특히 해가 지고 어둠이 깔릴 즈음에는 음기가 득세하게 되는데, 그때 어둠을 틈타 살기가 밀려온다. 이 살기를 차단하는 데 있어 이순신 장군의 역할이 지대하다고 할 수 있다.

이순신 장군 동상을 세운 것은 여러 가지 의미가 있다고 생각된다. 일본의 침략 야욕을 누르는 것, 수살과 같은 기운, 즉 풍살과 도로살을 확실하게 제압하는 수호신 역할을 하기 때문이다. 세종로라고 해서 세종대왕이 궁 밖을 나와 도로를 지키고 있을 수는 없는 것이다.

세종로의 일부를 공원화하기 위한 논의과정에서 충무공 동상을 다른 곳으로 옮기자는 의견도 있었다. 그러나 풍수적 이유로 무산되었다.[20]

세종로에는 최근 강화된 보행자 위주의 도로 정책에 따라 도로를 가로지르는 여러 개의 횡단보도

[18] 김세중기념사업회 홈페이지(www.choongmoogong.org) 참조: 충무공 동상에 얽힌 여러 가지 시비에 대한 자세한 내용이 실려 있다.

[19] 신준봉, 〈한국 현대사 속 문인과 정치권 3공 땐 '교분', 5공 땐 '차출'〉, 《중앙일보》, 2003년 12월 30일 기사 참조.

[20] 양영유, 〈이순신 동상 옮겨? 말아?〉, 《중앙일보》, 2004년 2월 24일 기사 참조.

사진 5-26 서울 지하철 서초역 일대에는 검찰청에서 설치한 것으로 보이는 '공직자비리신고센터' 전화번호를 홍보하는 광고판이 곳곳에 붙어 있다. 서초역 1번 출구 계단을 올라오면 신호등 기둥에 '공직자비리신고' 광고판이 붙어 있고 바로 옆에 공중전화부스가 설치되어 있다. 비리 공직자에게는 치명적인 '살'이 될 수 있는 위치이다. 2006년 촬영.

가 새로 마련되었다. 보행자의 권익을 찾아준다는 의미 외에 도로살을 완화시킨다는 점에서 본다면 환영할 만한 내용이다. 횡단보도는 자동차의 통행속도를 줄여주기 때문에 도로살의 강도를 상당히 약화시킨다는 의미가 있다.

도로살을 맞는 곳도 쓸모 있을 때가 있다. 그 예로 도로살을 맞는 곳에 광고판을 설치하면 홍보효과를 극대화시킬 수 있다. 도로살은 사람의 뇌리를 강하게 자극하기 때문에 기억하지 않으려고 해도 무의식적으로 광고판의 내용을 기억하게 하는 힘이 있다. 광화문의 현판이 그런 역할을 하고 있는지도 모른다.

도로살은 사실 풍살과 수살이 합쳐진 개념이다. 따라서 탁한 수기운이 섞여 있기 때문에 그 기운은 맑지 않다. 즉, 풍살은 음기가 가득 실린 바람이 불어오는 것이다. 건물이 풍살을 맞을 경우 화재가 일어나기 쉽기 때문에 이를 보완해야 한다. 광화문 앞 세종로가 세종공원으로 계획되고 있다고 하는데, 풍수건축가로서 바라는 점이 있다면 맑은 수기운을 많이 끌어들였으면 한다. 이번 기회에 경복궁을 화재로부터 안전하게 지키기 위해서라도 도로살에 대한 대비책을 세웠으면 하는 바람이다.

3

주변 환경을
분석하고
마케팅하기

제 6 장

주변 환경을 풍수적으로 본다

주변 환경을 풍수적으로 본다는 것은 분위기를 살피는 것이다. 장사를 시작하고 싶다면 주변 환경을 풍수적으로 보고 분위기에 따라 업종을 선택해야 한다. 떨이가게와 명품가게처럼 상권의 분위기가 서로 다른 업종은 취급하는 물건도 다르다.

주변 환경을 풍수적으로 볼 때 공간의 분위기뿐만 아니라 시간의 분위기도 파악해야 한다. 시간의 분위기란 그 지역이 가진 역사성을 말하며 아무리 명당이라도 피해야 할 곳을 구별짓는 중요한 요소가 된다. 풍수를 공부하는 이유는 명당을 차지하기 위해서만이 아니다.

분위기를 살핀다

| 주변 분위기의 풍수적 성격 |

우리는 터나 집을 둘러볼 때 앞에서 언급한 땅과 집 외에 주변 환경을 살펴보게 된다. 주로 살펴보는 것은 인문사회 환경과 자연환경으로 교통편의성, 교육환경, 공원과의 인접성, 주변 경관 등이다. 이러한 것들은 부동산 일반학에서도 많이 다루고 있는 주제라고 생각된다.

부동산 풍수학에서 터의 주변 환경을 살펴본다는 것은 분위기雰圍氣를 살펴본다는 것으로 요약할 수 있다. 여기에서 분위기라는 용어에 주목할 필요가 있는데, 사전에서는 주변을 둘러싸고 있는 느낌이나 상황으로 설명하고 있다.[1] 분위기를 파악하는 것은 결국 기를 파악하는 것이다.

부동산 풍수학을 공부하는 이유 중 하나는 '분위기 파악 능력'을 기르기 위해서이다. 한 발 더 나아가 분위기의 변화 추세를 파악할 수 있다면 부동산

1
《엣센스국어사전》, 민중서림, 2004, p.1071.: "어떤 장소나 회합에서 저절로 만들어져서 감도는 기운."

투자에 많은 도움이 될 것이다. 분위기를 파악하는 것은 우선 눈에 보이는 것에서부터 보이지 않는 것까지 이루어져야 한다.

부동산 풍수학의 관점에서 주변 환경에 대해 우선 눈으로 볼 수 있는 것은 규봉窺峰이 있는지의 여부이다. 규봉은 소위 담 너머로 집 안을 엿보면서 훔칠 물건이 있나

사진 6-1 아파트 규봉. 뒤에 서 있는 아파트가 앞 건물이 갖고 있는 기운을 훔쳐간다. 2006년 촬영.

없나 하고 동태를 살피는 듯한 모양을 한 산봉우리를 말한다.

현대사회에서는 산봉우리만을 말하는 것이 아니라 주변 건물도 규봉이 될 수 있다. 이러한 규봉은 사람이나 건물의 기운을 도둑처럼 훔쳐간다. 집의 기운을 빼앗기지 않으려면 이러한 규봉을 잘 피해야 한다.

규봉은 주로 후면에 있는 것을 조심해야 한다. 후면에 있는 산봉우리가 제

사진 6-2 서울 남산도서관 규봉. 남산도서관은 산 너머를 넘겨다보고 있다. 2006년 촬영.

대로 집을 받쳐주는 경우는 든든한 후원자로 볼 수 있지만, 삐딱한 자세로 고개만 삐죽 내놓고 있는 경우는 규봉이 된다. 건물 옥상을 임대하여 대형 광고판을 설치하는 경우가 있는데, 이때 건물 주인은 특히 광고판의 광고 내용에 주의하여야 한다. 옥상의 광고판은 건물의 머리와 같은 역할을 하여 건물 전체의 기운을 좌우할 수 있기 때문이다. 건물주는 광고탑 설치용으로 옥상을 임대 놓을 때 주의할 필요가 있다.

도심지에 여러 건물이 서로 밀집해서 배치될 경우 앞에서 언급한 서울 종각사거리의 삼성생명 건물처럼 본의 아니게 건물 모서리살을 받는 경우가 있다. 인접 건물의 모서리 부분이 보인다면 충살을 받는 것이다. 그래서 주위를 잘 살펴볼 필요가 있다.

프라자호텔

사진 6-3 서울 조선호텔 출입구. 조선호텔은 프라자호텔의 모서리살을 받고 있다. 강력한 보완책이 요구된다. 2006년 촬영.

예를 들어 서울 조선호텔의 서측 주출입구에서 보면 조선호텔이 근처 프라자호텔 모서리살의 공격을 받는 것을 알 수 있다. 특히 출입구 부분에 충살이 있을 경우는 극히 흉한 것이므로 대비책을 세워야 한다.

위의 규봉과 건물살의 사례와 같이 눈에 보이는 것이 아닌 분위기의 흐름을 파악해야 한다. 즉, 음·양기의 기싸움이 어느 쪽으로 유리하게 전개될 것인지를 판단할 수 있어야 한다. 이러한 기

사진 6-4 대전 동춘당 뒤의 아파트 규봉. 동춘당은 조선시대 학자인 송준길(1606~1672)의 생가로 뒤에는 여러 아파트 규봉들이 줄 지어 서 있다. 동춘당 뒤편은 풍수상 용맥이 연결되는 곳인데, 아파트가 들어서면서 용맥이 절단났다. 2003년 촬영.

싸움에서 우열을 판단하는 방법은 뒤에서 용산역 일대를 구체적인 예로 들어 '음양의 기싸움'이라는 주제로 다룰 것이다.

분위기를 살필 때는 우선 터를 둘러싸고 있는 기의 성격을 파악하는 것이 필요하다. 기의 성격은 분위기의 성격을 말하는 것인데, 지역마다 다르며 그 성격에 따라 투자계획도 달라져야 한다.

| 상권 분석을 풍수적으로 — 강남역 · 신촌역 · 안국역 |

어떤 성격의 상품을 판매하기 위한 대리점을 개설하고자 할 때 서울 시내의 어느 지역에 터를 마련하는 것이 좋을까? 우선 취급하는 제품의 성격을 파악해야 하고 터가 있는 지역의 성격을 잘 파악해야 한다. 두 가지 성격이 서로 궁합이 잘 맞을 때 사업이 성공할 수 있다. 그래서 부동산 풍수학은 풍수학의 원리를 도입하여 부동산의 분위기를 파악하는 것이다.

예를 들어 유동인구가 많은 지하철역을 대상으로 상권을 분석해보자. 지하철 역세권이라는 말은 그 자체가 기의 세(勢)를 말하는 것으로 지하철역의 기운이 미치는 영향권을 말한다. 따라서 역세권이라는 말은 이미 부동산 풍수학의 개념이 포함된 용어이다.

부동산 풍수학에서 상권을 분석하는 것은 도로를 물길로 보고, 도로에 인접한 대리점 또는 상점을 하나의 생명체로 보는 것에서 시작된다. 즉, 생명체(점포)가 죽지 않고 생명을 유지하려면 물길(도로)을 통해서 계속 에너지나 영양분을 공급받아야 한다. 공급받는 영양분의 양이 필요한 정도에 미치지 못할 때 상점은 영양실조로 죽게(폐업하게) 된다.

충분한 영양분을 잘 공급받기 위해서는 그 앞을 흐르는 물의 성격을 정확히 파악하는 것이 매우 중요하다. 물이 상점에 필요한 영양을 얼마나 풍부하게 갖고 있는지 살펴야 한다.

지하철역에서 나오는 물은 일종의 용천수龍泉水(용출수)이다. 땅 속에서 펑펑 솟아나오는 물이기 때문이다. 이를 달리 표현하면 옹달샘이라 할 수도 있다. 그렇다면 이 옹달샘은 어떤 성격의 에너지를 갖고 있는지가 중요하다. 물 자체의 에너지는 지역의 역사성이 좌우하는데, 지하철 역사驛숨가 생기기 이전부터 그 지역에 드리워져 있는 것이다.

주변 분위기를 살피는 데 있어서 지역의 역사성과 관련된 부동산 풍수학의 관점은 뒤에서 자세히 살피기로 하고, 여기에서는 옹달샘을 이용하는 이용자의 성격을 다루기로 한다. 먼저 옹달샘에 와서 물을 먹는 동물이 '새벽의 토끼'인지 '꽃사슴'인지, 아니면 이런 동물들을 노리는 '늑대'인지 '하이에나'인지를 파악해야 한다. 부동산 풍수학의 관점에서 보면 옹달샘에서 나오는 물과 그것을 이용하는 토끼는 동일시된다. 토끼가 물이고 물이 토끼인 셈이다.

상권을 분석할 때도 지하철을 이용하는 사람들이 젊은이인지 노인인지를 파악하는 것은 매우 중요하다. 이는 바로 상점의 생존에 필요한 영양분의 종류를 구분하는 것이기 때문이다.

서울 지하철 2호선에 있는 신촌역과 강남역은 혈기왕성한 젊은이들이 많이 이용하는 곳이다. 그만큼 강한 생기와 살기가 공존하는 지역이기도 하다. 매일경제와 경희대 황철수 교수 연구팀의 '유동인구와 범죄발생률의 상관관계에 대한 조사연구'[2]는 시사하는 바가 크다. 풍수적으로 말하면 범죄는 일종의 살기인데, 그것은 강한 생기의 이면裏面이다. 이 연구는 지리정보시스템GIS을 이용한 것으로, 연구 결과에 따르면 신촌역과 강남역 1.5km 이내에서 발생한 범죄건수가 경찰서 관내에서 발생하는 범죄건수의 35~48% 정도를 차지한다고 한다. 범죄는 음의 기운이자 살의 기운이다. 범죄건수로 판단할 수 있는 것은 역세권 일대에 살기가 강하다는 것이다. 하지만 그곳은 음기나 살기뿐만 아니라 그에 버금가는 양기와 생기도 강하다. 따라서 신촌역과 강남역 일대는 음·양기의 용이 강하게 충돌하고 있는 곳이라고 할 수 있다. 그만큼 에너지의 강도가 세고 변화가 심하며 경제활동이 활발한 곳이라는 의미이다.

신촌역과 강남역의 이용자를 보면 누가 보더라도 젊은 대학생들이 많다는 것을 알 수 있다. 이 두 곳의 지하철 역사에서 나오는 물의 종류는 젊은 대학생들이며, 주변의 상가는 이들을 상대로 장사를 한다. 그런데 신촌역과 강남역은 용천수에서 나오는 물의 성격에서 미묘한 차이를 보여주고 있다.

신촌역 주변은 인근에 있는 대학의 역사만큼 오래되었고, 이용하는 학생들도 전통에 걸맞는 품위와 강한 자부심으로 무장되어 있다. 반면 강남역 주변의 물은 펌핑pumping에 의해 끌어올려진 것이라고 할 수 있다. 강남역에 젊은이들이 많은 이유는 신촌역처럼 주변에 대학이 있기 때문이 아니다. 이곳은

2
〈강남역 주변 1.1km 강력범죄 발생 최다〉, 《매일경제》, 2005년 11월 28일 기사 참조.

사진 6-5 강남역 일대. 젊은이들이 서울 남부로 가는 버스를 기다리는 모습이다. 강남역을 이용하는 학생들은 주로 지하철을 타고 강남역으로 와서 다시 학교로 가는 통학버스를 이용한다. 젊은이들은 지하수였다가 지상으로 나와 지표수가 되는 셈이다. 2005년 촬영.

일종의 환승역으로 서울 남부지역 신생 대학의 통학버스가 운행되는 시종점이다. 즉, 강남역까지는 지하철을 이용하고, 거기서부터 서울 남부지역의 학교까지는 스쿨버스를 이용한다. 물론 수업이 끝난 오후가 되면 반대 현상이 벌어진다.

강남역의 상권을 유지하기 위해서는 지하철에서 나오는 용천수도 중요하지만 스쿨버스가 공급해주는 지표수도 매우 중요하다. 그렇지만 지표수와 지하수의 흐름이 분리되지 않고 지하수에서 지표수로, 지표수에서 지하수로 그 흐름이 연결되고 있다. 강남역 일대는 지표수와 지하수가 만나는 결절점인

<u>사진 6-6</u> 신촌역 부근 사거리. 신촌역은 대학생들이 많이 이용하는 역이긴 하나, 강남역과는 성격이 조금 다르다. 주변에 있는 대학은 비교적 역사가 오래된 학교들이며 역에서 도보로 접근이 가능한 곳에 있다. 교통표지판에 대학으로 가는 길이 표시되어 있다. 2006년 촬영.

셈이다.

이곳을 이용하는 젊은이들은 신촌역 일대의 젊은이들에 비해 더 과감하고 진보적이며 소비 패턴에서도 훨씬 고급의 성향을 보여준다. 또한 국내 대학에 만족하지 못하고 해외유학을 준비하는 학생들이 많이 있다. 물의 흐름의 관점에서 본다면 용천수나 지표수와 같은 작은 물에 만족하지 못하고 보다 큰물에서 마음껏 자신의 날개를 펴고자 하는 학생들이 많다는 뜻이다. 이들은 대개 부유층 자녀들로 자신들의 소비활동에 대해 부모로부터 경제적으로 든든한 후원을 받고 있다.

사진 6-7 안국역 부근. 강남역이나 신촌역에 젊은이들이 많다면 안국역에는 노인들이 많다. 주변에 서울노인복지센터를 비롯하여 노인들이 이용할 수 있는 여러 시설들이 있다. 2006년 촬영.

한편 지하철 역세권의 성격을 구분하기 위해서 좀더 극단적인 사례를 들어보자. 서울 지하철 3호선 안국역은 노인들이 즐겨 이용하는 곳이라고 볼 수 있다. 물론 주변에 사무용 건물도 많고 학교도 있어 여러 부류의 사람들이 이용하는 곳이기도 하다. 다만 서울에서 노인들이 이용하는 지하철역 중에서 안국역이 높은 비중을 차지한다고 보면 된다. 안국역에서 도보로 접근이 가능한 노인 관련 시설로는 서울노인복지센터, 탑골공원, 종묘공원 등이 있다.

부동산 풍수학은 유동인구를 에너지로 보며, 그 에너지는 재물이자 돈이고 물이라고 분석하는 것이 특징이다. 물의 흐름은 곧 기의 흐름이고 물의 성격이 바로 기의 성격이라고 본다. 그렇다면 지하도에 있는 상점이나 지하철 역세권에 있는 상점이 성공하기 위해서는 상점이 접한 도로에 흐르는 물의 성격을 정확하게 파악하는 것이 중요하다. 그 성격에 맞는 장소를 정하고 적합한 영업 전략을 세워야 할 것이다.

신촌역 부근에서 해야 할 장사를 안국역에서 한다든지, 안국역 부근에서 해야 할 장사를 신촌역에서 한다면 당연히 실패할 확률이 높다. 신촌역과 강남역의 성격에도 차이가 있다고 말했지만, 서울 시내 대학의 상권도 각 지역

사진 6-8 서울노인복지센터. 안국역 근처에 있어 많은 노인들이 모인다. 2006년 촬영.

에 따라 차이가 있다. 이러한 성격 차이를 이해하는 것은 사업 성공을 위해 꼭 필요한 사항이다. 상권을 분석하는 방법에는 여러 가지가 있겠지만 부동산 풍수학의 관점에서 보면 훨씬 명료하다.

│ 분위기에 맞는 업종으로 — 떨이가게 · 명품가게 │

상점의 성격과 터의 성격을 서로 맞추어보아야 하는데, 이것을 궁합을 본다고 한다. 업종의 성격과 터의 성격이 서로 맞지 않으면 사업에 성공할 수 없다. 궁합을 본다는 것은 눈에 보이는 기운과 보이지 않는 기운을 점검하는 것이다. 예를 들면 먹는 장사(음식점 관련)를 하는데, 화장실이 옆에 있으면 서로 궁합이 맞지 않는다고 할 수 있다.

앞에서 특정 업종에 맞는 터잡기의 사례로 공장터로 적합한 명당의 조건에 대해 언급하면서 공장터는 주로 지형적인 조건을 고려하여 풍살과 수살을 피

사진 6-9 화장실 옆의 떡집. 먹는 장사를 하고자 할 때 화장실 입구에 자리하는 것은 그리 좋은 선택이라 할 수 없다. 싸구려 신발가게라면 괜찮다. 2006년 촬영.

할 수 있는 곳이 되어야 한다고 했다.

여기에서는 터를 둘러싸고 있는 분위기와 업종 간의 관계를 살펴보기로 하겠다. 어떤 종류의 상품이든 상품의 품질에 따라 상품上品과 하품下品이 있다. 상품은 명품이며, 하품은 떨이이다. 이러한 점에서 터와 업종의 궁합을 보여주는 사례로 가장 명확하게 들 수 있는 것은 떨이가게와 명품(보석)가게이다.

떨이가게는 거친 화의 기운으로 짧은 시간 확 타올랐다가 꺼지는 성격이 있다. 주로 여러 잡화를 갖다 놓고 임시적으로 길거리에서 고래고래 소리를 지르며 장사를 하는 것이다. 여기에서 파는 물품은 주로 값이 싼 것들인데, 시중가보다도 싸다. 한편 귀금속을 파는 보석가게는 정제된 금의 기운으로 아주 비싼 물건들을 취급하고 있다.

그렇다면 떨이가게와 보석가게의 터를 물색할 때 어떤 기준을 가지고 보아야 할까? 부동산 풍수학에서는 취급하는 물건의 성격이 서로 다르기 때문에 '기'도 다르다고 말할 수 있다.

만일 값비싼 귀금속을 떨이가게처럼 고래고래 소리 지르면서 노상에서 판매한다면 설사 그 귀금속이 진품이라고 하더라도 싸구려 복제품으로 보일 것이며, 원하는 가격에 팔 수도 없을 것이다. 떨이 물건을 판매할 때도 보석가게처럼 실내장식을 고급스럽게 하고 유리 진열장 속에 물건을 넣어 고르기 번

표 6-1 떨이가게와 명품가게의 기운 비교

구분	떨이가게	명품가게
청탁	탁하고 거친	맑고 정제된
음양	양	음
오행	화	금
수량	대량	소량
속도	고속	저속
개폐	열린	닫힌

거룹게 한다면 그 또한 격에 맞지 않는다. 부동산 풍수학의 관점에서 말하자면, 떨이 물건은 그 자체가 탁기濁氣로서 화기운이기 때문에 명품이라고 하더라도 거칠고 탁한 기운으로 다루어져야 한다.

떨이가게는 거칠고 안정되어 있지 않는 곳, 탁기가 많은 곳에 터를 잡아야 하며 단명短命인 것이 특징이다. 떨이로 많이 팔겠다고 생각한다면 인스턴트 성격의 물건을 취급해야 한다. 즉, 몇 번 쓰고 버릴 것을 취급해야지 장기적으로 사용하거나 거의 영구적인 것을 취급해서는 매출을 많이 올릴 수 없다. 만일 부도난 회사의 물건을 가져와서 단시일 내에 현금화하고 싶다면 탁기가 많은 곳을 떨이가게로 사용해야 좋다. 물론 유동인구가 많은 곳이어야 한다. 이보다 좋은 것은 지하철 공사 중인 도로변의 망해서 나간 매장을 임대하여 푸닥거리하듯이 단시일간 장사를 하고 그만두는 것이다.

'푸닥거리'라고 표현하였는데, 실제로 상점의 분위기도 그런 느낌이 들게 하는 것이 필요하다. 쇼윈도에는 마구 써내려간 전단지가 붙어 있고, 건물 입면을 도배하듯이 걸려 있는 현수막은 바람에 펄럭여야 한다. 이때 색채는 아

사진 6-10 떨이가게.
떨이가게는 정리되
지 않고 산만하며
굿하는 집과 같아
야 장사가 잘된다.
2006년 촬영.

주 원색적이고 요란한 것이 좋다. 또한 실내에는 이전 매장의 인테리어 흔적
이 그대로 남아 있고, 건물 외관에는 '상가임대'라고 크게 써 붙여 놓은 임시
상점이 제격이다. 좀더 부풀려서 말하면, 보도블록은 울퉁불퉁하고 상수도
공사 때문에 거리의 일부를 파헤쳐 놓은 곳이 떨이가게의 자리로 명당이다.
인스턴트 식품을 취급하는 상점의 경우는 위생상 문제가 없어 보일 정도의
인테리어는 필요하겠지만, 아주 특별한 경우를 제외하고 명품 파는 상점처럼
해서는 곤란하다.

　보석가게는 거친 원재료를 가지고 다듬고 다듬어 기운을 정제하여 만들어
진 제품을 취급한다. 따라서 보석가게의 인테리어는 정제된 기운을 담고 있
어야 한다. 떨이가게의 위치가 속도가 빠른, 즉 물살이 센 곳이어야 한다면,
보석가게는 물살이 느리고 맑은 물이 안정적인 수위를 유지하면서 흐르는 곳
이어야 한다.

사진 6-11 명품가게의 입구. 명품가게는 안정되고 깊숙한 곳에 있어야 좋다. 대리석과 밝은 조명 등 기운이 정제된 인테리어로 되어 있다. 2006년 촬영.

떨이가게는 애프터서비스가 필요 없는 물건으로 소위 말하는 뜨내기 손님을 대상으로 하지만, 보석가게는 입소문에 의한 안정적인 단골 손님을 대상으로 한다. 그래서 떨이가게는 역사驛舍나 터미널 부근에, 보석가게는 안정된 도심 내에 있는 아주 고전적인 건물에 자리하는 것이 좋다. 보석가게는 건물 내에서도 통로 중간에 위치하는 것보다 안정된 자리를 차지하는 것이 매우 중요하다.

떨이가게와 명품가게의 분위기 차이는 탁한 화기운과 정제된 금기운의 차이이기도 하다. 가게의 기운이 어떠하냐에 따라 그곳을 찾는 손님의 기운도 결정된다. 떨이를 파는 매장은 작업화에 작업복을 걸치고도 부담 없이 찾을 수 있는 곳이어야 하는 반면, 명품가게는 광나는 구두를 신고 정장 차림을 하지 않으면 왠지 무시당할 것 같은 분위기를 연출하는 곳이어야 한다.

같은 메뉴를 취급하는 음식점이라고 하더라도 뜨내기 손님을 상대로 할 것인지, 안정된 기운을 가진 단골 손님을 상대로 할 것인지를 구분해야 한다. 자동차 대리점, 패스트푸드점, 이동통신사 대리점, 핸드메이드 양복점, 공장제 양복점 등 무엇을 취급하느냐에 따라 기운의 성격이 달라지므로 물건의 기운과 터의 기운을 맞추어야 할 것이다.

주변 환경의 역사성을 본다 – 조선호텔의 운명

터의 성격을 판단하는 데 있어 역사성을 본다는 것은 시간성을 따져보는 것이다. 풍수는 시간과 공간을 놓고 볼 때 공간성에 더 무게를 두고 있다. 앞에서 자주 언급한 '풍수적으로 본다'는 말은 대부분 공간적인 측면에서 여러 상황을 판단하는 것이다. 그렇다면 시간적인 측면에서 '풍수적으로 본다'는 것은 무엇을 의미할까?

땅은 오랜 역사를 가지고 있다. 그 역사 속에서 인간은 땅을 바탕으로 삶을 영위하다 사라져갔다. 사람이 죽으면 이름을 남긴다는 말이 있지만 터에는 흔적이 남는다. 그 흔적이 바로 역사이다. 오늘 우리가 딛고 있는 이 땅도 이전에 많은 세월 동안 살았던 사람들의 역사가 퇴적된 곳이다. 시간적 측면에서 '풍수적으로 본다'는 것은 이러한 역사성이 어떠한지를 살펴보고 앞으로 어떤 역사가 만들어질지를 예상해보는 것이다. 터의 과거를 보고 미래를 내다보는 것은 과거를 거울 삼아 미래를 준비하는 것으로, 우리가 역사 공부를 하는 이유와 같다.

뒤에서 서울 대학로의 문화지구와 서울대학교병원의 운명에 대해서 언급할 것이다. 그것은 역사성을 바탕으로 한 나 자신의 판단일 뿐이지만, 확신할

사진 6-12 사찰 백운암의 기공식. 서울 상도동의 한 아파트 공사현장인데, 원래 절터였던 곳을 아파트 단지로 개발하였다. 결국 시행사는 백운암의 터로 일부 (울타리 안의 영역)를 제공해야 하는 어려움을 겪었다. 옛 사찰의 터나 그 흔적이 남아 있는 곳을 개발하려는 욕심은 부리지 않는 것이 좋다. 2006년 촬영.

수 있는 것은 이러한 역사성은 '기의 흐름'으로 받아들일 수 있기 때문에 일정한 방향성이 있다는 사실이다. 그 흐름이 어떤 방향으로 전개될 것인지에 대한 예상은 거의 틀림이 없다. 다만 그러한 변화가 언제 어느 시점에 일어날 것인지를 정확히 알지 못할 뿐이다.[3]

터의 역사성과 관련하여 풍수 관련 문헌에는 여러 가지 경고성의 글들이 있다. 그중 절터에는 집을 짓지 말라는 내용[4]이 있는데, 인간의 욕심은 이러한 경고를 무시한다. 실제로 예전에 절터였던 자리를 매입하여 아파트 사업을 시행하다가 어려움을 겪는 경우를 본 적이 있다.

절터에 집을 짓지 말라는 말에는 여러 가지 의미가 있다. 절터는 집터와는 터의 성격이 다르다는 것이다. 풍수에 관해 깊은 지식이 없는 사람은 오래된 사찰이 있는 터라면 무조건 명당인 것으로 오해할

[3]
풍수에서 기운의 변화 주기는 대략 3년으로 본다.

[4]
서유구, 《임원경제지》, 5권, 보경문화사, 1983, p.461.: "[九不居] 凡 宅當衝口處不居, 古寺廟及祠社爐冶處不居, 草木不生處不居, 故軍營戰地不居, 正當水流處不居, 山脊衝處不居, 大城門口處不居, 對獄門處不居, 百川口處不居居家必用" 집이 서로 마주하는 곳 또는 막다른 골목, 옛 절터나 사당 등이 있던 자리, 초목이 자라지 않는 곳, 옛 전쟁터, 물이 충하는 곳, 산줄기가 충하는 곳, 성문의 출입구 쪽, 감옥문 앞, 여러 물길이 모여드는 수구 근처에는 거주하지 않는 것이 좋다. 《거가필용居家必用》

사진 6-13 전북 부안군에 있는 개암사. 절터에는 대체로 풍수적 이야기가 하나씩 있다. 뒤의 바위와 앞의 대웅전은 서로 연관성을 가지고 있는데, 풍수적 관점에서 보면 개암사에서는 앞의 대웅전보다 뒷산의 바위가 더 큰 의미를 가진 것일 수 있다. 문화재보호법의 500개 규정에 얽매여, 대웅전과 바위의 거리가 500m가 넘는다고 해서 바위를 마음대로 훼손해도 된다고 할 수 있을까? 2002년 촬영.

수 있다. 그것은 절터로서 명당이지 집터로서는 명당이 아님을 알지 못했기 때문이다. 절터는 한마디로 기가 센 땅이며, 명승名僧이 배출된 곳일수록 더욱 그렇다. 기가 센 터에서 버틸 수 있는 사람에게는 그 터가 명당이 될 수 있다. 하지만 보통 사람이 오래 머무르는 곳으로 절터가 명당이 될 수는 없다.

터의 역사성을 살피는 것은 터의 기운을 더욱 정확히 파악하기 위한 하나의 방법이기도 하다. 여러 번 언급하였지만 명당은 상대적인 것이다. 용도에 따라 사람에 따라 명당은 따로 있다. 기독교를 위한 교회터로 적당한 곳이 있고, 왕궁터로 적당한 곳이 따로 있다. 교회가 필요로 하는 기운, 사찰이 필요로 하는 기운, 궁터가 필요로 하는 기운의 성격은 서로 다르기 때문에 기와 터의 구분이 필요하다.

서울 덕수궁 앞의 광장(서울시청 앞 광장)을 둘러싸고 여러 건물과 시설들이 있다. 그중에 역사의 그림자가 강하게 드리워져 있는 곳이 있는데, 바로 원구단圓丘壇이다. 아직도 이 역사적인 장소에 대해서 잘 모르는 이들이 많다. 이곳은 고종이 황제로 등극하면서 중국 황제를 통하지 않고 곧바로 하늘에 제사를 지내던 곳이다.

사진 6-14 원구단에 자리한 조선호텔. 조선호텔이 원구단을 거의 독점하고 있었는데, 최근에 개방하는 통로가 열렸다. 원구단은 하늘에 제사를 지내던 장소로서 세계 여러 나라의 남녀를 상대로 하는 숙박시설의 자리로는 적합하지 않다. 2004년 촬영.

조선은 중국의 영향 아래에 있었기 때문에 개국 때 국호를 정함에 있어서도 중국 황제의 재가裁可[5]를 받았다. 더욱이 하늘과 직접 소통할 수 있는 이는 중국의 황제뿐이었기 때문에 조선의 왕에게는 하늘에 직접 제사를 지낼 자격이 주어지지 않았다.

고종은 명성황후 시해사건(을미사변, 1896)을 계기

5
〈국호를 화령和寧과 조선朝鮮으로 정하여 황제의 재가를 청하는 주문〉, 《태조실록》, 태조 1년 11월 29일 참조.

사진 6-15 조선 태조의 신위를 모셨던 황궁우. 태조 이성계의 기운이 살아 있는 곳이다. 명성황후 시해사건을 계기로 고종이 황제로 등극하면서 세워졌다. 2004년 촬영.

로 경복궁에서 덕수궁으로 이어移御한 뒤, 황제로 등극하는 절차를 치렀다. 어찌 보면 명성황후의 목숨을 황제의 제위로 보상받은 셈이다. 조선 황제의 역사는 고종황제·순종황제로 막을 내렸지만, 조선 황제가 직접 하늘과 소통했던 곳이라는 원구단의 역사적 의미는 매우 중요하다.

대다수 사람들은 원구단은 잘 몰라도 조선호텔이 어디 있는지는 알고 있다. 그 조선호텔이 원구단에 있

사진 6-16 조선호텔 앞 황궁우. 황궁우가 마치 조선호텔의 부속건물처럼 느껴진다(출처: 조선호텔 홈페이지 www.echosunhotel.com).

는 것이다. 원구단에 현재 남아 있는 팔각의 기와집은 황궁우皇穹宇인데, 조선의 태조 이성계의 신위神位를 모셨던 곳이다. 이렇게 하늘에 제사를 지내던 곳인 원구단이 조선호텔에 의해 점유되었다.

조선호텔이 왜 그 자리에 있게 되었을까? 그 역사 또한 중요하다. 조선이 막을 내린 후 일본의 식민지 통치를 위한 조선왕조의 권위를 훼손하는

작업이 시작되었다. 일본은 경복궁의 터에 조선총독부를, 덕수궁 앞에 현재의 서울시청 건물을 세우고 시내의 여러 도로를 개설하여 풍수 침탈을 자행했다. 원구단은 하늘에 제사를 지내는 곳인 만큼 공격의 대상이 되지 않을 수 없었다.원구단을 해체하고 그 자리에 세운 것이 바로 철도호텔이었다. 철도호텔은 조선호텔의 전신으로서

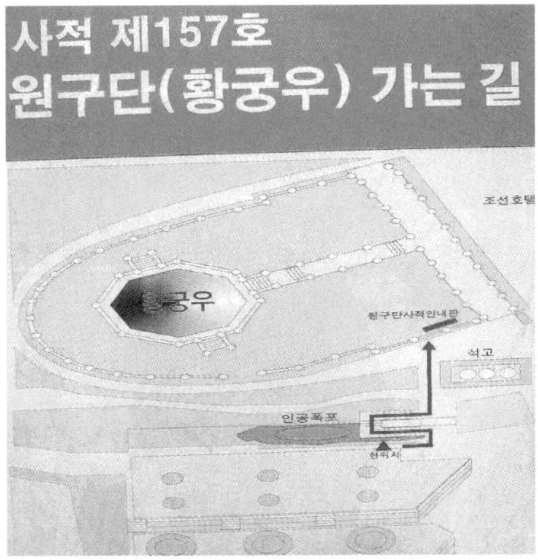

사진 6-17 원구단 가는 길. 원구단으로 가는 길은 미로와 같다. 원구단은 주변 건물에 의해 포위되어 있는 상태이다. 2004년 촬영.

기네스북에 오를 정도로 세계적으로 오랜 역사를 자랑하고 있다.

조선호텔의 홈페이지에서는 조선호텔이 1914년 10월 10일 개관한 것으로 소개되고 있는데, 함께 실린 사진에서 원구단과 황궁우가 마치 조선호텔에 부속된 정원처럼 느껴진다. 앞으로 조선호텔의 운명이 어떻게 될 것인지가 부동산 풍수학에서 다루어야 할 흥미진진한 문제이다.

역사는 앞으로 직진만 할 것인가, 아니면 순환할 것인가? 원구단에 남아 있는 태조 이성계의 왕기王氣와 조선호텔의 기운이 서로 경쟁한다면 어느 쪽이 우세하게 될까? 현재 조선호텔의 주변에는 호텔의 입장을 지원하는 우군友軍이 다소 배치되어 있다. 그

사진 6-18 기네스북에 오른 조선호텔. 조선호텔이 한국 최초의 호텔임을 인정한다는 내용을 담고 있다. 2004년 촬영.

사진 6-19 서울시청 앞 서울광장. 주변에 여러 개의 호텔들이 자리하고 있다. '서울광장'은 '덕수궁앞광장'이나 '대한문앞광장'으로 명칭이 달라져야 한다. 대한문(덕수궁의 정문)과 원구단은 서로 동서축으로 연결되어 주축이 되고, 서울시청과 프라자호텔의 남북축이 부축이 되어야 한다. 하지만 '시청'은 명칭이 갖는 중요성과 남향이라는 방향성 때문에 강한 기운을 발산하고 있어 대한문이나 덕수궁이 갖는 축성과 방향성을 상당 부분 훼손하고 있다. 서울시청의 문화재적 가치도 덕수궁을 중심으로 재해석되어야 할 것으로 본다. 2004년 촬영.

우군이란 프라자호텔과 롯데호텔 등이다. 이들은 조선호텔의 영향으로 생겨났으며, 조선호텔과 더불어 서울 도심의 호텔가를 형성하고 있다.

지금의 조선호텔과 원구단의 관계는 주主가 조선호텔이고 부副가 원구단인 것처럼 느껴진다. 그런데 나의 판단으로 볼 때 이러한 기운은 점차 변화할 것

사진 6-20 원구단 안내석. 서울시청 앞 광장에서 원구단으로 가는 길이 열렸음을 기념한 것으로 원구단의 석고 모양을 본뜬 것이다. 돌에 글씨를 새긴 것은 이해할 수 있으나, 석고보다 더 강력한 금기운을 발산하는 금속판을 붙인 것은 석고의 기운을 훼손시키는 것이다. 2004년 촬영.

이며, 사실 기운의 변화가 조금씩 감지되고 있다. 이미 고건 전 시장 시절 원구단으로 일반 시민의 출입이 가능해졌고, 이명박 전 시장 때는 서울광장에서도 접근이 허용되었다.

지금의 조선호텔은 원구단에 자리하고 있고, 그 사실 자체가 호텔의 입장에서는 하나의 홍보거리가 될 수 있다. 그러나 원구단은 조선호텔이 그 자리를 지키는 데 부담으로 작용할 수도 있다. 그것이 터에 드리워진 역사성의 기운이다.

조선호텔의 최고경영자는 풍수에 관심이 많은 사람이라고 한다. 그래서 프라자호텔의 건물살을 씻어내기 위해서 호텔 곳곳에 물을 이용한 실내조경을 하기도 했다. 조선호텔이 오래도록 그 자리에 있기 위해서는 어떠한 풍수적 조치가 있어야 할까?

조선호텔은 태조 이성계의 왕기를 달래야 하고, 원구단의 제사를 기다리는 하늘의 기운도 달래야 한다. 조선호텔의 운명은 원구단에 있는 석고石鼓의 울림이

사진 6-21 원구단의 석고. 제천祭天을 위한 악기로 울리는 소리는 황제만 들을 수 있다. 그 소리는 하늘에서 내려오는 것이다. 2003년 촬영.

어떻게 해석되느냐에 달렸다. 그래서 터를 정함에 있어 터의 역사성은 매우 중요한 고려사항이다.

조선호텔은 하늘에 제사를 지내던 바로 그 자리에 세워졌다. 예부터 하늘에 제사를 지내기 위한 준비과정으로 목욕재계하였으며 남녀합방을 금하였다고 한다. 세계 여러 나라의 남녀를 대상으로 하는 숙박시설이 하늘에 제사를 지내던 신성한 자리에 있다는 것은 격에 맞지 않는 것이다. 이것은 일제강점기에 왜 그 자리에 철도호텔을 세웠는지에 대한 해답이기도 하다. 쉽게 생각하면 명당에 자리하였다고 할 수 있으나 사실은 들어가지 말아야 할 자리를 차지한 것이다. 풍수를 공부하는 것은 명당을 차지하기 위한 것일 수도 있지만, 피하기 위한 것이기도 하다.

터의 역사성에 곁불을 쬐어 이득을 보는 경우도 있다. 서울 경희궁 근처에 재개발 사업을 하면서 '경희궁의 아침'이라는 명칭을 사용하여 마치 경희궁의 자연조건을 향유하는 것처럼 유도해 분양률을 높인 사례가 그것이다. 이것이 하나의 마케팅 전략일 수는 있다. 하지만 가끔 문화재를 훼손하거나 다른 시민들과 공유해야 할 문화를 독점하여 분위기를 흐리는 경우가 있다.[6] 부동산 풍수학에서 역사성을 분석하는 것은 이러한 이기적이고 상업적인 마케팅을 잘하기 위해서가 아니다. 풍수의 저변에는 항상 덕과 윤리를 존중하는 개념이 깔려 있음을 알아야 한다.

6
정지섭, 〈곱창 굽는 냄새에 서울역사박물관은 '한숨'만〉, 《조선일보》, 2006년 9월 19일 기사 참조.

제 7 장

부동산 투자 분위기를
풍수적으로 해석한다

　부동산은 있는 그대로 시장에 내놓을 것이 아니라 명품으로 만들어서 내놓아야 한다. 명품 부동산의 비결은 풍수를 이해하고 비보와 염승으로 기운을 조절하는 것이다.

　투자할 곳을 고를 때에도 그곳에서 벌어지는 기싸움을 판정하고 어느 기운의 터에 투자할 것인지 결정해야 한다. 재벌들 사이에서는 명당을 차지하기 위한 풍수전쟁이 벌어지기도 하고, 같은 지역에서 음기와 양기 또는 금기와 목기의 싸움이 치열하게 벌어지기도 한다.

투자 환경의 기운을 조절한다 − 농심본사 사옥

터를 고르다 보면 마땅한 터가 없어 어쩔 수 없이 터의 크기만 대충 보고 결정하는 경우가 있다. 그럴 경우 터의 기운이 원하는 용도나 목적에 적합하지 않은 경우가 발생한다. 터가 도로살에 노출되어 있다든지 지세가 북향하고 있다든지 하는 것들이다. 터의 기운이 원하는 수준에 도달하지 못할 경우에는 여러 가지 방법으로 기운을 조절하여야 한다.

풍수에서 비보나 염승은 일종의 기운을 조절하는 방법이다. 비보는 원하는 기운이 약한 경우 보완해주는 것이고, 염승은 원하지 않는 기운이 강한 경우 눌러주는 것이다. 전통사회의 비보·염승의 장치로 돌무더기, 석탑, 마을숲 등이 있다.

부동산 풍수학에서 제시하는 융통성 있는 비보·염승의 방법은 음양오행을 이용하는 것이다. 음양오행을 이용하여 기운을 조절하기 위해서는 앞에서 언급한 터의 성격을 제대로 읽어야 하며, 어떤 기운이 약한 분위기이고 어떤

기운이 강한 분위기인지를 알아야 한다.

분위기를 읽고 분위기에 적절한 풍수적 조치를 한다는 것은 쉬운 일이 아니다. 하나의 사례를 들어 설명해보도록 하자. 상황을 관찰해볼 때 의도적이든 아니었든 간에 상당한 수준의 풍수적 대책이 실현된 사례가 있다. 서울 동작구 보라매공원 북쪽 사면에 위치한 농심본사 사옥이 그것이다.

이 건물이 있는 곳은 풍수상으로 볼 때 그리 좋은 점수를 줄 수 있는 터는 아니다. 지형상 경사가 북쪽으로 흘러가는 데다 도로가 북쪽에 있어 어쩔 수 없이 건물을 북향으로 앉힌

그림 7-1 농심본사 사옥 위치도. 북향하고 있으며 도로살을 받는 곳에 위치하고 있음을 알 수 있다.

경우이다. 게다가 북쪽 시흥대로의 반배反背, 반궁수反弓水 측에 자리하고 있어 도로살을 받는 위치이기도 하다. 이렇게 불리한 지형조건에 농심본사를 지으면서 좋은 기운으로 변화시켜 놓았다. 사실 농심본사의 건물 자체 디자인이 매우 단순하여 건축적으로 그리 가치가 있는 것이라고 할 수는 없다.

이 건물의 풍수적 조치를 자세히 살펴보기로 하겠다. 우선 건물의 배치를 도로살이 있는 도로에서 최대한 멀찌감치 배치한 후 남은 공간을 공원으로 조성하여 일반 사람들에게 공개하고 있다. 이와 같은 건물 배치 방식은 도로살의 충격을 완화시키는 방법이라고 할 수 있다.

전면 조경마당에는 시선을 끄는 두 개의 조형물이 있는데, 그중 하나가 차분하지만 생기 있게 노니는 세 마리의 말 조각상이다. 북향 건물의 기운이 음기가 되기 쉬워 이를 상쇄시키기 위해 양기의 상징인 '말'을 세 마리 갖다 놓은 것이다. 말은 양기의 상징이며 12간지 중 남쪽午을 상징하는 것이기도 하다. 한 마리가 아니라 세 마리인 것은 일종의 량기量氣를 북돋우기 위한 계산이 깔려 있기 때문이다.

사진 7-2 농심 사옥 앞의 말 1. 세 마리의 말은 양기를 북돋아 주는 역할을 한다. 2004년 촬영.

사진 7-3 농심 사옥 앞의 말 2. 꼬리를 세우고 있는 수놈이 지도자이다. 2004년 촬영.

또 다른 풍수적 조치는 인도 가까이에 있는 '農心'이라고 새겨진 비석인데, 그 모양이 예사롭지가 않다. 거의 물개와 흡사하다. 이는 도로살에 대한 염승책이며 사업이 번창하기를 기원하는 상징이기도 하다. 물개는 물에서 주로 생활하는 동물이기 때문에 북쪽의 수水를 막고 도로살에 섞인 수기운을 막고 있다. 서울 광화문 세종로에 있는 이순신 장군 동상이 국가적 차원의 도로살막이라면 이곳의 물개상은 하나의 기업을 위한 도로살막이라고 할 수 있다.

사진 7-4 농심 사옥 앞의 물개상. 비오는 날 보면 훨씬 그 모양이 실감난다. 물개는 정력이 아주 센 동물이기 때문에 기업의 번창을 상징한다. 2004년 촬영.

한편 물개는 도로살막이라는 것 외에 정력과 다산의 상징적 의미도 지니고 있다. 물개의 정력은 대단한 것으로 알려져 있는데, 그 정력에 힘입어 사업이 번창하기를 기원하는

사진 7-5 농심 사옥의 앞마당. 이곳을 사람들의 휴식처로 제공하고 인기를 받는다. 2004년 촬영.

것이다. 조형물은 여러 가지 상징과 의미를 가진 것일수록 가치가 있다.

건물 앞 광장을 모두 일반 주민의 휴식처로 개방하고 있기 때문에 그곳에는 항상 사람들이 있다. 이는 인기人氣를 이용하여 분위기를 조율하는 것이다. 기업에도 좋고 인근에 사는 주민들에게도 좋은 방법이다. 인기는 서로 주고받음으로써 그 강도가 더욱 커진다. 사람이 북적대도록 함으로써 터에 양기

사진 7-6 농심 사옥 옥상의 골프연습장. 농심 사옥은 반궁수 측의 도로살을 받는 곳에 있다. 자칫 방심하면 도로살의 화가 미칠 수 있음을 잊어서는 안 된다. 2004년 촬영.

를 보충해주는 것이다. 기업을 경영하는 사람이나 정치하는 사람에게 꼭 필요한 것이 인기이다.

　농심 사옥은 준공 후 시간이 지나면서 예기치 않은 문제가 생겼다. 지적하고자 하는 것은 옥상 위의 골프연습장이다. 골프연습장, 사격장, 활터 등은 모두 살殺을 생산하는 시설이다. 여기에서 살의 방향이 매우 중요하다. 풍수 논리로 볼 때 농심 사옥 옥상에 있는 골프연습장은 그 방향이 잘못되었다. 옥상 위의 골프연습장을 없애라는 이야기가 아니다.

투자 환경의 기싸움을 판정한다

│ 기싸움 1라운드, 재벌가의 풍수전쟁 ─ 한남동 총수 일가 │

돈 많은 사람, 배운 사람, 권력이 있는 사람도 풍수를 따진다. 서울 종로구 원서동에 위치한 현대건설 사옥의 도로 건너편에는 삼성건설의 아파트 모델하우스가 세워져 있다. 한때 우리나라의 대표적 건설회사로 위세를 떨치던 현대건설 앞에 삼성건설의 상설 모델하우스가 세워진 것을 보면 묘한 긴장감이 느껴진다. 의도적이든 그렇지 않든 간에 두 건설회사 간의 살벌한 '기싸움'이 전개되고 있는 것이다.

세상을 살아가다 보면 항상 이웃과 사이좋게 지낼 수만은 없다. 그때는 어쩔 수 없이 기싸움을 해야 하는 경우가 생기게 마련이다. 기싸움에서 지는 경우 속된 표현으로 '꼬리를 내린다'고 한다. 어쩔 수 없이 기싸움을 해야 하는 경우에도 꼬리를 내리는 치욕을 겪지 않으려면 반드시 이겨야 한다. 아예 자신이 없는 경우는 싸움을 걸지 말고 피하는 것이 상책이다.

어떻게 하면 기싸움에서 밀리지 않고 이길 수 있을까? '기'를 알지 않고는 기싸움에서 이길 수 없다. 링 위에서 일전을 앞둔 두 선수가 눈싸움을 벌이는 것은 기싸움에서부터 상대를 제압하려는 것이다. 마찬가지로 전쟁에서 기싸움은 양쪽 장수 간의 신경전으로 시작되는데, 그 단계에서

사진 7-7 삼성래미안문화관. 현대건설의 코앞에서 삼성건설의 아파트 분양 홍보를 하고 있다. 2005년 촬영.

삼성건설
래미안문화관

현대건설

사진 7-8 현대건설 앞의 삼성래미안문화관. 두 대형 건설회사는 서로 기싸움을 하는 것일까? 도로를 사이에 두고 양쪽이 진지를 구축한 채 전의를 불태우고 있는 듯하다. 2005년 촬영.

우위를 확보하는 문제는 전체 군사의 사기에 상당한 영향을 미친다.

대기업 총수 간에 기싸움이 벌어진다면 그것은 아마도 전쟁터에서 양쪽 장수가 벌이는 신경전 이상일 것이다. 그리고 만일 한 구역에서 같은 업종의 업체끼리 경쟁[1]한다면 기싸움에서 반드시 이겨야 한다. 기싸움에서 이기려면 우선 지형적 조건에서 우위를 선점해야 한다. 부동산 풍수학은 이러한 기싸움에서 일종의 손자병법 같은 구실을 하게 된다.

'입자의 세계관'에서 전쟁이란 총알과 포탄이 왔다갔다하는 공방이 이루어지는 것이지만, '기의 세계관'에서 전쟁이란 눈에 보이지 않는 '기운의

1

이태희, 〈삼성-엘지전자 입씨름 1위 다툼?〉, 《한겨레》, 2005년 2월 28일 기사 참조.: 기싸움의 대표적 사례로 삼성과 엘지의 전자제품 관련 경쟁을 들 수 있다. 라이벌 간의 경쟁은 국가 경쟁력을 높이는 데 도움이 된다.

싸움'이다. 이 공방전에서 이기려면 기의 세계관을 이해할 필요가 있다.

상류층의 풍수적 기싸움은 조선 시대 반가주택에서도 찾아볼 수 있다. 경주 양동마을의 손씨와 이씨 간의 자리 경쟁은 학계 연구 논문[2]에서도 밝혀진 바 있다. 이렇게 땅을 차지하기 싸움은 마치 바둑판 위의 포석 싸움과도 같다. 흑이 한 군데를 선점하고 그 다음 백이 한 군데를 선점하는 방식이다.

서울 용산구 한남동에 사는 재벌 간의 자리 선점과 관련된 경쟁도 이와 같은 시각으로 해석이 가능하다.

왜 재벌총수들은 한남동에 몰려 살까? 게다가 재벌총수집 간에도 건축과 관련된 민원이 발생할 수 있을까? 가난하고 더는 양보할 것이 없는 서민들에게나 있음직한 일이 한남동에서는 재벌 간에도 벌어진다. 그것은 한남동을 고집하기 때문이다. 재벌총수에게는 공동주택에 입주할 수 없는 어려움이 있다. 또한 서울의 어느 곳을 봐도 한남동처럼 한강이 잘 보이고 이동이 편리한 곳은 없다. 한강은

사진 7-9 현대그룹 정주영 회장이 살아 있을 때 세워진 명비석. "내가 누군데!," "나는 현대야!"라는 강한 자부심을 느끼게 하는 동시에 자만심의 기운도 느껴지는 비석이다. 1987년 촬영.

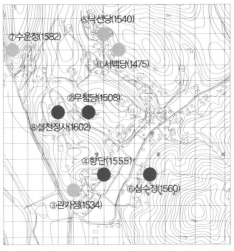

그림 7-2 경주 양동마을 반가주택의 건설현황도. 바둑판 위에서 포석하듯이 이씨와 손씨가 경쟁적으로 자리를 차지하고 있다. 명당을 만들기 위해 권문세족들이 경쟁한 결과이다.

[2]
전봉희, 〈조선시대 씨족마을의 내재적 질서와 건축적 특성에 관한 연구〉, 서울대학교 대학원 박사학위논문, 1992 참조.

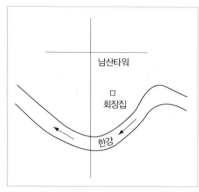

그림 7-3 한남동 회장집. 회장집은 한강 옥대수의 상류 쪽으로 치우친 곳에 있다. 한강물은 큰 재물이고 한남동 일대는 한강물을 퍼기 좋은 위치라고 할 수 있어 재벌총수들이 많이 산다. 회장처럼 기운이 센 사람이 움직이면 주변이 영향을 받게 된다.

큰물이다. 재벌총수라면 욕심을 내볼 만한 큰물(큰 재물)인 것이다. 사실 재벌총수의 입장에서는 서울 시내에서 한남동 외에는 갈 만한 곳이 없다는 점을 인정해야 한다.

갈 곳이 제한되어 있다는 면에서 보면, 돈 없고 가난한 서민의 처지나 돈이 천문학적으로 많은 재벌총수의 처지나 같은 것이다. 엘지그룹 총수의 집자리가 삼성그룹 총수의 집자리에 영향을 주고, 그래서 이전한 삼성그룹 총수의 집자리는 농심 회장의 집자리에 영향을 준다.[3] 어느 부분도 소홀히 할 수 없는 총수에게는 이 모두가 당연한 것이며, 전쟁터의 기싸움에서 밀리지 않으려는 장수의 몸부림이기도 하다. 재벌총수의 집에 대한 자세한 감평은 사생활에 관한 문제이기 때문에 여기에서는 생략하기로 한다. 다만 어느 총수의 집자리가 제일 명당이라고 평하는 것보다 각 총수의 성격과 기운에 맞게 집이 지어졌는가 하는 점이 중요하게 다루어져야 할 것이다.

| 기싸움 2라운드, 음기 vs 양기 – 용산역 일대 |

위의 내용처럼 유사 업종끼리 기싸움을 하는 경우도 있지만, 하나의 지역 내에서 음기와 양기가 대립하는 경우도 있다. 하나의 사례를 든다면 서울 용산역 일대에서 벌어지고 있는 음기와 양기의 싸움이다.

음기와 양기가 서로 교합하여 하나의 생기를 만

3

신현규, 〈삼성-농심 '李회장집' 갈등〉, 《매일경제》, 2005년 2월 28일 기사와 김영민, 〈이건희 새 저택의 감춰진 이야기: '용의 눈' 피해 '명당' 잡았다〉, 《민주신문》, 2005년 10월 7일 기사 참조.

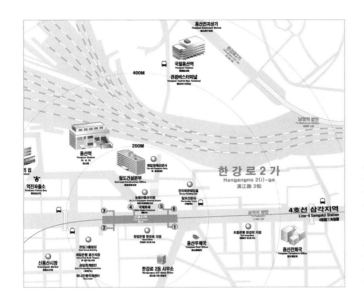

그림 7-4 서울 지하철 신용산역 주변지역안내도. 여러 종류의 운송수단이 집합하는 곳인데, 이는 여러 종류의 물줄기가 합해지는 것과 같다. 기운이 정제되지 않고 산만한 곳으로 지금은 음·양기가 경쟁하고 있는 곳이기도 하다. 서울지하철공사 제공.

들어내어 공존할 수 있는 경우는 서로 청탁淸濁의 수준이 비슷한 경우이다. 이러한 경우 음기와 양기는 서로 교합하여 함께 발전할 수 있다.

한편 서로 궁합이 맞지 않은 경우에 한쪽이 기싸움에서 이겨내지 못하면 생존하지 못하는 특성이 있다. 맑은 양과 탁한 음, 탁한 양과 맑은 음이 같이 공존할 수 없다는 뜻이다. 청탁의 수준이 서로 다른 음양이 만났을 경우에 생기를 만들어내기 위해서는 정음淨陰·정양淨陽[4]의 상황이 되어야 한다.

음기와 양기는 눈으로 볼 수 있는 것은 아니지만, 기의 세계관으로 분석해 보면 기의 변화를 느낄 수 있다. 서울 용산역은 역사적으로 군용열차가 정차하던 곳으로서 그 일대에는 군인 관련 시설들이 많이 있다. 그래서 용산역 일대에는 아직도 과거 역사의 기운이 드리워져 있다.

그런데 이러한 분위기가 몇 년 전 'SPACE9(스페이스나인, 현 현대아이파크몰)'이 들어선 후 달라지고 있

4 맑은 음은 맑은 음끼리, 맑은 양은 맑은 양끼리 있어야 생기가 될 수 있다는 이론이다.

사진 7-10 용사의 집. 용산역 일대에는 군인 관련 시설들이 많이 있다. 군인 관련 시설은 용산역 일대에 탁한 음기가 모이게 된 배경이다. 2005년 촬영.

다. 용산역의 원래 기운이 음기라면 이 대형 건물이 갖고 있는 기운은 양기이다.

용산역 일대의 기운이 왜 음기냐 하면, 낮보다는 밤의 이용량이 많고 근처 군인들의 거칠고 넘치는 양기에 대응하는 음기 가득한 시설들이 많기 때문이다. 이러한 음기를 가진 대표적인 시설은 뒷골목에 자리한 사창가이다. 밤이 되면 이러한 음기와 양기가 서로 심한 경쟁을 하게 된다. 음기는 핑크빛 조명으로, 양기는 각종 화기가 가득한 색채의 조명으로 쌍방 간의 기싸움이 치열하게 벌어진다.

이와 같은 '기의 전쟁터'에서 음기와 양기 중 어느 편이 우세할까? 그 우열을 판단하기 위해 '부동산 투자 환경을 풍수적으로' 보는 것이다. 정확한 기의 흐름을 읽을 수 있다면 부동산 투자의 방향도 결정될 수 있다.

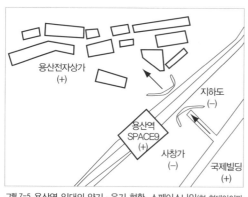

그림 7-5 용산역 일대의 양기·음기 현황. 스페이스나인(현 현대아이파크몰), 국제빌딩, 용산전자상가는 양기를 이끌고 있다. 용산역의 기운을 양기로 변화시키는 견인차 구실을 한다.

용산역 일대에서 세 개의 큰 건물이 양기를 대표한다. 그것은 국제빌딩, 용산전자상가, 스페이스나인이다. 국제빌딩의 소유주는 이유가 어찌 되었건 이미 대그룹이 몰락하는 쓴맛을 보았다. 부동산 풍수학의 관점에서 보면, 당시

256

사진 7-11 국제빌딩. 이 건물은 태양열을 이용하는 곳으로 알려져 있다. 그 형태가 나타내는 바와 같이 용산 양기龍山陽氣의 상징으로 한때 음기에 밀려 수난을 겪었다. 2005년 촬영.

사진 7-12 재개발된 용산역. 오랜 세월의 음기를 털고 양기로 재개발된 이곳은 투자처로 유망한 곳이다. '9'라는 숫자의 의미는 주역 상수학에서 '양'을 의미한다. 2005년 7월 이후에 '스페이스나인'이 '현대아이파크몰'로 명칭이 바뀌었다. 2005년 촬영.

국제빌딩은 음양기의 싸움에서 음기에 밀려 쓰러진 양기이다. 말하자면 '음지골(여근곡女根谷)에 들어간 개구리'[5] 인 셈이다.

　용산전자상가는 양기이긴 하지만 살아남기 위해서 음기와 싸우기보다 타협하는 자세를 취하고 있다. 전자산업의 발달을 이끄는 첨단기술이 가장 먼저 활용되고 상업화되는 분야는 음란산업 분야이다. 첨단기술은 표면상 양기의 성격을 가지고 있지만 그 이면에는 강한 음기의 성격을 띠고 있다. 첨단기술이 잘못 사용되면 그만큼 위험한 것이다. 더욱이 용산전자상가의 몇몇 매장에서는 아직도(2006년 현재) 음성적 거래를 선호하고 있는 것 같다.

5

유홍준, 《나의 문화유산답사기》, 창작과비평사, 1993, p.150 참조: 음지골(여근곡은 경주 서쪽에 있는데, 선덕여왕의 전설이 있는 곳이다. 여기에서 개구리는 남성을 상징하는 것으로 여성女性에 들어간 성난 남성男性은 백전백패한다는 것이다.

사진7-13 용산전자상가와 지하터널 도로. 도로 끝에 있는 터널은 음기가 된다. 터널 내에 밝은 조명을 설치하고 시설을 개선하여 양기를 북돋아주는 것이 필요하다. 용산전자상가, 국제빌딩, 스페이스나인(현 현대아이파크몰)은 용산 양기의 트로이카이다. 2006년 촬영.

용산전자상가로 접근하는 통로는 여러 가지가 있는데, 특히 지하철 4호선 신용산역을 거쳐 철도 밑의 굴다리를 많이 이용한다. 이 터널을 통과하는 동안 사람들은 탁한 음기를 많이 받게 된다. 이 음기는 굴다리 통로를 이용하는 사람들을 통해서 전자상가에 그대로 전달된다. 여러 가지 조건들을 감안할 때 용산전자상가는 양기의 성격이 강하지만 음·양기가 섞여 있는 것으로 해석된다. 만일 용산전자상가가 이러한 음성적 거래나 음기의 유혹을 떨치지 못한다면 깊은 수렁으로 빠질 수 있다. 양기의 성격으로 분위기를 전환하기 위해서는 적극적이고 능동적으로 움직여주어야 한다. 기운의 흐름대로 가만히 내버려두면 탁기가 쌓여 결국 음기에 의해 점령당하고 만다. 만일 용산전자상가나 스페이스나인도 용산 일대의 역사 깊은 음기를 누르지 못하면 망할 수 있다. 용산전자상가와 스페이스나인의 성공 여부는 음기를 다스리는 데 있다.

용산역 일대는 이제 양기를 공급하는 트로이카가 형성된 셈이다. 국제빌딩만 있을 때는 음기가 양기를 눌렀지만 용산전자상가가 합세함으로써 음기와 양기는 엇비슷한 경쟁과 타협의 관계를 유지하였다. 그리

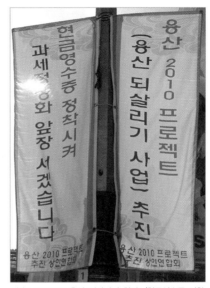

사진 7-14 2010 용산 되살리기 휘장. '현금영수증 정착시켜 과세정상화 앞장서겠습니다'라는 문구가 있다. 공간의 기운이 양으로 변화하면 마음도 양으로 변화한다. 2006년 촬영.

고 강력한 양기를 가진 '스페이스나인'이 합류함으로써 양기 쪽으로 전세가 역전될 수 있는 계기를 마련하였다. 이제 세 양기가 합쳐진 량기量氣의 위세가 그 기량을 보일 때가 되었다고 본다.

부동산 풍수학에서 큰 건물은 하나의 산으로 이해된다. 산의 성격이 어떠냐에 따라 그 지역의 분위기는 사뭇 달라진다. 마을에 큰 산이 있다면, 마을의 성격은 산에 의해서 크게 좌우된다. 그만큼 덩치가 큰 건물은 지역의 기운을 대변한다. 큰 산이 있고 작은 산이 여럿 있다면 우선적으로 큰 산의 성격으로 지역의 기운을 분석한다. 큰 산이 가장 센 기운을 갖고 있는 것으로 간주되기 때문이다.

도시에 여러 건물이 있다고 하여도 가장 덩치가 크거나 높은 건물이 그 일

대의 분위기를 좌우한다. 부동산 풍수학에서는 하나의 지역을 분석할 때 여러 건물들 중에서 우선 덩치가 큰 건물을 본다.

덩치가 큰 건물이 처음 생길 때는 주변 상권의 기운을 상당한 기세로 흡수해버린다. 그런 다음 시간이 지나면 서서히 그 기운을 주변에 다시 공급해준다. 스페이스나인 건물은 주변의 기운을 빨아들이는 중이다. 그러나 시간이 지나면 다시 그 기운을 내놓을 것이다. 그때는 투자적기가 아니다. 기운을 빨아들여 주변의 상가가 완전히 죽게 될 때가 투자적기이다.

"서울 용산 일대 상권이 기우뚱거리고 있다. 임대료·권리금이 내림세이고 거래는 뚝 끊겼다. 경기침체로 장사가 안 된 탓도 있지만 지난 8일 (2004년 10월 8일) 문을 연 민자 역사 스페이스나인이 가뜩이나 줄어든 주변 상가 수요를 빨아들이고 있기 때문이다."[6]

대형 건물도 기운을 잘 관리하지 못하면 죽는다. 거대한 공룡이 죽는 것과 같다. 주거지를 제외하고 2006년 현재 우리나라에서 제일 높은 빌딩은 서울에 있는 63빌딩이다. 63빌딩은 지방에서 사람들이 관광버스를 대절하여 구경하러 올 정도로 한때 이름난 곳이었다.

63빌딩 저층부에 있는 63쇼핑은 초창기에는 호황이었다. 그러나 시간이 지나면서 점차 사람들의 관심이 줄어들었다. 덩치가 큰 만큼 생존에 필요한 에너지는 많이 소요된다. 2005년에는 63쇼핑이 20년 만에 망했다는 광고가 붙고, 상가정리 대할인 행사가 벌어지기도 했다. 덩치가 큰 건물은 많은 기운을 발산하는 만큼 많은 기운을 필요로 한다. 지속적인 기운 관리에 실패하면 큰 건물도 망할 수 있다.

[6]
성종수, 〈용산 상권 민자 역사 속으로〉, 《중앙일보》, 2004년 10월 19일.

사진 7-15 63쇼핑 폐업공고문. 덩치 큰 건물도 기운을 관리하는 데 실패하면 망할 수 있음을 보여준다. 대형 쇼핑센터가 망하는 것은 큰 산이 무너지는 것과 같다. 2005년 촬영.

용산역 일대의 투자 분위기는 영등포역 일대 또는 청량리역 일대와 유사한 점이 있다.

| 기싸움 3라운드, 목기 vs 금기 ― 대학로 일대 |

용산역 일대에서 펼쳐지고 있는 음기·양기의 기싸움과는 성격이 조금 다르지만, 서로 대립되는 오행기를 가지고 경쟁하는 또 다른 사례가 있다.

서울에 있는 마로니에 공원과 서울대학교병원은 대학로 길 하나를 사이에 두고 기싸움을 벌이고 있다. 대학로는 젊은이들이 많이 찾는 곳이며, 공연이

사진 7-16 서울대학교가 있었던 대학로. 대학로 마로니에 공원에는 서울대학교 유지기념비가 있다. 2002년 촬영.

사진 7-17 대학로 문화지구 지정 기념 동판(2004. 5. 8). 대학로는 문화와 예술이 살아 있는 우리나라의 대표 거리이다. 2004년 촬영.

나 전시 등의 행사가 자주 열리는 우리나라의 문화 중심지이다. 서울대학교가 관악산 근처로 옮겨가기 전에 있었던 곳이라 하여 대학로라고 하는데, 지금은 서울대학교 의과대학만 이곳에 남아 있다.

마로니에 공원 쪽의 대학로 문화지구는 서울대학교 문리과대학이 있던 자리로 서울대학교병원과는 같은 캠퍼스 안에 있었다. 서울대학교 문리과대학이 옮겨가고, 그 자리에 문예회관대극장과 미술대전시장이 세워졌으며, 남은 터는 택지로 분양되었다.

새로 세워진 두 문화시설의 영향으로 이곳은 문화와 예술을 사랑하는 젊은이들의 거리로 남게 되었다. 토요일이나 일요일에는 젊은이들이 여러 공연 문화 행사를 즐기기 위해 대학로로 몰려든다. 비록 상업적인 성향이 짙어지긴 했지만 그래도 대학로는 문화와 예술이 살아 있는 곳이다.

마로니에 공원이 자유분방한 젊은이들이 문화를 향유하는 곳이라면, 맞은편의 서울대학교병원은 응급실로 달려가는 구급차 소리가 요란스럽게 울리는 곳이다.

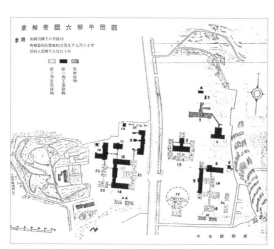

그림 7-6 경성제국대학 시절의 대학로. 지금의 문화지구(오른쪽)에는 법문학부, 서울대병원에는 의학부(왼쪽)가 자리하고 있었다(출처: 김정동, 《한국근대건축의 재조명》, 《건축사》, 대한건축사협회, 1988년 6월호, p.55).

사진 7-18 젊은이들의 문화가 살아 있는 대학로, 주말에는 자생적인 길거리 공연이 펼쳐진다. 2002년 촬영.

한때 하나의 울타리 안에서 같은 기운을 나누었던 사이였건만, 지금은 서로가 아주 이질적인 기운으로 변하여 기싸움을 벌이고 있는 것이다. 길 하나를 사이에 두고 대학병원과 문화시설이 서로 충돌하고 있다. 장기적으로 볼 때는 서로가 공존할 수 없는 시설임이 분명하다. 어느 쪽으로 분위기가 기울게 될까? 그것이 부동산 풍수학의 관심사이다.

일반적인 시각으로는 전망하기 어려울지 모르지만 부동산 풍수학의 관점에서 보면 분명하다. 문화지구의 성격은 목기운이고 서울대학교병원의 성격은 금기운이다. 오행상으로 따진다면 금극목金克木이니까 금이 이길 것 같지만 그렇지 않다. 부동산 풍수학의 관점에서 볼 때 단연 목기운인 문화지구의 승리가 예상된다.

낙산 아래 대학로는 목기운이 있는 곳이다. 목기운은 계속 공급되며 자르고 잘라도 다시 일어난다. 금기운의 칼날이 무디어지면 그때는 목기운이 득

사진 7-19 서울대학교병원. 사도세자의 영혼을 달래기 위한 경모궁이 있던 자리이다. 경모궁 앞에는 조선시대의 정원인 함춘원이 있었다. 장례식장 자리로는 몰라도 병이 나아서 퇴원하길 바라는 환자들을 위한 병원 위치로서는 적합하지 않은 곳이다. 2004년 촬영.

세한다. 목기운은 문文이고 펜pen이다. 장기전으로 가면 문文이 칼을 사용하는 무武보다 강하다.[7] 다소 시간이 걸릴지라도 목기운의 분위기가 우세할 것으로 생각된다. 이미 전체적인 기운의 흐름이 문화지구 쪽으로 기울어지고 있는 것이 느껴진다.

대학로 마로니에 공원과 서울대학교병원은 서로 경쟁하고 있다. 비둘기가 환영받는 곳과 비둘기가 환영받지 못하는 곳이 상존할 수는 없다. 젊은이의 생기발랄한 흥겨운 노랫소리와 환자의 신음소리·구급차의 경적소리는 상존하기 어렵다. 사람이 병들어 죽어가는 곳과 젊음이 용솟음치는 곳은 서로

7

《엣센스영한사전》, 민중서림, 1990, p.2283.: "The pen is mightier than the sword."

어울리지 않는다. 대학로 지역은 사대문 안의 중심을 기준으로 하면 동쪽에 해당된다. 즉, 목木의 기운이 강한 곳이다. 그곳은 생기의 장소이지 살기의 장소가 아니다.

서울대학교병원의 자리는 젊은 나이에 뒤주에 갇혀 굶어 죽은 사도세자思悼世子(1735~1762)의 넋을 달래기 위한 경모궁景慕宮이 있던 자리이다. 그 앞에는 조선 시대에 창경궁 밖에 있던 함춘원含春苑이라는 정원이 있었다. 물론 서울대학교병원이 이전하는 데 여러 가지 어려움이 있다. 그렇지만 결국은 옮겨갈 것이다. 서울대학교병원 자

사진 7-20 마로니에 공원의 비둘기에게 모이를 주는 어린이. 이곳은 비둘기가 대접받는 곳이다. 2004년 촬영.

사진 7-21 비둘기에게 모이를 주면 안 되는 서울대학교병원. 비둘기는 이곳저곳을 상관하지 않고 날아다닌다. 2004년 촬영.

리는 사묘祀廟(경모궁터)였다는 것 외에도 여러 가지 측면에서 병원 자리로는 적합하지 않다.

대학로는 사도세자 외에도 나라를 위해 목숨을 바친 유·무명의 젊은 영혼들이 놀고 있는 곳이다. 이들에게 자리를 만들어주어야 한다. 이곳 낙산 아래의 지역은 다양한 문화가 시작되기에 적당한 장소이다. 풍수의 관점에서 볼 때 한류韓流를 발생시키는 장소로서 적합하다. 새로운 시도나 표현은 이곳 대

학로에서 시작되어(목기운) 강남에서 꽃피우고(화기운) 신촌에서 다듬어지는(금기운) 형식이 바람직하다고 할 수 있다.

대학로는 젊음의 장소로 가꾸어지는 것이 합당하다. 이곳은 세계의 문화 중심지가 되기 위해서 이제 맞은편 서울대학교병원 자리를 넘보고 있다. 서울대학교병원은 조만간 이전할 것이다. 개발에 관한 정보를 가지고 이야기하는 것이 아니라 기운의 흐름이 그렇다는 것이다. 기운의 흐름을 알 수만 있다면 투자의 위험성도 그만큼 줄어든다. 이처럼 앞으로의 가능성을 보고 하는 것은 투기가 아니라 투자이다.

제 8 장

풍수마케팅

– 풍수마케팅 일반론

　풍수마케팅이란 감성마케팅이다. 사람이 느끼는 '기'를 응용하여 마케팅하는 것이다. 부동산 분양시장에서 풍수마케팅을 하려면 우선 콘셉트부터 잡아야 한다. 그리고 나서 지역의 장단점을 조사하여 풍수적으로 활용하면 된다. 부동산 투자자를 모집하는 사람의 자세도 중요하다. 자기 스스로도 확신하는 내용으로 컨설팅하고 홍보를 해야 분양도 잘된다.

풍수마케팅이란

어떤 업종의 어떤 제품을 판매하느냐에 따라 마케팅 전략이 다르게 나타날수 있다. 여기에서는 풍수마케팅과 관련된 일반적인 사항에 대해서 언급하려고 한다. '풍수마케팅'이라는 용어도 사실 생소한 것이라서 먼저 그 의미를 정의해야 한다. 풍수마케팅이란 일종의 '감성마케팅'이라 할 수 있는데, 기의 세계관으로 접근하는 것이다. 즉, 사람이 느끼는 '기'를 응용하여 마케팅하는 것을 말한다.

기를 응용한다고 할 때 어떠한 기를 어떻게 이용한다는 것인지를 언급할필요가 있다. 이때 기란 앞의 여러 장에서 언급한 부동산 풍수학에서 다루는기를 말하는 것이다. 여기에는 음기·양기, 오행기와 형기·질기·량기 그리고 생기와 살기가 있다.

부동산 풍수학에서 거론한 여러 가지의 기를 어떻게 이용할 것인지는 업종별 성격에 의해 좌우된다. 음기와 양기를 놓고 볼 때 어떤 기운을 강조하여 홍

사진 8-1 연탄구이집 간판. 실제로 불타는 연탄구이집 같다. 2006년 촬영.

사진 8-2 냉면집 간판. 간판의 화기가 너무 세게 느껴진다. 냉면집에는 걸맞지 않는 기운이다. 2005년 촬영.

보할 것인지를 결정해야 한다. 실제 영업에서는 음양이 조화를 이루는 형식을 취하더라도 광고나 홍보 단계에서는 주목을 받을 수 있는 자극적인 방법을 사용해야 하기 때문에 어떤 특정 기운을 강조해야 한다.

오행기를 이용할 때도 마찬가지의 개념이다. 다만 어떤 기운에 초점을 맞춘다고 하더라도 그것이 꼭 한 가지의 기운일 필요는 없고 여러 가지의 기운을 가지고 이야기할 수 있다. 그렇지만 세 가지 이상의 기운이 섞이면 곤란하다. 왜냐하면 수채화 물감처럼 여러 가지 기운이 섞이면 맑은 기운도 탁하게 되고 기운도 약해지기 때문이다. 어떠한 기운에 초점을 맞추든지 맑은 기운이 될 수 있도록 해야 한다. 홍보물이나 광고선전물을 준비할 때 탁한 기운이 느껴지게 하면 안 된다.

가끔 시내를 다녀보면 업종과 맞지 않는 간판을 보게 된다. 예를 들면 냉면집에 화기의 간판이 있는 경우이다. 간판을 눈에 잘 띄게 할 목적으로 온통 붉은 색 글씨로 가득 채운 것이다. 손님의 눈에는 그런 간판이 잘 보이기는 하지만 무의식중에 그 집의 냉면이 그리 시원할 것 같은 느낌이 들지 않게 된다. 이와 같이 식당 간판이 주는 인상은 매우 중요하다. 간판도 기운을 발산하는데, 그 기운은 형기이다. 간판이 깔끔하고 깨끗하면 깨끗하고 위생적인 식당으로 인식된다. 냉면은 차가운 음식으로 음기를 가진 음식이다. 그런데 이러한 음식을 팔면서 양기의 붉은 화기운을 이용한다는 것은 역발상이 아니라 음식의 특성을 아예 무시한 방법이다.

이 경우처럼 업종의 기운을 제대로 읽지 못해서 문제가 발생하기도 하지만, 업종의 기운을 너무 고려하다 보니 역효과가 생기는 경우도 있다. 예를 들어 귀신이 나오는 영화를 홍보할 때 무조건 으스스하고 무서운 영화임을 강조하여 광고물까지도 음산하게 디자인하는 경우를 볼 수 있다. 이러한 경우는 많은 관객을 끌어 모을 수 없다. 음기를 사용하더라도 맑은 음기를 사용하여야 한다. 맑은 음기란 무엇을 말하는 것일까? 그것은 훈련과 교육에 의해서 터득하여야 한다. 어떠한 기운에 초점을 맞출 것인지 결정하고, 그 다음에는 그 기운을 어떻게 이용할 것인지를 정해야 한다.

풍수마케팅 기법

| 기세 올리기 |

마케팅의 대상이 되는 많은 사람에게 기운을 전달하고 그 기운이 되돌아오게 하려면 기운의 세기가 강력해야 한다. 기세를 올리는 방법에는 여러 가지가 있을 수 있다. 형기를 이용하는 방법, 질기를 이용하는 방법, 량기를 이용하는 방법 등인데, 마케팅에서는 우선 형기와 량기를 이용해야 한다. 질기는 그 다음의 실제 판매 단계에서 중요하다. 제품의 매출이 꾸준히 상승하기 위해서는 형식보다는 내용이 중요하다는 말이다.

형기로 기세를 올리는 방법은 크기를 대형화하는 것이고 량기로 기세를 올리는 방법은 수를 늘리는 것이다. 어느 쪽을 선택하기 전에 먼저 여러 가지 여건을 고려해야 한다. 만일 형기를 선택했다면 대형화된 홍보물이 형기로서 좋은 기운을 발산하는 것이라야 한다. 대형화된 홍보물에서 드러나는 형기가 앞에서 언급한 살기를 가지고 있으면 안 된다. 살기가 드러나는 대형 홍보물은 기억에는 남지만 사람들에게 좋지 않은 이미지를 주기 때문이다.

부동산 풍수학의 관점에서 서울 서초구 잠원동에 위치한 뉴리버사이드호텔의 풍수마케팅에 대해 살펴보고자 한다. 이 호텔은 여러 번의 경매 과정을 거쳐 2005년 10월 487억 원에 모 건설회사가 낙찰받은 것으로 알려져 있으며, 대지면적 2,300여 평, 건물면적 8,300여 평 규모이다.

이 호텔이 자리하고 있는 곳은 한남대교 남단으로 경부고속도로의 시종점이다. 더욱이 '리버사이드'라는 이름도 한강변에 있다는 의미이다. 인근에 지하철 신사역을 두고 있어 자동차나 도보로 모두 접근하기 편리한 편이다. 만일 이 건물을 헐고 새로운 시설이 들어선다면 어떤 용도의 어떤 형태가 적당할지를 생각해보자.

이 터를 부동산 풍수학의 관점에서 본다면 한반도의 큰 물줄기 두 개를 모두 갖고 있다고 할 수 있다. 두 개의 큰 물줄기는

그림 8-1 뉴리버사이드호텔 위치도. 한강과 경부고속도로에 접해 있다. 여러 기운들이 합쳐져 소용돌이치는 곳이다.

하나는 한강, 하나는 경부고속도로[1]를 말한다. 현재의 뉴리버사이드호텔은 한강이라는 물줄기를 감안하여 지어진 건물이지만 한강보다 더 큰 영향력을 가진 물줄기는 경부고속도로이다. 풍수적으로 말하면 이 호텔은 경부고속도로의 수구水口(물이 빠져나가는 곳)에 해당하는 곳에 자리하고 있다. 그곳이 수구라고 한다면 적합한 건물의 용도는 호텔보다는 시장이다.

도로를 물줄기로 간주할 때 남대문은 서울의 수구이고, 동대문은 청계천의 물이 빠져나가는 수구이다. 그래서 그곳에 각각 남대문시장과 동대문시장이 있는 것이다. 수원의 경우도 마찬가지이다. 수원화성의 남문시장은 수구의 위치에 자연발생적으로 생겨났다. 이러한 시장의 개념은 판매시설만을 이야기하는 것이 아니다.

이 호텔이 신경써야 할 수역은 한강수역뿐만 아니라 경부고속도로를 통한 전국권역이다. 무엇을 판매하든 간에 서울이나 신사역의 역세권이 아닌 전국 또는 세계를 상대로 하는 마케팅을 해야 한다. 호텔을 운영하더라도 그것이 세계적인 호텔이 되어야 한다는 것이다.

이곳은 기운이 소용돌이치는 곳이다. 만일 이러한 기운을 이기지 못할 돛단배를 띄운다면 파도에 휩쓸려 난파되고 말 것이므로 크루저cruiser급의 대형 선박을 띄워야 한다. 이렇게 회오리바람을 일으키는 곳의 건물은 원형 기둥으로 기세를 올려야 한다. 대형 원기둥이 발산하는 형기는 그 자체가 훌륭한 마케팅 수단이 될 수 있다. 이처럼 뉴리버사이드호텔의 마케팅 콘셉트는 경부고속도로에서 가져와야 한다.

량기로 기세를 올리는 방법은 수를 늘리는 것인데, 일종의 프랙탈fractal의 원리[2]를 이용하는 것이

1
부동산 풍수학에서는 도로도 하나의 물줄기로 간주한다.

2
김용운·김용국, 《제3의 과학혁명: 프랙탈과 카오스의 세계》, 우성, 2000, p.6.: "프랙탈은 '자기닮음'의 성질을 지닌 도형이며, 아무리 규모를 확대하거나 작게 하여도 여전히 같은 형태를 지닌다."

다. 다단계 영업도 일종의 량기를 이용한 영업 전략이다. 개업한 가게 앞에 화환이나 화분을 갖다 놓더라도 하나보다는 둘을, 둘보다는 셋을 가져다 놓는 것이 기세를 올리는 데 유효하다.

량기을 이용할 때 같은 기운을 중첩해서 사용하는 방법 외에 서로 다른 기운을 중첩해서 사용하는 방법이 있다. 예를 들면 목기운과 화기운 등의 기운을 중첩하여 사용하는 것이다. 같은 기운을 사용하는 경우와는 다르게 성격이 다른 여러 가지의 기운을 중첩하여 사용하는 경우에는 기운끼리 서로 간섭을 일으키지 않도록 주의해야 한다.

다시 말해 어느 것을 배경background으로 하고 어느 것을 그림figure으로 할 것인지에 대한 고민이 필요하다. 어떤 경우는 시간적 순서가 문제되는 경우가 있다. 어떤 기운을 먼저 내보내고 어떤 기운을 다음 순서로 내보낼 것인지에 대해 고민해야 한다.

수를 늘려서 세를 불리는 것은 좋지만 중구난방衆口難防이 되면 곤란하다. 앞에서 언급한 것처럼 가능하면 종류가 세 가지 이상이 되지 않도록 해야 한다. 너무 많은 기운이 혼합될 때는 기운이 탁해지며 이질적인 것들끼리 서로 기싸움을 하여 기운을 분산시킬 수 있기 때문이다. 앞에서 언급한 프랙탈의 원리는 일정한 법칙을 가지고 계속 질서 정연하게 확산되는 것이다. 량기를 사용하고자 할 때는 프랙탈 기하학을 응용할 필요가 있다.

│ 인기 끌기 │

무대 위에 선 인기 스타들은 넘치는 카리스마를 자랑한다. 이 카리스마는 관객들로부터 공급받게 된다. 인기 스타가 무대 위에 나타나면 관객들은 환호하고 그 환호성에 의해서 인기 스타의 카리스마는 다시 충전되고 강화된다. 충전된 스타의 카리스마는 전보다 많은 관객들에게 강력하게 되돌아온다. 이러한 순환과정을 거쳐 스타의 인기는 더욱 강화되고 인기의 정도도 높아지게 된다.

인기는 주고받는 것으로, 받기만 하는 인기는 위험하다. 받는 만큼 줄 수 있는 기운을 가져야 하는데, 그 원천은 형기나 량기가 아니라 질기이다. 스타들의 인기는 허상일 가능성이 높다. 대체로 형기와 량기에 의해서 만들어진 것이기 때문이다. 어떤 스타는 질기를 잘 다듬어서 인기를 지속적으로 유지하기도 한다.

풍수마케팅의 전략은 근본적으로 세 가지의 기운, 즉 형기와 량기 그리고 질기가 조화를 이루는 방향으로 수립되어야 한다. 질기가 잘 다져진 사람에게는 언젠가 기회가 온다. 그래서 형식보다는 내용의 기운인 질기가 중요하다는 것이다.

현대의 시장구조는 인내심을 가지고 기다리는 것에 가치를 두지 않는다. 그래서 지금 당장 약효를 발휘하는 확실한 처방을 원한다. 풍수마케팅에서 바로 약효를 발휘하는 기법에는 어떤 것이 있을까? 그것은 기운을 끌어당기는 것인데, 지나가는 기운을 끌어당기는 기법이 필요하다.

보통 광고회사는 시선을 집중시키고 관심을 끄는 방법에 대해서 골몰한다. 그래서 가끔 탁한 음기운, 즉 음란한 방식을 도입한다든지 극도의 살기, 즉 폭력적이고 잔인한 것을 묘사한다든지 하는 방법을 강구하기도 한다. 이렇게 탁한 기운을 사용하는 방법은 결국 사회적으로 용인할 수 없는 극단적 방법으로 발전하여 대체로 좋지 않은 결말을 맞이하게 된다.

그 외에 풍수마케팅 기법상 지나가는 기운을 끌어들이는 방법에는 어떤 것이 있을까? 결국 생기를 이용하는 것이다. 생기라는 것은 인기를 말하며, 사람

사진 8-3 동해안 대게 판매상. 실제 대게는 차갑게 보관되어 있다. 삶은 대게는 쉽게 상할 수 있기 때문이다. 하지만 손님을 끌기 위한 의도로 수증기를 일으키고 있다. 마치 현장에서 대게를 삶고 있는 것처럼 보인다. 수증기나 연기는 음식을 익히는 과정에서 발생하는 것이므로 사람의 인기를 끄는 데 효과적인 도구로 응용될 수 있다. 2006년 촬영.

냄새가 나는 것을 말한다. 어떻게 하면 사람 냄새가 나게 할 수 있을까?

예를 들면 연기를 피우는 방법을 들 수 있다. 굴뚝에서 연기가 나는 것은 그곳에 사람이 있다는 것을 뜻한다. 연기는 곧 인기이며 연기가 있는 곳에 인간의 생존에 필요한 화의 기운이 있음을 나타내는 것이다. 동물 중에는 사람만이 불을 사용한다.

개업한 집에는 반드시 연기를 피우는 것이 필요하다. 물론 소방차가 달려오지 않을 정도로 해야 할 것이다. 연기가 안 되면 드라이아이스를 이용하든지, 증기발생기를 이용하든지 해서 수증기를 발생시켜 마치 연기가 나는 것처럼 만들 수도 있다. 수증기는 지나가는 사람의 마음을 끌어당긴다. 특히 먹는 장사에 상당한 효과가 있다.

사람의 기운을 끌어당기는 것은 화의 기운이다. 화의 기운은 여러 가지로 표현할 수 있는데, 조명이나 꽃을 이용할 수도 있다. 꽃 모양을 한 조명시설이면 더욱 좋다. 개업한 가게라면 불을 밝혀서 주변 상가보다 더 밝게 해야 한다. 노출되는 것을 꺼리지 않는다면 밤거리를 다니는 사람들 대부분은 밝은 곳으로 가기 마련이다. 상가가 2층에 있어서 도로와 떨어져 있다면, 계단의 단에 조명을 두어 한 단씩 올라갈 때마다 불이 켜지게 하면 좋겠다. 그리고 낮에는 단마다 화분을 놓고 사람의 기운을 끌어들여야 한다. 불나방만 불을 쫓아가는 것이 아니다. 불과 꽃은 유혹의 기운을 갖고 있다.

다음 방법으로 제시할 수 있는 것은 물(재물)을 이용하는 것이다. 물 자체도 사람을 끌어당기는 힘이 있는데, 물은 액체 상태일 때 끌어당기는 힘이 가장 강하다. 사람의 몸도 70% 이상이 물로 되어 있기 때문에 물은 물끼리 서로 합쳐지려는 응집력이 있다. 상점이 골목으로 들어간 곳에 위치하고 있다면 도로의 에너지를 곧바로 받아먹을 수 없다. 그때는 논에 물을 대듯이 물길(에너지)을 끌어와야 한다. 물길을 끌어오는 방법은 양탄자를 까는 것인데, 도로에서 골목에 있는 상점까지 색다른 도로포장으로 손님의 발길을 끌어야 한다는 것이다.

또 다른 방법으로 일단 들어온 인기를 잡아둘 수 있는 조형물을 세워야 한다. 조형물에는 형기가 있는데, 사람들은 자신의 마음이나 시선

사진 8-4 서울 대학로의 어느 음식점 문 앞에 놓인 물곽. 문 앞의 맑은 물은 지나가는 손님을 가게 안으로 끌어들이는 신비한 힘이 있다. 2002년 촬영.

사진 8-5 서울 노량진 KTF 사옥 조형물. 조형물의 뾰족한 부분이 조금 더 아래 각도로 낮추어졌다면 들어오는 고객의 가슴을 찌를지도 모른다. 첨단의 상징물이라고 해서 반드시 뾰족해야 하는 것은 아니다. 2005년 촬영.

둘 곳을 찾기 마련이다. "의식이 가는 곳에 기가 간다."[3] 그래서 기가 모이면 그 업종은 성공한다.

그런데 가끔 조형물 자체가 살기를 띠는 경우가 있다. 중국에서는 석사자 두 마리가 문 앞에 설치되어 있는 것을 흔히 볼 수 있다. 석사자는 들어온 생기를 나가지 못하게 하고, 나쁜 기를 들어오지 못하게 한다. 이와 같은 사례로 서울 경복궁과 광화문 앞에는 해치상이 있다. 관악산에서 오는 화의 기운이나 나쁜 기운으로부터 경복궁을 보호하게 된다. 그런데 석사자를 설치한 사례를 보면 들어오는 손님이나 주인에게 살기를 주는 형상으로 잘못 만들어진 경우가 있다. 석사자를 설치할 때 형태와 배치에 대해 제대로 풍수 자문을

3
김성환, 《국선도 단전호흡법: 이론과 실제 초급편》, 덕당, 2004, p.310.

사진 8-6 광화문의 해치상. 상상의 동물인 해치가 살기막이 역할을 한다. 2004년 촬영.

받고 설치해야 한다.

인기를 관리하고 싶은 사람은 스타들만이 아니다. 정치인들도 마찬가지일 것이다. 한 번 높은 인기를 얻었다고 하더라도 인기가 지속되기는 어렵다. 전임 서울시장은 서울시청 앞의 광장을 잔디밭으로 꾸며 시민의 휴식처로 제공하였고, 그 덕분에 많은 호응을 얻었다. 사람들이 광장을 이용하고 북적될수록 그의 인기는 높아질 것이다. 그 인기를 지속하기 위해서는 잔디가 자라지 않는 겨울에도 광장을 운영할 수 있는 묘안을 찾아야 한다. 그것이 바로 스케이트장이다. 이런 공간을 만드는 방법은 인기를 끄는 것으로 자신의 주변에 항상 인기가 머물도록 하는 전략이라고 볼 수 있다. 한편 광장의 지형에는 경사가 있는데, 인기가 그곳에서 쉽게 빠져나가지 않고 오랫동안 머물도록 하고 싶다면 설기에 대한 대비책을 강구하는 것이 좋다.

청계천을 복원한 것도 같은 사례에 속한다. 맑은 물을 이용하여 인기를 끄는 것이다. 청계천에 흐르는 맑은 물은 화기와 금기에 찌든 서울 시민들에게 좋은 수기운을 제공해준다. 하지만 청계천의 물은 너무 빠르게 흐르는데, 유속이 너무 빠르면 설기하기 쉽다. 메가톤급 생기 공급이 계속 이루어지지 않는다면 인기가 급하게 꺼질 가능성이 높다는 말이다.

인기가 있는 곳에 항상 많은 사람이 모인다고 할 수도 있고, 많은 사람이 모이는 곳에는 항상 인기가 있다고 할 수도 있다. 후자의 경우는 기의 세계관으

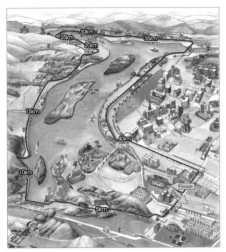

그림 8-2 춘천마라톤대회 코스. 조선일보 춘천마라톤 조직위원회 제공.

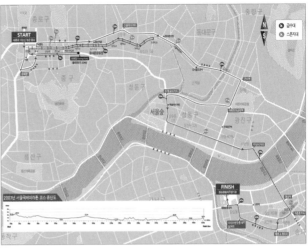

그림 8-3 서울국제마라톤대회 코스. 동아일보 동아마라톤 제공.

로 말하는 것이다. 여기에서 많은 사람의 인기를 어떻게 관리할 것인지가 중요한 문제가 된다. 인기를 그냥 흘려보내는 경우도 있고 잘 결집시켜서 사업의 생기로 활용하는 경우도 있다.

　예를 들어 마라톤대회에서는 많은 사람들이 정해진 코스를 발로 뛰게 된다. 이때 많은 사람들의 인기는 모아질 수도 있고 흩어질 수도 있다. 기운을 모으면 큰 힘이 되지만, 기운이 흩어져서 모을 수 없다면 아무 의미가 없다. 인기를 끌기 위해서는 마라톤 코스의 형태가 아주 중요하다. 마라톤 코스의 형태에서 느껴지는 형기는 동적이고 일시적인 것이기는 하지만 풍수사들이 그려 놓은 산도山圖의 형기와 유사한 점이 있다. 조선일보에서 주최하는 춘천마라톤대회와 동아일보에서 주최하는 서울국제마라톤대회의 코스를 비교해 보는 것은 매우 흥미로운 일이다. 어느 쪽의 기운이 좋은지 독자 여러분이 한번 판단해보기 바란다.

부동산 분양시장의 풍수마케팅

| 풍수마케팅의 콘셉트를 잡아라 |

앞에서는 기의 세계관에 의한 풍수마케팅 일반론에 대해서 다루었다. 풍수는 기를 다루는 것이고 세상의 모든 것이 기로 이루어져 있으므로 풍수마케팅의 적용 대상은 무궁무진하다고 할 수 있다. 여기에서는 좀더 구체적으로 부동산 분양시장에서 풍수마케팅을 어떻게 할지를 다루어보고자 한다.

우선 대상 부동산에 대한 마케팅 콘셉트를 잡아야 한다. 마케팅 전략의 주된 콘셉트를 무엇으로 할 것인지 정하기 위해서는 지역의 풍수를 철저하게 조사하여야 한다. 이 점에 대해서는 앞에서 다룬 '땅을 풍수적으로 보는 것', '집을 풍수적으로 보는 것', '도로를 풍수적으로 보는 것', '주변 환경을 풍수적으로 보는 것', '부동산 투자 분위기를 풍수적으로 해석하는 것'이 모두 해당된다.

먼저 제시한 몇몇 사례와 같이 풍수를 분석하다 보면 그 지역의 풍수적 특성이 드러날 것이다. 풍수마케팅의 주요 콘셉트는 풍수적 특성에 초점이 맞추어져야 한다. 콘셉트를 정하기 위한 지역 조사 단계는 매우 중요하므로 자신이 없을 경우 이 책을 참조하여 전문가에게 의뢰하여야 한다.

| 지역의 장단점을 풍수적으로 활용하라 |

방금 언급한 방식으로 조사하다 보면 해당 부동산이 속한 지역의 풍수적 장점과 단점이 드러난다. 마케팅이므로 당연히 장점을 부각시켜야 하겠지만 이 장점이 기의 세계관으로 볼 때 형기인지, 질기인지, 또는 량기인지를 구분할 필요가 있다. 형기는 겉으로 드러나기 때문에 시각적으로 보여줄 수 있는 것이다. 질기는 내용이나 품질에 대한 것으로 부가적인 설명이 필요하다. 량기는 규모 면을 내세울 수 있다. 어떤 쪽에 주안점을 두고 기운을 쏟을 것인지를 정해야 한다. 형기 · 질기 · 량기의 삼박자가 모두 훌륭하다면 홍보나 광고의 효과는 더욱 힘을 발휘하게 될 것이다.

부동산 시장의 투자자는 투자 당시에 완벽한 상품보다는 가능성 있는 상품에 투자를 한다. 그래야 많은 수익을 올릴 수 있기 때문이다. 이미 조건이 다 갖추어진 곳은 오를 대로 올라 투자가치가 별로 없는 곳일 가능성이 높다. 그래서 모든 것이 갖추어져 있어 더 갖출 것이 없다는 것보다 지금은 부족하지만 앞으로 상황이 어떻게 좋아질지를 찾아내 홍보해야 한다. 이러한 점에서는 지역적 단점이 활용된다. 다만 그 단점은 해소될 가능성이 있는 것이라야 한다.

앞으로의 전개 방향을 읽는다는 것은 앞에서 다룬 '주변 분위기의 풍수적 성격'을 살펴보고 '상권 분석을 풍수적으로' 하는 것과 관련이 있다. 또한 '서울 용산역 일대의 음기와 양기의 기싸움'의 사례에서와 같이 앞으로 기운의 흐름이 어느 쪽으로 유리하게 전개될 것인지를 제시하는 것은 부동산 투자자를 끌어들이는 수단으로 아주 효과적이다. 단기 이익을 위한 투기에 대해서는 부동산 풍수학의 역할을 기대하지 않는 것이 좋다. 기운의 흐름을 읽는 것은 단기적일 경우보다는 장기적일 경우가 많기 때문이다. 풍수적인 기의 세계관으로 보았을 때 언제일지는 모르지만 분명히 그렇게 변화할 것이라는 판단은 할 수 있다. 만일 단시간에 어떻게 될 것이라고 주장하는 풍수사가 있다면 그는 아마 도사이든지 사기꾼이든지 둘 중 하나이다.

앞의 '동기감응론'에 대한 내용에서도 거론했지만 부동산 투자는 땅을 다루는 분야이므로 윤리적인 면이 뒷받침되지 않으면 땅이 발응發應하지 않는다.

부동산 투자자를 모집하는 사람의 자세도 중요하다. 마음을 곱게 써야 분양도 잘된다. 그리고 자기 스스로도 확신하는 내용으로 컨설팅하고 홍보마케팅을 해야 한다.

| 풍수마케팅은 감성마케팅이다 |

'감성마케팅'이라는 용어는 마케팅 분야에서 자주 거론되는 것으로 마케팅을 함에 있어 소비자의 감성에 호소하는 방식이다. 나는 풍수에 관해서 상당 기간 공부했음에도 불구하고 '풍수는 과학이다'라는 주장을 받아들이는 데 주저하고 있다. 그 주장은 '풍수는 미신이다'라는 주장에 대해 반기를 드는 것이기도 하다. 나는 풍수맹신자도 아니고 풍수거부론자도 아니다. 내가 알고 있는 큰 틀의 풍수 속에는 과학적인 부분도 미신적인 부분도 있다.

어느 한 부분만 보고 풍수가 어떻다고 말하는 것은 정당하지 못하다고 할 수 있다. 세상의 어느 분야가 과학적인 면만 있고 미신적인 부분이 없다고 할 수 있겠는가? 다만 지금까지 풍수의 미신적인 부분이 과학적인 부분보다 강조되어온 점은 인정해야 할 것이다.

풍수마케팅을 감성마케팅이라고 하는 것은 분명 과학적 부분을 말하려는 것이 아니다. 소위 미신적이라고 하는 부분, 좋게 말해서 과학적으로 규명하기는 어렵지만 인간의 감성을 자극하는 부분을 활용하고자 하는 것이다.

풍수마케팅의 첫 번째 대상은 지령에 대한 것이다. 지령은 사실 신비주의적 색채를 강하게 띠고 있다. 그 터에 어떤 기운이 있어 훌륭한 인재가 나고 부자가 된다는 것 따위로 설명된다. 지령에 관한 내용을 담고 있는 것이 형국론인데, 금계포란형金鷄抱卵形이나 장군대좌형將軍大坐形과 같은 것들이 있다.

사람들은 뭔가 색다른 것을 갖고 싶어한다. 또한 사람들은 뭔가 신비로운 것에 흥미를 느낀다. 더욱이 동양인은 신비주의적인 것에 더 많이 끌리는 속성이 있다는 연구 결과도 있다.[4] 다른 곳에 비해 특별한 의미를 가진 땅이라면 그것이 실제로 효과가 있든 없든 간에 같은 가격으로 의미 있는 땅을 고르게 된다. 풍수의 형국론 외에 그 지역의 역사성도 이야깃거리를 제공하는 데 한몫을 담당할 수 있다. 특히 땅에 얽힌 애절한 전설이나 설화는 감성마케팅에 제격이다.

특정 대상물에 대한 부동산 분양마케팅이라면 좀더 구체적으로 접근할 필요가 있다. '일반적으로 말하는 명당'이 아니라 '쓸 사람에 따른 명당', '업종에 따른 명당'임을 강조할 필요가 있다는 것이다. 공단부지를 분양한다면 공장터로서의 장점을 풍수적으로 풀어서 설명해야 한다. 상가분양을 광고한다면 장사가 잘되고 부자 되는 풍수적 이야기에 초점을 맞추어야 한다. 경기도 용인이나 충청북도 진천 쪽을 명당이라고 한다. 하지만 그 지역 전체가 명당이라는 말은 아니다. 뭉뚱그려 명당이라고 홍보하는 것은 아무 소용이 없다.

풍수적 이야깃거리는 혼자 알고 있으면 아무 소용이 없다. 입소문을 내야한다. 치사한 방법을 사용하려고 하지 말고 풍수이벤트를 계획하면 된다. 전문가를 초빙한 풍수강연회나 전시회 등을 개최하는 것은 입소문을 내는 좋은 방법이다.

| 건축설계에 반영하라 |

아파트 분양마케팅과 관련하여 작업을 몇 번 한 적이 있다. 그런데 이미 아파트 배치계획이 완성되고 모델하우스를 오픈한 후에 풍수마케팅 요청이 들어오는 경우가 대부분이다. 그 단계에서도 터의 풍수적 장점에 대해서 컨

4
리처드 니스벳, 《동양과 서양, 세상을 바라보는 서로 다른 시선: 생각의 지도》, 최인철 역, 김영사, 2004, pp.177~178 참조.

설팅을 하고 일부 효과를 보긴 했지만 완전한 것은 아니었다. 왜냐하면 터와 건축이 따로 놀고 있다는 느낌이 들었기 때문이다. 완전한 풍수마케팅이 되려면 계획의 초기 단계에서 터를 풍수적으로 분석하고 그 분석에 따라 건축설계를 한 후 설계를 바탕으로 마케팅까지 연계시켜야 한다.

터와 건축은 하나의 이야기로 묶여져야 한다. 건축은 터의 장점과 단점을 보듬는 비보와 염승의 수단이 되어야 한다는 것이다. 터도 기싸움을 하지만 건물도 기싸움을 한다. 기운의 측면에서 이웃의 건물과 어떠한 관계에 있을 것인지 구체적인 설정이 이루어져야 한다. 만일 기운 경쟁을 해야 할 상황이라면 기싸움에서 밀리지 않는 형기(형태)·질기(내용)·량기(규모)를 가진 건축물이 되어야 한다. 기싸움에서 이기지 못하면, 옆 단지는 벌써 분양을 완료했는데 이쪽 단지는 죽 쑤는 상황이 벌어질 수도 있다.

하지만 기싸움에 골몰하다 보면 너무 형기에 집중하여 보기에 부담스러운 형태가 될 수도 있다. 대체로 현상설계에서 많이 나타나는 상황이다. 앞에서

사진 8-7 거구장 건물 앞의 돌거북. 거구장巨龜莊이라는 이름에 걸맞게 큰 거북이 두 마리가 빌딩 앞에 놓여 있다. 거북이의 크기와 놓인 위치 등이 조금 어정쩡하다. 2006년 촬영.

도끼살의 사례로 제시한 서울중앙우체국 건물이 대표적인 것이다.

건물은 연극이 끝나면 철거하는 일회성의 무대장치가 아니다. 오랜 기간 동안 여러 사람에게 영향을 주면서 그 자리에 서 있어야 하기 때문에 디자인에 각별한 주의를 해야 한다. 원칙적으로 건축물은 그림이 되지 말고 배경이 되어야 큰 부담이 없다.

4

부동산 생활풍수 종합기초이론

제 9 장

기의 기초이론

기의 세계관은 세상의 모든 것이 기로 이루어졌다고 간주하고 세상의 기운을 음기와 양기 또는 목·화·토·금·수의 오행으로 구분하기도 한다.

음양오행론은 기에 대한 오래된 이론이지만 절대적 가치를 지닌 것은 아니다. 기에 대해 보다 잘 설명할 수 있는 새로운 이론이 나타난다면 폐기될 수도 있다. 하지만 지금은 기를 이해하려면 음양오행론을 공부해야 한다.

음기와 양기

세상의 여러 기운을 음기와 양기의 두 가지로 구분하는 것이 음양론이다. 어두운 것은 음, 밝은 것은 양, 여성적인 것은 음, 남성적인 것은 양이다. 풍수 이론에서 음기운과 양기운이 생기가 되는 경우는 두 가지로 나누어진다. 그 것은 음양교합론陰陽交合論과 정음정양론靜陰靜陽論이다.

음양의 교합이 상호 수준에 적합하고 합당하게 이루어졌을 때는 생기가 된 다. 음양의 교합이 합당하지 않고 박잡駁雜하게 이루어졌을 때는 살기가 된다. 그래서 합당하게 이루어지지 못하는 경우라면 차라리 정음정양의 상태일 때 생기가 된다는 것이다.

음양교합에 의해 생기가 생성된다는 개념은 어렵지 않으므로 누구나 쉽게 이해할 수 있다. 하지만 순음純陰은 순음끼리 순양純陽은 순양끼리 만나야 한 다는 정음정양의 논리는 다소 생소할 수 있다.

정음정양의 개념은 순물질과 혼합물질로 설명이 가능하다. 혼합물질로 생기가 되는 것은 음양교합론의 개념이고, 정제된 순물질로 생기가 되는 것은 정음정양론의 개념이다. 혼합물을 인간에게 유익한 것으로 만들기 위해서 정제해야 할 경우가 있다. 정제된 순물질은 정음정양의 기운을 갖고 있다고 할 수 있다. 즉, 여러 가지의 물질이 혼합된 원유에서 정제된 휘발유는 일종의 정음정양의 생기를 가진 것이다. 하지만 순도가 높아질수록 적절한 관리와 사용상의 각별한 주의가 요구된다. 순음순양으로 순도를 높인 물질을 혼탁하게 관리할 경우 독이 될 수 있기 때문이다. 순도가 높은 정제된 화학물질을 강으로 무단 방류하였을 경우 물고기가 떼죽음을 당하는 것도 바로 그런 사례이다. 정음정양의 생기 논리는 서울 용산역 일대의 부동산 풍수를 사례로 들어 자세히 설명하였다.

우선 어떤 대상에 대하여 음의 기운과 양의 기운으로 구분하는 연습부터 해보자. 음양의 개념 중 중요한 것은 음 속에 작은 양이 있고, 양 속에 작은 음이 있다는 것이다. 음양에 속한 각각의 작은 양음(소양小陽·소음小陰)이 변화의

표 9-1 음양의 상대적 구분

구분	사람			정동				공간						시간		형태				냉온	
음	여	모	딸	죽은	산	밤/어두운	빨아들이는	땅/공간	아래	후	우	비워진	닫힌	긴	슬픈	부드러운	오목한	낮은	구불구불한	차가운	물
양	남	부	아들	살아있는	물	낮/밝은	내뱉는	하늘/시간	위	전	좌	채워진	열린	짧은	기쁜	강한	볼록한	높은	똑바른	뜨거운	불

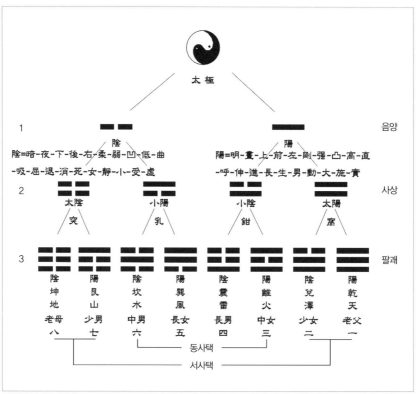

그림 9-1 복희팔괘차서도伏羲八卦次序圖. 태극이 둘로 나누어지고(음양), 둘이 넷으로 나누어지고(사상), 넷이 여덟(팔괘)으로 나누어진다.

원동력이 된다. 이로 인해 전체의 기운이 양음으로 변할 수 있다. 음 속에 양이 있고 양 속에 음이 있다는 것은 주역의 기본원리이기도 하다.

오행기

세상의 기운을 조금 더 세분화하여 다섯 가지 기운, 즉 오행으로 구분해볼 수 있다. 오행의 다섯 가지 기운은 목·화·토·금·수이다. 나무는 목木, 불

은 화火, 흙은 토土, 쇳덩어리나 돌덩어리는 금金, 물은 수水이다. 오행의 기운
을 이해하는 데에는 중요한 점이 있다. 즉, 목이라는 기운은 그냥 입자나 덩어
리로서 나무토막이 아니라 살아 있는 나무가 갖고 있는 기운과 유사한 성격
의 기운을 말한다. 살아 있는 나무가 갖고 있는 기운의 가장 큰 의미는 '발생
시키는 기운'이다. 목기운은 생명을 발생시키고, 일을 발생시키고, 예술을 발
생시키고, 역사를 발생시키는 등 모든 것을 발생시키는 기운을 말한다. 이렇
게 발생시킨 것을 다듬는 기운은 금기운이다. 그래서 금기운을 다듬는 기운
이라고 한다. 목기운은 일종의 생기이고 금기운은 일종의 살기가 된다.

오행의 기운을 모두 말로 표현하기는 매우 어렵다. 목·화·토·금·수의
본질이 갖고 있는 기운이 어떤 것일지 깊이 있게 생각해보길 바란다. 오행에
대한 깊은 이해가 없는 독자에게는 이 말이 언뜻 이해가 되지 않을 수 있다.
하지만 조급하게 생각할 것 없다.

'五行'이라는 한자가 오행의 성격을 잘 말해주는데, 우리가 주목해야 할 것

표 9-2 오행의 상대적 구분

구분	목	화	토	금	수
오장	간장	심장	비위	폐장	신장
오관	눈	혀	몸	코	귀
색(시각)	파랑	빨강	노랑	흰색	검정
음(청각)	아음牙音 ㄱ,ㅋ	설음舌音 ㄴ,ㄷ,ㄹ,ㅌ,	순음脣音 ㅁ,ㅂ,ㅍ	치음齒音 ㅅ,ㅈ,ㅊ,	후음喉音 ㅇ,ㅎ
맛(미각)	신맛	쓴맛	단맛	매운맛	짠맛
향(후각)	청목향靑木香	정향丁香	유향乳香	곽향藿香	침향沈香

은 '行'이다. 行이란 고정된 것이 아니라 운행하고 변화하는 것을 의미한다. 기운이 움직이고 변화하는 것은 기의 아주 중요한 개념이다. 그래서 이 부분의 제목을 단순히 오행으로 하지 않고 오행기五行氣¹라고 한 것이다.

기의 분류 기준

음이면서 양인 기운이 있고, 반대로 양이면서 음인 기운도 있어 어느 쪽으로 분류해야 할지 애매한 경우가 있을 수 있다. 오행을 분류하는 것도 마찬가지이다. 목이면서 화일 수 있고, 토이면서 금일 수도 있다. 다른 것들도 마찬가지인데, 토의 기운이 약간 많은 듯하고 금기운이 조금 섞인 것 같다는 식으로 이해하면 될 것이다. 게다가 오행의 기운을 놓고 각각 그 속에서 다시 음양으로 구분할 수 있다. 즉, 목기운을 놓고 음목陰木이니 양목陽木이니 하는 식으로 다시 구분할 수 있다는 말이다.

여기에서 음기라고 칭하는 것은 기를 음양으로 양분하였을 때 음의 기운이 좀 강하다는 것이지 전적으로 음기만 있다는 것은 아니다. 양기라고 칭할 때도 마찬가지이다. 전체 분위기상 음기의 정도가 50% 이상이 될 때 그 기운은 음기로 분류되고 그 이하일 경우 양기로 분류된다.

오행기를 음·양기로 양분해서 생각하는 것과 같이 청·탁기로 양분해서 생각할 수 있다. 예를 들어 목기운이 맑은 기운일 때는 생기의 목기운이 되고, 탁한 기운일 때는 살기의 목기운인 목살이 된다. 어떤 기운의 청탁을 따질 때도 맑은 기운만 있는 경우나 탁한 기운만 있는 경

1
학계에서는 '오행기'라는 용어를 사용하지 않고 있다. 오행의 '행行'이 이미 변화하는 기의 의미를 갖고 있기 때문으로 생각된다. 이 책에서는 기의 성격을 좀더 강조하기 위해 '오행기'라는 용어를 사용하였다.

우는 드물다. 다만 어느 쪽의 기운이 더 강한 것이냐를 따지면 된다.

1이라는 숫자와 2라는 숫자가 있다고 할 때 그 사이에는 헤아릴 수 없을 정도로 많은 숫자가 존재한다. 그 숫자 하나하나는 사실 동일한 가치를 지닌 것이지만 우리는 소수점 이하의 숫자를 반올림하여 쉽게 1 또는 2라고 정해버린다. 그래서 1과 2를 그 사이의 수많은 숫자들보다 더 큰 가치를 지닌 것으로 간주한다.

1은 홀수이므로 양이 되고 2는 짝수이므로 음이 된다. 1과 2의 사이에 많은 숫자가 있는 것처럼 우리가 구별한 음기운과 양기운 사이에도 여러 기운이 존재한다. 음기운과 양기운 사이에 어중간한 기운의 성격이 존재하지만 우리는 그것을 대략 음기운이나 양기운이라고 칭하는 것이다.

오행의 기운인 목·화·토·금·수의 경우도 마찬가지이다. 어떤 대상의 기운을 목으로 단정할 때 그 기운이 목기운으로만 이루어진 덩어리로 보지 말고 오행의 여러 기운 중에서 목기운에 가장 가까운 것이라는 의미로 받아들여야 한다. 오행기간에는 여러 애매한 기운들이 있는데, 음양오행이론이 왜 이리 두루뭉술할까 하고 의아해 할 수도 있다. 이와 같은 특징을 가진 것이 바로 '기의 세계관'이기 때문이다.

우리가 음기다, 양기다 하는 것을 확실하게 이해하기 위해서 기의 정도를 구체적인 숫자로 나타낼 수 있을까? 수는 실수와 허수로 구분하고, 실수는 유리수와 무리수로, 유리수는 정수와 정수가 아닌 유리수(분수나 소수)로, 정수는 양의 정수(자연수)와 음의 정수 그리고 영으로 구분할 수 있다.

우리가 음기와 양기를 숫자와 연관시켜 설명한다면 실수를 양기, 허수를 음기라고 하거나 유리수를 양기, 무리수를 음기 또는 자연수를 양기, 음의 정수를 음기라 말할 수 있겠다. 자연수 중에서도 짝수는 음기, 홀수는 양기로 간주한다. 홀짝의 수를 가지고 음양으로 구분하여 논리를 전개하는 것이 바로 주역의 상수학象數學이다.

음기와 양기를 거론함에 있어서 숫자 이야기를 꺼낸 것은 기를 수치로 계량화할 수 있는지의 문제를 다루어보기 위해서이다. 과연 어떠한 기계적 장치나 실험에 의해서 측정된 값을 기준으로 이것은 양기, 저것은 음기라고 구분할 수 있을까?

과학기술의 발달로 기의 어떤 대상은 기계적으로 측정하여 음양으로 구분[2]해낼 수 있게 되었다. 지구의 자기장 같은 것이 대표적인 사례이며, 전기의 음전하 · 양전하, 음이온 · 양이온으로 구분하는 것도 마찬가지이다. 전기와 자기 또는 온기와 냉기 같은 것은 기계적 장치에 의해서 측정이 가능한 것이 되었다. 하지만 인간이 의식하는 음양기 모두를 기계적 장치로 측정하여 계량화할 수 있는 것은 아니다. 오행기도 기계로 측정하는 데 어려움이 있다. 예를 들어 어떤 대상이 있을 때 목기가 어느 정도이고 금기가 어느 정도인지를 계량화하기는 어렵다는 것이다.

인간은 신령스러운 존재임에 틀림이 없다. 기계적 장치로 감지할 수 없는 기운도 감지할 수 있는 능력이 있다. 그래서 인간을 만물의 영장이라고 부르는지도 모른다. 그런데 인간이 아닌 다른 동물이나 식물에게는 이러한 기운 감지 능력이 없을까? 물론 감지 능력이 있다는 연구결과들이 많이 나와 있다. 어떤 분야에 있어서는 인간보다 나은 부분도 있다. 그렇지만 인간처럼 종합적으로 다방면의 기운을 감지할 수 있는 능력을 갖춘 생물은 없다. 그러한 생물체가 등장한다면 아마 인간은 만물의 영장이라는 지위를 내놓아야 할 것이다.

과학적 사실이라는 것은 동일한 환경조건에서

2
두 가지의 서로 다른 성격을 단순히 음양으로 구분한 것뿐이다. 사실 그 구분도 상대적인 것이다. 어느 한쪽이 없다면 음양으로 구분할 수가 없다.

대입조건in-put이 같으면 결과치out-put도 항상 같은 값이 나오는 것을 말한다. 외부와 차단된 실험실 안에서는 일정한 대입조건에 따라 특정한 기에 대한 일정한 결과치를 얻을 수 있다. 하지만 실험실에서 측정된 기는 밖으로 나오면 변화무쌍한 열린 환경에 노출되어 다른 기운의 영향을 받아 즉시 다른 값으로 변하게 된다.

광대한 우주는 인간의 능력으로 조건을 통제할 수 있는 실험실이 아니다. 기의 많은 부분은 계량화할 수 없고 결국 인간의 몸과 마음으로 판단해야 한다. 이 책에서 다루고 있는 기에 관한 내용과 논리는 비과학적이다.

학술 논문에서는 제목이나 내용에 적的(-tive, -ful)이라는 접미사의 사용을 극히 제한하고 있다. '적'이라는 접미사는 애매한 개념을 드러내는 것이기 때문에 엄격한 논리성과 객관성을 요구하는 학술 논문에서는 허용되지 않는다. 하지만 이 책은 상대적 가치를 중요시하는 기의 세계관을 다루고 있기 때문에 '적'이라는 표현이 오히려 적합하다고 할 수 있다.

기계론적으로 볼 때 기를 측정하는 장치인 인간의 몸과 마음의 상태도 수시로 변하고 측정 대상이 되는 기나 실험실이라고 할 수 있는 주변 분위기도 수시로 변한다. 이러한 상황에서 기운의 흐름을 정확하게 읽어낸다는 것은 참으로 쉽지 않다.[3] 그래서 오래 전부터 인간사에서 무시할 수 없는 대상인 '기'라는 것에 대해 이해하고 해석하려는 인간의 노력이 지속되어왔다.

기를 이야기하면서 왜 음양오행론을 거론하는가 하면, 케케묵은 것이긴 하지만 다른 어느 이론보다도 기를 쉽게 이해할 수 있도록 도와주기 때문이다. 하지만 음양오행론이 완벽한 기이론氣理論은 아니기 때문에 비판적인 시각이 많은 것도 사실이다.

3
사람마다 타고난 능력이나 훈련 정도에 따라 기운을 구분해내는 수준은 조금 차이가 있을 수 있다. 또한 사람의 몸 상태나 기분에 따라 느끼는 정도가 다를 수 있다. 더욱이 감지 대상인 기운도 가만히 있지 않고 계속 변화하기 때문에 정확한 기의 성격을 읽어내는 것은 매우 어렵다.

오행학설은 이론상으로 황당한 것이며 실천적으로 통용되지 않는 것이니, 신기하게 적중하는 것, 그것이 오행설이 믿을 만한 것임을 입증해주지는 못한다. 옛사람은 고대를 숭배했으나 우리는 그럴 필요가 없다. 옛사람들의 실험에 대한 경시는 오늘날 우리에게 거울이 된다. 오행설을 이용하여 산명하는 것은 남을 속이는 수작에 불과할 뿐이다.[4]

사실 음양오행론은 기를 이해하기 위해 만들어낸 일종의 사고의 틀일 뿐이다.[5] 하지만 기를 설명하는 데 있어서 음양오행론보다 훌륭한 이론이 나오기까지는 이 이론을 바탕으로 기를 설명하여야 할 것이다.

4
은남근殷南根, 《오행신론: 오행의 새로운 이해》, 이동철 역, 법인문화사, 2000, p.310.: 이 책은 오행학설의 이론적 체계에서부터 오행학설의 역사에 대한 내용을 담고 있다. 비판적 시각으로 오행학설을 다루고 있어 오행에 대한 균형 있는 감각을 키우기 위해 읽어볼 만하다.

5
최한기, 《기학: 19세기 한 조선인의 우주론》, 손병욱 역, 통나무, 2004, p.226.: "사람이 타고난 자질은 매우 미약하므로 추위나 더위, 건조함이나 습기, 비가 오거나 갬, 바람과 천둥을 만나서 조금이라도 그 정상적인 상태를 잃어버리면 문득 상해를 입게 된다. 사람들은 그러한 까닭을 연구해서 정기正氣와 사기邪氣, 주기主氣와 객기客氣, 음기와 양기, 오기와 육기, 순기順氣와 역기逆氣로 설명한다. 그러나 이것은 모두 사람들이 자기의 뜻으로 구별하고 언어로 분석한 것이다."

제 10 장

부동산 풍수와 기의 종류

　우리가 어떤 대상에 대해 기를 느낄 때 그 기는 어디에서 나오는 것일까? 부동산 풍수에서 구분해서 보아야 할 기운으로 형기 · 질기 · 랑기가 있다. 형기는 형태와 형식이 드러내는 기운, 질기는 본질과 내용이 드러내는 기운이다. 또 랑기는 크기가 드러내는 기운이자 여러 개가 집단적으로 드러내는 기운이다. 이 세 가지는 대상의 기운을 파악할 때 살펴야 할 중요한 사항이다.

형기 – 형태와 형식의 기운

우리가 어떤 대상에 대해서 기를 느낀다고 할 때 그 기는 어디에서 나오는 것일까? 막연히 목기라고 느낄 때 그 기운이 나무와 같은 형태에서 나오는 것인지 재질에서 나오는 것인지를 구분해야 한다. 인간이 감지하는 기운은 형形과 태態(勢)에서 나오는 것일 수도 있고 재료의 성질에서 나오는 것일 수도 있다. 그런데 풍수에서 기라고 말할 때 주로 형과 태에서 나오는 것에 중심을 두고 있다고 여겨진다.

풍수 고전인 《인자수지》[1]에서는 산을 형태에 따라 목형산木形山, 화형산火形山, 토형산土形山, 금형산金形山, 수형산水形山으로 구분하고 있다. 산형에 따른 이러한 분류는 산의 형태가 다를 때 서로 다른 기운이 생성된다고 보기 때문이다. 산의 형태를 이루는 재질이 무엇이든 그 형태만 중요시되는 것이 형기의 관점이다. 형기에서는 화강암 지질이든 석회암 지질이든 퇴적암 지질이

1
서선계徐善繼 · 서순술徐善述, 《지리정교 인자수지》, 금장도서국, 민국 11년(1922) 참조.

든 상관하지 않고 단지 그 모양에 따라 목·화·토·금·수의 기운으로 분류한다.

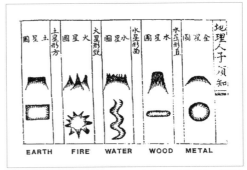

그림 10-1 오행기에 따른 산형 구분. 질기는 고려하지 않고 순전히 형기에 의해 구분한 것이다.

이 책에서 말하는 형기론形氣論은 형세론形勢論을 대신하는 것이 아니다. 풍수의 유파를 주로 형세론과 이기론으로 분류한다. 풍수하는 사람들이 사용하는 형기라는 용어는 이기理氣에 대비되는 용어로서 형세와 같은 의미로 사용되고 있는 것 같다. 하지만 풍수 고전에서는 그렇지 않다. 국내의 누구로부터 시작되었는지는 몰라도 그 의미를 오해하고 있는 듯하다.

이 책에서 사용하는 용어로서 형기는 이기에 상대되는 용어가 아니라 질기에 대비되는 용어이다. 풍수에서 형기는 상당히 익숙한 용어이다. 풍수의 형국론도 사실 모두 형의 기에 대한 것으로 이해가 된다. 이순신 장군이 명량대첩(1597)에서 사용했던 강강술래 전법은 일종의 형기를 의도한 것이다. 또한 권율 장군이 독산성전투(1593)에서 적을 물리칠 때 세마대洗馬臺에 말을 쌀로 씻는 흉내를 내어 물이 많은 듯이 보이게 한 것도 일종의 형기를 이용한 전술이다.

형기는 형식의 기운이다. 형식은 내용과 대비되는 용어로서 서로 일치되지 않는 경우도 있다. 형식만 중요시하다 보면 내용이 소홀해지기 쉬운데, 허례허식이 그렇다. 건축에서 형기만 중요시하는 경우 허기虛氣의 건축이 될 수 있다. 서울 종로에 있는 삼성생명본사 건물이 대표적인 사례이다.

건물의 형태에서 나오는 기운이 형기에 속하는데, 앞에서 '집을 풍수적으로 본다'고 언급하면서 예로 든 허기, 화기, 능압, 석살, 도끼살 등이 모두 이와 관련된 것이다.

질기 – 본질과 내용의 기운

질기[2]는 본질·재질·내용이 드러내는 기운이다. 형기와 질기의 차이는 지형학이냐 지질학이냐를 구분하는 것에서 잘 설명된다. 지형학은 산의 형태, 즉 용맥龍脈을 중요시하며, 지질학은 광물의 구성성분, 즉 광맥鑛脈을 중요시한다. 지형학의 측면에서 그린 산맥도와 지질학의 관점에서 그린 산맥도가 서로 차이를 보이는 것은 당연하다. 서로 다른 기운을 가지고 말하는 것이므로 어느 것이 옳고 어느 것이 그르다고 할 수는 없다.[3] 하지만 지형학의 용맥이 형기이며 지질학의 광맥이 질기라는 것은 구분해서 다루어져야 한다. 땅덩어리를 지형과 지질로 구분하는 것처럼 사람의 몸도 체형과 체질로 구분할 수 있다.

풍수가 논리적 타당성을 갖기 위해서는 기를 보는 관점도 달라져야 한다. 기를 말할 때 형기와 질기는 반드시 구분해서 생각해야 한다는 말이다. 풍수에서 질기라는 용어는 이 책에서 처음 사용하는 생소한 용어이다.

보통 풍수에서 질기라는 용어를 사용하지 않지만 일종의 질기의 의미를 드러내는 경우가 있다. 대표적인 것이 혈토穴土[4]에 대한 것이다. 혈토는 진

2
최한기, 《기학: 19세기 한 조선인의 우주론》, 손병욱 역, 통나무, 2004, p.194.: "대기大氣에는 활동운화活動運化의 성性이 있으니 곧 천지의 성이다. 인물기人物氣에도 각각 활동운화의 성이 있으니 곧 기질氣質의 성이다." 질기質氣와 기질氣質은 서로 의미가 다르다. 질기는 질의 기운을 말하는 것이고 기질은 기운의 질을 말하는 것이다. 혜강 최한기는 기질을 사람의 기운으로 말하고 있다.

3
조석필, 《태백산맥은 없다》, 사람과 산, 2001 참조.: 김정호의 〈대동여지도〉와 일본인 고토분지로의 〈조선산맥도〉를 비교하면서 어느 것의 개념이 옳은 것이냐의 논쟁은 어느 기준으로 산맥을 볼 것이냐를 정해 놓고 따져야 할 문제이다.

혈眞穴[5]임을 증명하는 최종 결과물로 자주 거론된다.

혈토穴土란 무엇인가? 황홍이 상, 5색이 다음, 분백, 분홍, 분황이 그 다음이다. 재차 실색實色을 보라. 반드시 그 색의 윤택견실潤澤堅實을 요한다. 정결淨潔, 방광放光, 건작乾灼이 위주이다. 만약 산룡은 사를 겸하게 마련이고, 사와 용은 대토帶土를 하게 마련인데 그 토를 입으로 맛보는 과정을 거치는 것이 필요하며 비로소 방심할 수 있다. 감향甘香이 있는 것, 면麵과 같은 것, 평화로운 것, 이런 것은 모두 쓸 수 있다. 맛을 보아 쓸 수 없는 것도 있다. 즉, 색자澁者는 토조土燥요, 산자酸者는 토부土浮요, 고자苦者는 토냉土冷이요, 성자腥者는 반드시 수水가 있는 것이요, 취자臭者는 반드시 니泥니 사용불가하다.[6]

하지만 현장에서 매장埋葬일을 많이 하는 풍수사들의 말에 따르면 지형적으로 진혈로 보이지만 막상 구덩이를 파내려가면 혈토가 나오지 않는 경우가 더 많다고 한다. 그래서 진혈이나 가혈假穴이냐를 구분하는 기준으로 혈토를 제시하는 것은 적합하지 않다는 견해를 내놓고 있다. 하지만 일부 풍수사들은 여전히 혈토에 대한 집착을 버리지 못하는 경우도 있다.

지형적 형태, 즉 행룡行龍의 동태를 보고 진가眞假를 따지는 것은 형기에 대한 것으로, 혈토의 존재 여부를 가지고 진가를 따지는 것은 질기에 대한 것

4
비석비토非石非土라 하여 단단하면서도 돌같지 않으며 무르면서도 흙같지 않다. 적절한 습기를 머금은 토질로 색과 냄새가 좋은 것을 말한다. 즉, 질기가 좋은 흙이다.

5
산줄기의 능선을 보면 맥이 흐르는 곳이 있는데, 이것이 진혈이다. 사람으로 말하면 숨통, 즉 심장에 해당된다.

6
고탁장로, 《입지안전서》, 청호선사 역, 청운문화사, 2003, p.136.: "穴土者何 黃紅爲上 五色次之 粉白粉紅粉黃又次之 再看實色其色必要 潤澤堅實 淨潔放光乾灼爲主 若山龍要兼砂 砂龍要帶土 其 土必要口嘗過放心 有甘香者 有如麵者 有平和者 此皆可用 有不可用者 澁者 土燥酸者 土浮苦者 土冷腥者 必水臭者 必泥不可用."

으로 구분해서 생각해야 한다. 풍수의 성격상 질기보다는 형기를 중요시한 것은 틀림이 없는 듯하다. 형기도 좋고 질기도 좋은 자리가 정말 혈처가 아닐까?하지만 둘 다를 만족시키는 경우는 그리 흔치 않다.

풍수는 상대적 가치를 중요시하지만 절대적 가치가 중요시되는 경우도 있다. 이것은 일종의 풍수이론상의 원칙을 따르지 않는 파격적인 예외이다. 그것을 두고 괴혈怪穴[7]이라고 한다. 풍수에서 괴혈은 형기나 질기의 개념을 뛰어넘는 변칙적인 것이다. 풍수이론상 적합하지 않는 곳이라고 하더라도 질기나 형기상으로 볼 때 어느 쪽 기운이 절대적인 가치를 가진 곳이라면 그곳을 괴혈로 인정할 수 있다.

형기와 질기의 개념을 이해하기 위해서 나무의 무늬를 플라스틱 필름으로 제작하여 붙인 가구와 원목으로 만들어진 가구를 비교해보자. 형기의 측면에서는 두 가구가 유사하다고 할 수 있지만, 재질의 기, 즉 질기의 측면에서는 서로 다른 기운이라고 할 수 있다.

질기의 성격을 가장 잘 설명할 수 있는 것은 나노공학에 의해서 만들어진 제품들이다. 나노 제품은 소량의 특정 물질을 아주 작은 가루입자로 만들어 제품의 표면에 도포하여 입자가 갖고 있는 재료적 성질을 이용하는 것이다. 대표적인 사례가 은나노 제품인데, 주방용품이나 세탁기 또는 전기매트 등에 많이 응용되고 있다. 실제적으로 은 성분이 효과를 나타내고 있는지는 잘 알 수 없지만, 사람들이 이러한 제품을 선호하는 것을 보면 은나노 재질의 기운, 즉 질기가 있다고 믿는 것이다. 은나노 코팅된 세탁기와 전기매트는 형기는 서로 다르지만 질기는 같다고 할 수 있다.

어떤 대상을 놓고 그 기운을 살펴볼 때 형기와 질기 중 어느 것에 비중을 두어야 할까? 어떤 경우는

7
괴혈을 묘자리로 사용하는 경우는 파격적인 발복을 가져온다는 믿음에서 비롯되었다고 본다.

사진 10-1 서울 프라자호텔 앞에 놓인 산세비에리아 화분. 산세비에리아의 질기는 목기운, 형기는 화기운이다. 목생화의 기운을 갖고 있고 사업 번창의 의미가 있다. 2004년 촬영.

형기가 강하게 드러나고 어떤 경우는 질기가 더 세게 드러날 수 있다. 예를 들어 산세비에리아 화분이 앞에 있다고 가정해보자. 산세비에리아의 질기는 목기라고 할 수 있다. 왜냐하면 일종의 나무로서 목기운을 가지고 있는 것이다. 그러나 그것의 형태가 드러내는 형기는 화기운이다. 형태가 불꽃 모양이기 때문이다.

산세비에리아 화분은 개업하는 상가나 집들이 선물로 각광을 받고 있다. 새집증후군을 줄여줄 뿐만 아니라 목생화木生火로서 상생을 의미한다. 가게나 집이 불처럼 일어나라는 뜻이다. 예전에 집들이 갈 때 성냥이나 거품세제를 사가지고 간 것과 같다.

산세비에리아처럼 두 가지의 기운을 동시에 잘 설명해주는 것은 눈雪이다. 눈의 질기는 수기운이지만 형기는 토기운이다. 만년설이 있는 곳에 가면 눈에 의해서 퇴적된 토층을 볼 수 있는데, 물과 같은 수평무늬를 보인다. 이것은

사진 10-2 음식점 앞의 조명나무. 낮에는 나무 모양으로 목기운의 형기가 나타나고 밤에는 목기운에 화기운이 더해진 듯 보인다. 사실 이것은 플라스틱으로 만들어진 인조목으로 질기는 금기운이다. 2006년 촬영.

눈이 가진 토의 성질 때문에 가능한 것이다.

　건물의 형태에서 드러나는 기운이 형기라고 한다면 건물의 재료에서 나오는 기운은 질기가 된다. 과거의 전통 건축재료와 현대의 건축재료는 서로 다르다. 과거에는 주로 자연에서 1차적으로 얻은 재료를 건축에 사용하였는데, 현대에는 콘크리트, 유리, 철 등과 같이 공장에서 가공된 2차 재료를 사용하고 있다. 사실 과거에 자연에서 채취된 건축재료는 목기운이 주를 이루지만 여러 기운이 복합적으로 어우러진 것이었다.[8] 반면 현대건축에 사용되는 것은 공장에서 생산된 건축재료로 거의 금기운을 가진 것이라고 할 수 있다. 이러한 2차 재료의 장점은 여러 가지가 있으나, 하나만 거론해본다면 자연재료에 비해서 내구성이 높다는 점이다. 유지관리에 신경을 쓰지 않아도 될 만

8
목조건축이라고 하더라도 나무 한 가지만 사용된 것이 아니라 흙, 돌 등의 재료가 복합적으로 사용된다.

사진 10-3 우즈베키스탄의 천산. 상층부에는 녹지 않는 만년설이 있다. 산 아래에는 마을이 있는데, 눈 녹은 물을 식수로 사용하고 있다. 눈의 질기는 수, 형기는 토이다. 2004년 촬영.

큼 단단하고 오래 간다.

이와 같이 건축재료가 변화함에 따라 건축물이 갖고 있는 질기도 변화하였다. 도시를 구성하는 데 사용된 재료 대부분은 금기운을 가진 것이다. 그래서 도시의 빌딩 숲에 거주하는 사람들은 건물의 질기인 금기운의 영향을 많이 받게 되어 몸과 마음이 금기화金氣化된다. 서울의 경우는 원래 화기운이 강한 곳인데,9 건물의 금기운까지 더해져서 도심에서 생활하는 사람들의 경우 금기운과 화기운의 성향이 특히 강하다고 할 수 있다.

해마다 여름철이 되면 도시의 금기운과 화기운이 합쳐져 생기는 열섬heat island현상으로 많은 사람

9
서울의 관악산은 화기운이 강하기 때문에 이를 조절하기 위한 여러 조치들이 있었다.

들이 시달리기도 한다. 사실 열섬현상은 건물과 포장도로의 영향이 크다고 할 수 있다. 앞의 '흉가'와 관련된 내용에서 건물의 재료와 기운의 조절에 대해 이미 언급하였다.

량기 – 크기와 규모의 기운

형기나 질기 외에 또 하나 거론하고 싶은 기운이 량기이다. 량기는 똑같은 것이라도 크기가 달라지거나 여러 개가 모여 낱개일 때보다 큰 기운을 내는 것을 말한다. 때로는 크기가 작을 때나 낱개일 때와는 전혀 다른 새로운 기운을 드러내는 경우가 있는데, 량기의 개념은 이를 모두 포함한다.

량기라는 것도 이 책에서 처음 사용하는 새로운 용어로, 이렇게 새로 용어를 만든 이유는 서로 구분할 필요가 있기 때문이다. 량기를 가장 잘 설명해주는 것은 '모래'이다. 과학에서는 '창발현상'이라는 용어를 사용하는데, 모래 알갱이는 낱개로 있을 때와 여러 개가 모여 있을 때를 비교하면 전혀 다른 역학적 성질을 보여주기 때문이다. 이러한 연구들에서 내가 주목하는 것은 "모래더미 스스로가 일정한 각도의 모래더미를 유지하려는 '자기 조직화'의 특성을 보이고 있다는 점이다."[10] 일정한 높이의 고정된 위치에서 모래 또는 동질의 가루를 일정한 속도로 더미에 떨어뜨리면 더미는 일정한 경사를 이루는 산을 만들게 된다. 일정한 경사각(멈춤각)에 이르면 그 이상 커지지 않고, 떨어지는 가루들은 경사면을 타고 그냥 흘러내리게 된다. 이때 흘러내리는 가루의 움직임은 마치 액체

10
정재승, 〈모래시계에서 발견한 물리학〉, 《과학동아》, 2000년 8월호, p.87.: "이것은 복잡계의 가장 중요한 특성인 '창발현상'[구성요소(모래 알갱이)의 특성만으로는 설명할 수 없는 새로운 특성을 전체 시스템(모래더미)이 갖게 되었다는 것을 의미한다]를 내포하기 때문이다."

사진 10-4 서울의 스카이라인. 한강대교에서 바라본 강남의 스카이라인이다. 강남 고층건물의 스카이라인과 산의 스카이라인이 겹쳐 보인다. 우리는 산이 만들어내는 스카이라인에 더 익숙하고 그 리듬을 친근하게 느낀다. 가장 멀리 우뚝 솟아 보이는 두 건물이 GS타워와 스타타워이다. 2006년 촬영.

(물방울)와 같은 역학적 성질을 가지게 되며, 산을 구성하고 있는 가루는 고체덩어리와 같은 성질을 가지게 된다. 이와 같은 여러 개의 수량이 모여서 만들어내는 기운을 량기로 정의하였다.

강한 목기운을 가진 산봉우리를 필봉 또는 마늘봉이라 하는데, 이것이 여러 개 모여 있는 경우는 목형木形이 아니라 화기를 내는 화형산으로 간주된다. 이렇게 양이 늘어나면서 기운이 변화하는 것은 량기의 이론으로 설명할 수 있다. 또한 하나의 건물이 서 있는 경우와 쌍둥이 건물이 서 있는 경우는 서로 기운이 다른데, 쌍둥이 건물은 하나에 하나를 더한 것 이상의 기운을 낸다.

량기의 개념을 좀더 확대하면 콘텍스츄얼리즘 contextualism으로 설명될 수 있다. 여러 개의 건물이나 산봉우리가 연속적으로 줄 지어 있을 때 시선을 옮기면 일종의 리듬감[11]을 느낄 수 있다. 스카이

[11] 조인철, 〈한국의 건축가 9 – 김중업 2: 김중업 건축과 샤머니즘〉, 《건축사》, 대한건축사협회, 1997년 4월호, vol. 336, p.86.: "한국 사람이 기질적으로 한국에 정착했다는 얘기는 인간이 어떻게 형성되어왔느냐 할 적에 한국의 문화하고 유관한 거란 말이야. 그러니까 한국의 산들이 뭐 하여튼 인간을 압박한다든가, 말하자면 그 산이 가지고 있는 볼륨 volume으로써 육박해오는 산들은 적어요. …… 한국의 자연이 일단은 말하자면 군무群舞가 많았고 뭐 하여튼 그 상당히 위험한 그러한 물줄기가 아니고 상당한 우아함이 우회해서 돌아서 바다까지 내려진단 말이야. 그러니까 직류들이 적었다 말이지. 그것은 무엇을 의미하냐 하면 말하자면 강도 인간에게 큰 위협적인 존재가 아니라 친근할 수 있는 존재로서 받아들여졌다는 말이지. 그렇기 때문에 어떤 마을이 형성되는 것을 보더라도 강이 있으면 강을 남쪽에다가 놓고 마을들이 옹기종기 일어났단 말이야. 또 산들이 다 우아하기 때문에 산에 사람을 묻더라도 일단 둥그런 무덤으로서 산에다 사인을 던져준 것도 한국이 가지고 있는 한국의 풍토적인 성격에 바탕을 둔 것이고, 거기 살아오는 사람들의 감정에서 나오는 거야. 그렇기 때문에 우리나라의 기와지붕을 보더라도 기와지붕이라는 것이 다 지붕이 사뿐하고 …… 강의 모습이라든가 자연의 모습하고도 너무나도 평화스럽게 공존돼왔기 때문이라고 봐. 그러한 것이 자연이 건축에도 꾸준히 이어내려왔다고 보는 거지."

라인skyline이 만들어내는 리듬감이다. 이러한 리듬감은 동서양이 다를 수 있고, 각 지역에 따라 다를 수 있다. 스카이라인의 리듬감이 기분을 좋게 할 수도 있고 상하게 할 수도 있다. 그 리듬의 량기가 좋은 것은 기분을 좋게 할 것이고, 탁한 것은 기분을 상하게 할 것이다.

형기는 형식의 기운이고 질기는 본질, 즉 내용의 기운이며 량기는 반복순환反復循環의 기운이다. 이 세 가지는 부동산 풍수에서 구분해서 보아야 할 기운이며 대상의 기운을 파악할 때 살펴야 할 중요한 사항이다.

제 11 장

부동산 풍수와 기이론의 적용

　　생기·살기·설기는 부동산 풍수에 적용되는 대표적인 기운이다. 사람에게 이롭고 도움이 되는 기운은 생기이고 그 반대는 살기이다. 생기가 과하면 살기가 되고 살기가 극하면 생기가 되기도 한다. 설기는 기운이 누설된다는 뜻이다.
　　살기에는 목살·풍살·토살·석살·수살이 있다. 그리고 건물살과 도로살이 있다. 살기를 피하고 설기를 예방하는 법을 알고 기운의 불균형을 해소하도록 하자.

생기 · 살기 · 설기의 의미

앞에서도 언급했듯이 풍수의 목적은 생기를 공급받는 데 있다. 생기는 살기와 대비되는 개념이다. 기를 청탁의 기준으로 구분하면, 맑은 기운은 생기가 되고 탁한 기운은 살기가 된다. 한편 정기正氣는 생기가 되고 사기邪氣는 살기가 된다. 대체로 음기 · 양기 또는 목 · 화 · 토 · 금 · 수의 기운을 잘 다듬었을 때는 생기가 되고, 탁하고 거칠게 내버려두면 살기가 된다.

부동산 풍수학의 관점에서 볼 때 서울의 경우 2007년을 기준으로 강북에 비해서 강남이 생기가 많은 곳이라고 할 수 있다. 이때 강북이라 함은 사대문 안을 말하는 것이고, 강남이라 함은 강남구와 서초구 일대를 말하는 것이다.

사신사의 조건을 기준으로 형국의 짜임새만 가지고 본다면 당연히 강북이 풍수적으로 좋은 곳이라고 할 수 있다. 조선 건국 시기(1300년대 말부터 1400년대 초)를 기준으로 보면 사대문 안은 강남에 비해서 당연히 생기가 많은 곳이었을 것이다. 하지만 생기의 유지관리에 실패한 사대문 안은 점차 탁기로 가득차고 살기화되어 가고 있다. 반면 강남구는 거친 야생의 살기를 다듬어 생기로 정제시킴으로써 오늘에 이르게 되었다. 서울의 각 구청별 재정자립도는 바로 생기의 정도를 나타내는 지표이기도 하다. 사대문 안의 탁기는 최근 청계천이 복원되면서 조금씩 생기로 전환되고는 있다. 좌청룡·우백호도 중요하지만 그것만 따지고 있으면 이러한 진단이 나올 수가 없다.

생기를 다른 말로 하면 에너지이다. 따뜻하게 하는 데 소요되는 전기, 기름, 가스, 석탄, 나무 따위를 에너지라고 한다면, 시원하게 하는 데 필요한 것도 에너지이다. 찌는 듯한 날씨에 찬 기운은 생기, 더운 기운은 살기가 된다. 추운 날씨에 더운 기운은 생기, 찬바람은 살기가 된다. 같은 종류의 기운이라 하더라도 경우에 따라서 생기가 되기도 하고 살기가 되기도 한다.

풍수이론 중의 많은 부분이 생기를 공급받고 살기를 차단하는 것에 대한 내용이다. 이러한 측면에서 볼 때 힘(에너지)을 적게 들이고 많은 생기를 받을 수 있는 방법을 정리한 것이 바로 '풍수'라고 할 수 있다.

풍수라고 하면 지형적인 조건만 가지고 이야기하는 경우가 많은데, 부동산 풍수학에서는 천기, 지기, 인기를 모두 다루어야만 한다. 이러한 삼재의 기운이 조화를 이룬 생기를 공급받으면 성공할 것이고, 삼재의 기운이 서로 어긋난 살기를 맞으면 실패하게 된다.

먼저 천기는 시간성을 말한다. 소위 말하는 운 때이다. 운 때라는 것은 참으로 알기 어렵다. 그리고 이 책에서 다룰 내용은 아니라고 본다.

두 번째로 지기는 공간성을 말한다. 사업에 성공하려면 위치가 좋아야 한다. 묘지풍수가는 지기를 말함에 있어 배산임수나 좌청룡·우백호를 강조한다. 물론 이러한 조건도 중요하지만 배산임수만 중요시하다 보면 도로의 조건을 무시하는 경우도 있다. 배산임수는 뒤에 산이 있고 앞에 물이 있다는 것으로, 지세의 관점에서 보면 뒤가 높고 앞이 낮다는 것을 말한다. 물은 특수한 경우를 제외하고 낮은 곳에 있으며 낮은 곳으로 흐르는 것이 일반적인 사실이다. 배산임수의 조건은 부동산 풍수학의 관점과는 별개로 생태학이나 주거학 등의 학문 분야에서 그 의미를 따로 분석해볼 필요가 있다.

부동산 풍수학의 관점에서 볼 때 물길은 생기를 공급하는 구실을 한다. 물고기 따위의 먹을 것이 있고 생활에 필요한 유형·무형의 에너지를 공급해주는 통로이다. 부동산 풍수학에서의 물길은 여러 가지 측면에서 도로와 유사점이 있는데, 부동산 풍수학에서 도로의 의미에 대해서는 앞에서 자세히 거론하였다.

도로는 주로 물길을 따라서 생긴다. 도로와 물길이 서로 간섭을 일으키지 않고 배산임수의 조건을 형성한다면 고민할 필요가 없다. 그런데 어떤 대상지가 물길과 도로를 앞뒤로 끼고 있다면 어디에 초점을 맞추어야 할까? 배산임수의 조건에 맞추자니 진입로인 도로를 등지게 되고, 도로에 맞추자니 역지세가 된다.

묘지풍수에서는 무조건 배산임수의 조건을 강조하고 있다. 하지만 부동산 풍수학에서는 다르게 판단한다. 그때는 결국 대상 건물이나 터가 어느 쪽을 통해서 생기를 공급받을 것인지를 정하고 그 조건에 따라야 한다.

도로와 물길 모두 에너지 공급통로임을 깊이 인식해야 한다. 이 공급통로를 잘못 설정하면 생기가 아니라 살기가 침입할 수도 있다. 여러 도로가 있을 때 어떤 도로를 주 생기 공급통로로 할 것인지는 부동산 풍수학에서 매우 중요하게 다루어야 할 문제이다. 도로와 물길은 여러 유사점이 있지만 차이점도 있다. 이러한 점은 앞의 도로살에 관한 내용에서 자세히 언급하였다.

세 번째로 사람의 기운, 즉 인기에 대해서 이야기하려고 한다. 사람의 기운은 천기나 지기에 비해 직접적이고 강렬하며 즉각적인 효과를 나타낸다. 유명가수나 인기배우는 인기를 공급받아 먹고 산다. 가끔 너무 인기가 많은 연예인은 파파라치나 스토커의 살기에 시달리는 경우도 있다.

인기도 관리가 필요하다. 인기를 관리하는 방법은 인생을 사는 방법이다. 이런 내용을 담고 있는 것이 공자의 말씀[1]이고 《명심보감》의 내용이다. 인기에는 중독성이 있어서 한 번 맛들인 사람은 빠져나오기 어려운 점이 있다. 정치인이나 연예인은 인기가 하락할 때를 대비해 항상 수양을 게을리 해서는 안 된다.

나에게 변함없는 생기로서 인기를 공급해주는 사람은 어머니이다. 예부터 어머니를 산으로, 산을 어머니로 비유하는 경우가 흔히 있었다. 세상에는 나에게 이로운 기운, 즉 생기를 주는 사람이 있는 반면 해로운 기운인 살기를 주는 사람도 있다. 살기를 주는 사람은 가능한 한 가까이 하지 않는 것이 건강이나 재수에 도움이 된다.[2]

기를 생기와 살기로 분류하는 것은 어디까지나 인간의 관점에서 보는 것이다. 즉, 인간에게 이로운 기운은 생기, 해로운 기운은 살기로 분류하는 것이다. 그런데 앞에서도 언급한 것처럼 동일한 기운이라도 경우에 따라 생기가 되기도 하고 살기가 되기도 한다. 살기라고 항상 인간에게 해로운 것은 아니다. 정말 위급하게 죽어가는 환자에게 극약 처방을 하여 사람을 살리는 경우가 있는데, 이때 극약의 살기는 위급한 환자에게 생기가 된다.

생기도 과過하면 살기가 된다. 살기도 극極하면

1
공자 외에도 예수, 부처, 마호메트 같은 성현 등 여러 훌륭하신 분들의 말씀이 모두 포함된다.

2
주디스 올로프, 《좋은 운명을 끌어들이는 포지티브 에너지》, 김소연 역, 한언, 2004, p.40.: "주위 사람 모두에 대해 각각 기준을 정하라. 누가 당신에게 활기를 불어넣는 사람인지를 금세 알 수 있을 것이다." 이 책은 '세상 사람들의 에너지를 감지하는 방법'을 제시하고 주변에 있는 사람 중에 누가 살기를 주는 사람인지, 누가 생기를 주는 사람인지를 구분하는 내용을 담고 있다.

생기가 된다. 생기가 시간이 흐르면서 살기로 변하기도 하고, 살기가 다듬어지면서 생기가 되기도 한다. 생기와 살기의 이러한 변화 원리는 음양론의 내용과 유사한 측면이 있다.

생기·살기의 개념 외에도 풍수에는 설기의 개념이 있다. 대체로 생기의 개념은 이로운 기운이고 살기의 개념은 해로운 기운이라고 이분법적으로 이해하였지만, 설기는 이로운 경우와 해로운 경우로 구분해서 생각해야 한다.

금기운이 강한 사람이 기운의 불균형을 해소하는 방법에는 2가지가 있다. 하나는 염승에 의해서 금기운을 화기운으로 눌러주는 방법이고, 다른 하나는 수기운으로 금기운을 설기하는 방법이다.

금기운을 설기할 수 있는 상대 기운은 수기운이다. 오행상 금생수의 개념이 적용되는 것으로 금기운이 강한 사람은 금기운이 넘치므로 수기운의 사람에게 기운을 넘겨주면 수기운의 사람은 넘겨받은 금기운을 바탕으로 수기운을 이롭게 키워갈 수 있다. 이때 약한 수기운의 사람에게는 금기운을 공급받아 수기운을 키워가는 것이 풍수에서 말하는 일종의 비보책이 된다.

반면 화극금의 방법을 사용하여 금기운을 누르는 염승법은 금기운을 억압하여 해결하는 것으로 상처를 주게 된다. 상극론에 의한 염승법보다는 상생론에 의한 설기 방법이 강한 기운을 누그러뜨리는 데 순리적인 방법이다. 이와 같이 강한 기운의 긴장감을 일부 해소시킬 때 설기의 방법을 사용하면 된다. 이때의 설기는 이로운 개념에서 기운을 조절하는 방법이다.

한편 기운을 모아야 할 사람의 기운이 설기되는 것은 해로운 것이다. 기운을 점점 축적해나가야 할 처지에 있는데, 자꾸 기가 빠져나가버리면 결국은 기운이 모두 소진되어 죽게 된다. 설기의 문제는 재물과 많은 연관이 있기 때문에 부자가 되고자 하는 사람은 관심을 기울여야 할 부분이다. 아무리 많은 수입이나 재물이 있더라도 설기하는 건물에 입주하거나 터를 잡게 되면 재물이 모이지 않는다. 앞에서 실제 사례를 들어 설기하는 터의 종류와 설기를 예방하고 막는 방법에 대해 이미 언급하였다.

오행론과 생기·살기론

살기론이 음양오행론을 만나서 세분화되었는데, 목살, 풍살, 토살, 석살, 수살이 그것이다. 예부터 살기가 있는 땅을 피하기 위해서 노력해왔다. 오살전지五殺箭地는 살이 있는 터를 말하는데, 《임원경제지》[3]에 관련 내용이 소개되고 있다.

목살木殺

고목과 큰 나무가 밀림을 이루고 우거진 수풀이 하루 종일 하늘을 덮고 해를 가리며 넝쿨이 뻗어서 음산하여 폐허와 묘지와 같은 분위기를 연출하는 것을 나무의 살, 즉 목살木箭이라 한다.

풍살風殺

동굴 입구와 마주보고 있어 동굴에서 나오는 음산한 바람을 직접 맞게 되는 것을 말한다. 바람이 급하게 불어와 날아오는 화살[4]과 같은 것을 바람의 살, 즉 풍살風箭이라고 한다.

3
서유구, 《임원경제지》, 5권, 보경문화사, 1983, p.461 참조: 한편 일부에 대한 번역 자료는 《꾸밈》(김성우 외 역, 토탈디자인, 1988년 10월호부터) 참조.

4
전箭(화살)과 살殺은 같은 의미이다. 살기를 화살로 보는 것이다.

토살土殺

초목도 자랄 수 없을 만큼 물과 샘이 없는 메마른 땅, 좋지 않은 중금속에 오염된 토질로 독벌레와 개미들이 득실하는 곳에는 토살土箭이 있다.

석살石殺

바위산이 창끝과 칼날을 세우고 있는 형상을 하고 있는 것을 말하며, 바위의 날카로운 부분이 산의 정상이나 절벽에 험하게 드러나 있는 곳에는 석살石箭이 있다.

수살水殺

지형의 경사가 급하여 계곡물이 거칠게 흘러 내려가고 바위 위에서 폭포수가 쏟아져 바위에 부딪히고 모래를 흘러가게 하며, 심한 물소리가 밤낮을 가리지 않고 들리는 것을 물의 살, 즉 수살水箭이라 한다.

오살전지의 분류는 오행에서 비롯된 것으로 판단된다. 목기운이 심하게 일어나서 탁하게 되는 것이 목살이다. 예부터 마당口 가운데 나무木를 심으면[5] 한자로 '곤困'이 되어 살림이 곤궁하게 된다고 꺼리는 경향[6]이 있었다. 마당에 있는 조그만 수목은 인간에게 생기를 주는 것이지만 그것이 아주 산만하게 자라서 마당을 차지하면 살기의 하나인 목살이 된다.

5
농경사회에서 마당 가운데 나무를 심는 것은 작업공간을 침해하는 것이므로 꺼린다는 의견이 있다. 중국 산서성의 황토고원지대의 요동窯洞의 경우는 토굴 속에 들어가 생활하는 방식을 취하고 있는데, 주로 마당 한가운데 사람 키보다 큰 나무를 한 그루씩 심어 놓았다. 지역이나 문화에 따라 호부호好否好가 다름을 인정해야 할 것이다.

6
홍만선, 《국역산림경제》, 민족문화추진회, 1982, pp.39~40.: "큰 나무가 마루 앞에 있으면 질병이 끊이지 않는다. 큰 나무는 마루에 가까우면 좋지 않다. 뜰 가운데에 나무를 심는 것은 좋지 않다. 집 뜰 가운데에 나무를 심으면 한 달에 천금의 재물이 흩어진다. 뜰 가운데에 있는 나무를 한곤閑困이라 하는데, 오래 심어 놓으면 재앙이 생긴다."

　　마당에 큰 나무가 있는 것을 꺼리는 이유는 여러 가지가 있겠지만, 풍수적으로 볼 때 큰 나무가 목기로서 생기를 공급해주기보다는 뿌리를 통하여 사람에게 요구되는 지기(수기를 포함하는)를 뺏어가고 무성한 가지와 잎은 하늘을 가려 천기를 받지 못하게 만들기 때문이다.[7] 따라서 나무를 통해서 얻는 생기보다 잃는 생기가 더 많다고 볼 수 있다. 나무로 인한 생기의 손익을 따졌을 때 적자가 되어 곤궁할 '곤困' 자가 된다는 것이다.

　　마당에 큰 나무가 있을 경우 조금 더 복합적인 이유를 살펴볼 필요가 있다. 나무가 토기나 수기만 뺏어가는 정도에서 그치는 것이 아니라 집의 안전을 위협하기도 하기 때문이다. 태풍 때문에 나무가 넘

7
장입문 외, 《리의 철학》, 안유경 역, 예문서원, 2004, p.428.: 대진戴震(1723~1777)이 말하길, "뿌리는 토양의 비옥함에 접하여 땅의 기운에 통하고 잎은 바람·햇빛·비·이슬을 받아서 하늘의 기운에 통한다."；〈서언상緖言上〉, 《대동원집戴東原集》: "根接土壤肥沃以通地氣, 葉受風日雨露以通天氣."

표 11-1 일반적으로 마당 가운데에 나무를 심는다는 것

구분	내용
기운	뿌리를 통해서 지기가 누설된다. 나뭇가지와 잎을 통해 천기가 누설된다.
기싸움	나무와 집의 기싸움
안전	나무가 태풍에 넘어질 경우 집이 파손될 우려가 있다.
위생	벌레, 낙엽 등의 관리 문제가 발생한다.
작업장 활용	농작물 작업장 또는 농작물 건조장으로서 융통성을 상실한다.

어져 집이 크게 부서지는 경우가 있을 수 있다. 또한 나무에 많은 벌레가 번식하여 사람을 성가시게 하는 경우도 생길 수 있다. 집과 나무가 조화를 이루는 것이 아니라 서로 기싸움을 하여 나무가 집을 공격하기도 한다. 나뭇가지가 집 안으로 들어온다든지, 뿌리가 부엌 바닥을 뚫고 올라오기도 한다. 한편 농경사회에서 집의 마당은 그나마 잘 다듬어진 작업장인데, 그곳 가운데 큰 나무가 있다면 원활한 작업을 할 수 없게 된다. 마당 가운데 나무를 심는다는 것은 여러모로 흉한 것으로 판단된다. 이와 같은 풍수적 금기사항을 단지 미신적인 측면에서 단순하게 평가하여 폐기할 것이 아니라 그 속에 담겨진 깊은 의미를 다각도로 살펴볼 필요가 있다.

풍살은 오행 중 화와 상응하는 것으로 화살火殺로 간주된다. 풍살은 탁한 화기로 음의 성격을 가진 음화陰火[8]의 기운이다. 그래서 풍살을 받으면 화재가 일어나기 쉽다. 그 외에도 풍살은 묘한 기운이어서 풍살을 맞은 사람은 종종 우울증에 빠지기 쉽다. 도시 사람들은 막배치된 아

8
화의 대표적 성격은 양인데, 양화陽火는 사람에게 이로운 성질로 음식을 익혀주고, 밝고 따뜻하게 해준다. 반면 음화陰火는 화의 기운이 뒤틀어진 것으로 사람과 재산상의 피해를 주는 것을 말한다.

표 11-2 오행기와 오살기

오행기	목	화	토	금	수
오살기	목살	풍살	토살	석살	수살

파트에서 생활하는 경우가 많은데, 재수가 나쁜 경우 풍살이 몰아치는 아파트에서 생활하게 되기도 한다. 아파트 풍살과 우울증에 대해서는 앞에서 사례를 들어 자세히 설명하였다.

토살은 좋지 못한 흙에서 나오는데, 토살이 있는 곳은 주로 인간에게 해로운 벌레가 사는 곳이다. 앞에서 중국 황토고원의 토굴주택(요동)을 소개했다. 그 사진을 보면 마당 가운데에 제법 큰 나무가 심어져 있는 것을 알 수 있다. 목살에 대해 설명하면서 마당 가운데에 나무를 심으면 '곤(困)'자가 되어 흉하다고 하였다. 그런데 황토고원의 요동식 주거에는 왜 마당 가운데 나무가 있는 것일까? 이것도 지역의 풍토적 특수성을 감안하여 이해해야 한다.

황토고원지대는 그야말로 황토의 기운, 즉 토의 기운이 아주 강한 곳이다. 우선 마당 가운데 나무가 있는 것은 목극토의 원리로 강한 토의 기운을 눌러주는 염승법을 적용한 것이다. 또한 나무의 목기운은 토기운을 다스릴 뿐만 아니라 수기운을 잡아두는 구실도 한다. 요동식 주거의 토굴은 적정한 습도가 유지되지 않으면 토굴이 무너진다든지, 마당의 흙먼지가 날리기 쉽다. 이와 같은 위생적인 문제 외에 먼저 언급한 바와 같이 안전이 문제가 될 수 있다. 우선 마당이 지면 아래로 내려가서 만들어져 있기 때문에 나무가 태풍에 의해서 무너질 우려는 거의 없다. 오히려 마당 가운데에 있는 나무는 말 타고 지나가는 마적들의 화살을 막아주는 방어막이 될 수 있다. 그리고 외부로부

표 11-3 중국 황토고원지대 요동식 주거에서 마당에 나무를 심는다는 것

구분	내용
기운	토의 기운이 강하기 때문에 마당의 나무는 이를 조절한다. 목극토의 원리이다.
안전	네모나게 수직으로 파내려가서 마당이 만들어지므로 태풍에 의해 나무가 넘어질 우려가 없다. 높은 곳에서 쏘는 화살 등을 막아주는 차단 시설과 추락사고를 방지하는 추락안전표시물의 구실을 할 수 있다. 시선 차단막이 되어 사생활을 보호해준다.
위생	적당한 습도를 유지할 수 있다.

터 각 토굴의 내부가 보이지 않도록 막아주는 차단막이기도 하다. 또한 토굴집의 마당은 네모나게 수직으로 파내려간 웅덩이이므로 아무런 표시가 없다면 정신없이 지나가다가 마당 가운데로 떨어지는 사고가 나기 십상이다. 이러한 사고가 생기면 떨어진 사람도 다칠 수 있지만 아래에서 생활하는 가족이 다칠 수도 있다. 따라서 나무는 땅이 꺼진 곳이 있음을 알려주는 추락안전표식이기도 하다. 이렇게 황토고원지대의 요동식 주거에서 마당에 나무를 심는 것은 여러 측면에서 해로운 점보다는 이로운 점이 많다고 할 수 있다.

석살은 금살로 생각하면 되는데, 날카롭고 거친 돌 또는 금속, 대표적으로 날카로운 톱날에서 느낄 수 있는 기운으로 생각하면 될 것이다.[9] 수살은 이름 그대로 물기운이 지나쳐 넘치거나 한꺼번에 몰아쳐 사람에게 해를 입히는 것을 말하며 끊임없이 심하게 물소리가 나는 것도 포함된다.

결국 다섯 가지 살기는 오행의 목·화·토·

9
조정동, 〈해흉조법解凶灶法〉, 《회도양택삼요繪圖陽宅三要》, 1권, 천경당서국千頃堂書局, 1924, pp.6b~7a.: "주방에 흉한 철기가 있을 경우는 100일 정도 빈방에 두었다가 사용하는 것이 좋다." 일종의 금기운을 설기시켜 부드럽게 하는 방법을 알려주는 것이다. 100이라는 숫자는 하도河圖상의 수水의 생수生數인 1에서 비롯된 것이라고 생각되며, 날카로운 금기운은 금생수의 원리로 설기시켜 조절한다는 것이다.

표 11-4 도로살과 건물살

구분	내용	결과
도로살	수살+풍살	우울증, 화재
건물살	석살, 충살, 규봉	갑작스러운 재난

금·수에서 비롯된 것임을 알 수 있다. 기운을 잘 다듬으면 생기가 되고 거칠고 탁하게 버려두면 살기가 된다.

부동산 풍수에서 거론될 수 있는 살기에는《임원경제지》에 나와 있는 이 다섯 가지 외에도 도로살과 건물살이 있다. 도로살과 건물살이라는 용어도 이 책에서 처음 사용하는 것이다.

도로살이라는 것은 일종의 충살로 새로운 개념을 가진 것이 아니다. 도로가 건물이나 대지를 향해서 직선으로 나 있는 경우에 도로살을 받는다. 도로살을 받는 경우는 풍살과 수살의 개념이 합쳐진 것으로 생각하면 된다. 물소리가 심하게 나는 것이 수살에 해당된다면, 도로의 자동차 소음이 크게 들리는 것은 도로살에 해당된다. 한편 건물살이란 일종의 석살과 같은 것인데, 주변의 좋지 않은 건물에 의해서 살기를 받는 것을 말한다. 도로살과 건물살에 대해서는 앞에서 사례를 들어 자세하게 설명하였다.

이상으로 부동산 풍수와 관련된 이론 체계에 대해서 살펴보았다. 이 책에 언급된 기이론은 걸음마 단계에 불과하다. '부동산 풍수'라는 화두를 제시하였으므로 독자 여러분의 신랄한 비판을 통하여 앞으로 더욱 그 논리 체계가 다져지길 바란다.

부록

풍수마케팅 사례 1
천성산 아래 대명당, 한일유앤아이 아파트

풍수마케팅 사례 2
주례동 한일유앤아이 건립지는 이런 땅입니다!

천성산 아래 대명당

한일유앤아이 아파트

－풍수지리학적 측면에서 분석－

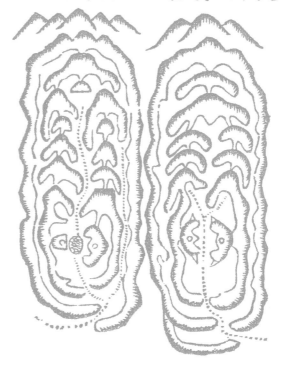

圖 互 夫 兩 賓　圖 並 兄 同 兩
配 婦 枝 主　　結 弟 出 枝

2005. 9.

용역 수행: 건축사사무소 **자연과 건축**
Nature & Architecture

1. 사업 개요

- 사업명: 양산 한일유앤아이 아파트 신축공사

- 대지 위치: 경상남도 양산시 웅상읍 평산리 산 36-1 일대

- 대지 면적: 90,126㎡(27,263.12평)

- 세대수: 총 1,663세대(26평형: 268세대, 34평형: 1,395세대)

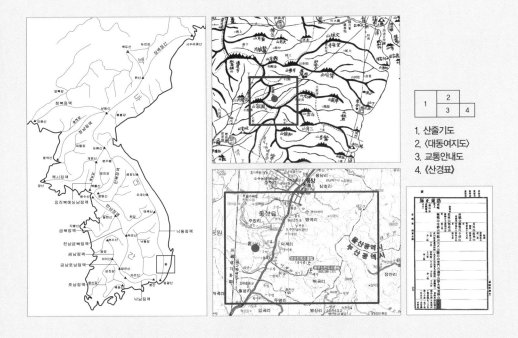

1. 산줄기도
2. 〈대동여지도〉
3. 교통안내도
4. 〈산경표〉

양산 한일유앤아이 아파트는 낙동정맥상의 천성산(원적산: 천성산의 옛 이름) 아래에 자리하고 있다. 백두대간상의 태백산에서 동해안을 따라 뻗어내린 산줄기가 낙동정맥이다. 낙동정맥은 낙동강의 동쪽에 있는 산줄기라 하여 붙여진 이름이다.

2. 대명당의 터

대명당 국국局의 범위는 산도山圖를 그려보면 나타난다. 산도는 예부터 이름 있는 풍수사들이 형국을 설명하기 위해 그린 것으로 여러 가지 형태로 전해지고 있다. 산도는 산줄기의 연결선과 풍수사의 형국적 느낌을 표현한 그림이다. 양산 한일유앤아이 아파트 위치에 대한 산도를 그려보면 대명당임과 동시에 연꽃이 반쯤 피어 있는 형국을 보여준다. 또한 이 산도에는 천성산의 전설을 담아 성인이 된 여러 사람의 얼굴이 표현되어 있다.

양산 한일유앤아이 아파트 산도.

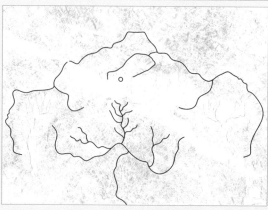

지형산줄기도.

328

천성산 아래 대명당에 자리한 한일유앤아이 아파트

'대명당의 자리'는 국局을 형성하는 지역의 규모가 대단히 큰 것을 말한다. 여기에서 '국'이란 사신사四神砂(청룡·백호·주작·현무)가 이루는 범위를 말한다. 양산 한일유앤아이 아파트의 위치는 다소 높은 산자락에 있다. 수직으로 높이 면에서는 전체를 관조할 수 있는 수준에 있고, 평면적으로 영역상 좌우대칭의 중심 위치에 있어 이 지역의 대명당을 장악하고 있다. 즉, 대명당 주인의 자격으로 지역의 생기를 공급받고 있다. 터 아래에 펼쳐진 명당의 크기는 많은 인재와 부를 감당할 수 있을 정도로 대규모이다. 오른쪽의 백호산 줄기는 쭉 돌아서 앞에 보이는 산과 연결되는데, 명당의 크기는 앞의 크고 작은 건물들과 땅을 모두 포함하는 것이다.

양산 한일유앤아이 아파트 대명당.

울산김씨 시조할머니의 묘. 전국 대명당의 사례는 여러 곳이 있을 수 있는데, 양택(주거)으로 대명당은 훼손되어 찾아보기가 쉽지 않고 음택(묘소)이 조금 남아 있다. 전남 장성에 있는 울산 김씨의 선조가 되는 여흥민씨 할머니의 묘는 풍수사들이 꼽는 대명당이다.

남연군묘 대명당. 남연군묘는 흥선대원군의 아버지의 묘로서 고종황제, 순종황제를 배출한 2대 천자지지天子之地로 알려져 있다. 위치는 충청남도 예산군 덕산면이며, 가야봉, 석문봉, 옥양봉에 의해서 호위를 받고 있는 터로 유명하다.

3. 주산으로서 천성산

원효산과 통합하여 천성산이라 일컫기 전에는 원효산이라 불렸다. 양산의 최고 명산으로 웅상, 상북, 하북 3개 읍면에 경계를 이루고 있으며, 해발 922m이다. 또 천성산은 예부터 깊은 계곡과 폭포가 많고 경치가 빼어나 소금강산이라 불렸으며, 원효대사가 이곳에서 당나라에서 건너온 1천 명의 스님에게 화엄경을 설법하여 모두 성인이 되게 했다는 유래에서 천성산이라 칭한다.

4. 양산 한일유앤아이 아파트 입지의 풍수 의미

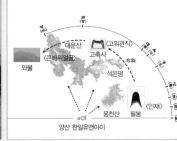

5. 필봉(목형산)으로서 용천산

손방巽方(동남쪽)에 목형의 용천산(최고 높이 해발 544.2m)이 자리하고 있다. 양산 한일유앤아이 아파트의 위치에서 선명하게 보이며 가장 큰 영향을 주는 산이다. 산의 모양이 아주 수려하고 밝은 느낌을 준다. 풍수 고전에서는 이러한 모양의 산을 필봉筆峯이라 하여 이 봉우리의 영향을 받으면 학자가 배출되고 학생이 공부를 잘하게 된다고 한다.

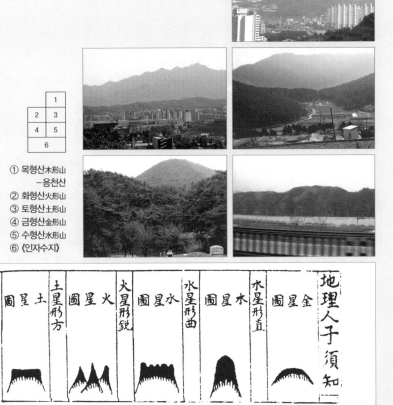

	1	
2	3	
4	5	
	6	

① 목형산木形山
　－용천산
② 화형산火形山
③ 토형산土形山
④ 금형산金形山
⑤ 수형산水形山
⑥ 《인자수지》

풍수 고전 《인자수지人子須知》에서 발췌.

6. 고축사로서 석은덤

높은 지역에 있는 아파트는 전
망이 좋다. 풍수적 관점에서는 전
망이 트여 있다고 무조건 좋게 해
석되는 것은 아니다. 안산案山과
조산朝山의 형태와 성격을 보고
평가한다. 아파트 위치에서 보면
고축사誥軸砂라고 하는 길사吉砂

가 보인다. '고축'은 '지시를 내리다'의 '고誥'와 '두루마리'의 '축軸'이 합성
된 것이다. 즉, 황제의 훈령을 직접 받는 고관대작高官大爵을 의미한다.

풍수 고전《탁옥부琢玉斧》에는 고축사도 형태에 따라 '고축개화誥軸開花', '고
축誥軸', '전축展軸'으로 구분되고 상·중·하의 등급으로 구분하여 설명된다.
상급上龍일 경우 황제의 총애를 받으며, 하급賤龍이라 하더라도 대귀大貴의 존재
가 되지 못하지만 대부大富가 될 수 있다고 한다(《탁옥부》3권 하, p.512).

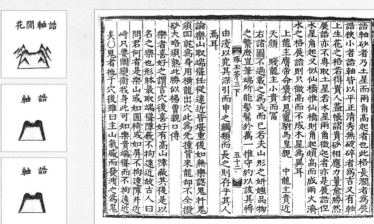

7. 큰바위얼굴(와불) 대운산

아파트 건립지의 높이에 올라
가면 와불臥佛 모양을 볼 수 있
다. 와불이라고 할 수도 있지만
미국 작가 너대니얼 호손의 소
설에 나오는 '큰바위얼굴'이라
고 할 수도 있다. 대운산을 숨은
그림 찾듯이 잘 살펴보면 두 개

의 와불을 한꺼번에 볼 수 있다. 두 개의 의미는 곱해서 계속 늘어날 수 있다는
측면에서 천 명의 성인을 배출한 천성산의 전설과 상응한다.

왼쪽부터 금오산, 마니산, 영인산.

〈큰바위얼굴 이야기〉

남북전쟁 직후, 어니스트는 어머니에게서 바위 언덕에 새겨진 큰 바위 얼굴을 닮은 아이가 태어나 훌륭한 인물이
될 것이라는 전설을 듣는다. 어니스트는 커서 그런 사람을 만나보았으면 하는 기대를 가지고, 자신도 어떻게 살아야
큰바위얼굴처럼 될까 생각하면서 진실하고 겸손하게 살아간다. 세월이 흐르는 동안 돈 많은 부자, 싸움 잘하는 장
군, 말을 잘하는 정치인, 글을 잘쓰는 시인들을 만났으나 큰바위얼굴처럼 훌륭한 사람으로 보이지 않았다. 그러던
어느 날 어니스트의 설교를 듣던 시인이 어니스트가 바로 '큰바위얼굴'이라고 소리친다. 하지만 할 말을 다 마친 어
니스트는 집으로 돌아가면서 자기보다 현명하고 나은 사람이 큰바위얼굴과 같은 용모를 가지고 나타나기를 마음속
으로 바란다.
— 미국의 소설가 너대니얼 호손Nathaniel Hawthorne의 작품

8. 아파트 계획안의 풍수

아파트의 배치도를 보면 동의 배치가 동향과 남향의 축을 형성하고 있다. 남향 세대는 주로 용천산을 바라보는 향으로서 필봉의 영향을 받을 수 있고, 동향 세대는 대운산과 석은덤을 주로 바라보는 향으로서 귀봉貴峰의 영향을 받을 수 있다. 이러한 의미에서 어린 학생이 있는 세대라면 남향이 좋겠고, 학업을 마친 성인 세대라면 동향이 좋겠다. 각 유니트의 평면에서 주목되는 것은 현관문 앞에 설치된 전실 개념의 복도인데, 집 안으로 들어오는 생기를 모으고 살기를 막는 구조라고 할 수 있다. 이 부분을 깨끗하고 아름답게 관리하면 집안에 좋은 일이 많이 생길 것이다.

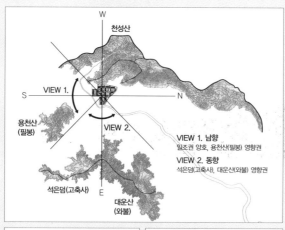

1. 한일유앤아이 아파트 배치향 분석도
2. 26평형 평면도
3. 34평형 평면도

334

주례동 한일유앤아이 건립지는 이런 땅입니다!

─풍수지리학적 측면에서 대지 분석(주례동 터의 좋은 점)─

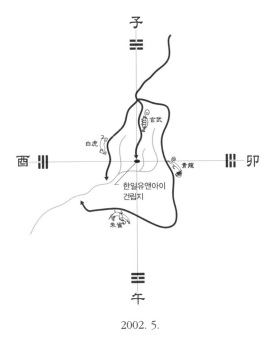

2002. 5.

한일건설
www.hanilconst.co.kr
연구 의뢰

자연과 건축
Nature & Architecture
용역 수행

1. 집자리 고를 때 유의할 점

1)《택리지》에서 말하는 4가지(복거사요卜居四要)ㅣ 2) 과학에서 말하는 5가지

2. 주례동 한일유앤아이 건립지는 이래서 좋은 터입니다

1) 의미 있는 땅입니다ㅣ 2) 낙동정맥의 본줄기에 속한 땅입니다ㅣ 3) 낙동강 수역에 속한 땅입니다ㅣ 4) 낙동정맥의 열매가 맺힌 터입니다ㅣ 5) 부산은 좋은 터를 찾기가 아주 어려운 지역입니다ㅣ 6) 풍수지리학적 형국이 갖추어진 터입니다ㅣ 7) 고층 아파트가 잘 어울리는 터입니다ㅣ 8) 산수가 좋아 생기가 넘치는 명랑한 터입니다

1. 집자리 고를 때 유의할 점

1) 《택리지》에서 말하는 4가지(복거사요卜居四要)

무릇 살터를 잡는 데에는	大抵卜居之地
첫째, 지리가 으뜸이고	地理爲上
다음으로 생리가 좋아야 하며	生利次之
다음으로 인심이 좋아야 하고	次則人心
다음으로 산과 물이 있어야 한다.	次則山水

– 《택리지》에서

땅을 두드려보기도 하고, 방위를 점검하며, 직접 답산하면서 집터로서의 적합성을 검토하고 있다. 《풍수이론연구》

지리

어떻게 지리를 논할 것인가?	何以論地理
먼저 수구를 보고	先看水口
그 다음에는 들판의 형세를 본다.	次看野勢
그 다음에 산의 모양을 보고	次看山形
그 다음에 흙의 빛깔을 본다.	次看土色
그 다음에 수리를 보고	次看水理
그 다음에 조산과 조수를 본다.	次看朝山朝水

화살표 끝부분이 한일유앤아이 아파트 건립지이다. 낙동정맥의 본줄기가 힘차게 용트림하면서 내려온다. 한일유앤아이 아파트 건립지는 낙동정맥의 힘찬 기운이 맺히는 곳이다.

생리

어찌하여 생리를 논하는가?	何以論生利
사람이 세상에 태어나서	人生於世
이미 (음식 대신에) 바람을 들이마시거나 이슬을 마시며 살 수 없게 되었고	旣不能吸風飮露
(의복 대신에) 갓을 입고 털로 몸을 가릴 수 없게 되었다.	衣羽蔽毛
그러므로 사람은 입고 먹는 일에 종사하지 않을 수가 없다.	則不得不從事於衣食
위로는 조상과 부모를 공양하고	而上以供祖先父母
아래로는 처자와 노비를 길러야 하니	下以畜妻子奴婢
재물을 경영하여 (살림을) 넓히지 않을 수가 없다.	又不得不營以廣之

구봉산九峯山은 사실상 부산의 주산主山이다. 구봉산은 이름 그대로 거북이가 남해 바다로 헤엄치며 입수하는 모습이다.

구봉산 아래 대청공원에 있는 충혼탑(건축가 김중업)이다.

구봉산 아래 대청공원에서 바라본 부산항이다. 부산항은 오늘날 부산의 발전을 있게 한 원동력이며, 부산 생리의 근원이다.

인심

어찌하여 인심을 논하는가?	何以論人心
공자께선 "마을 인심이 착한 곳이 좋다.	孔子曰, 理仁爲美
착한 곳을 가려서 살지 않는다면	擇不處仁
어찌 지혜롭다고 하랴" 하셨다.	焉得智
옛날 맹자의 어머니가 세 번이나 집을 옮긴 것도	昔孟母三遷
아들을 (잘) 교육시키기 위해서였다.	欲敎子也
(살 고장을 찾을 때) 풍속이 올바른 곳을 가리지 않으면	擇非其俗
자신에게 해로울 뿐만 아니라,	則不但於身有害
자손들도 반드시 나쁜 물이 들어서 그르치게 될	於子孫必有薰染註誤之患
염려가 있다.	
그러므로 살터를 잡을 때는 그 지방의 풍속을	卜居 不可不視其地之謠俗矣
살피지 않을 수가 없다.	

한일유앤아이 아파트에서 5분 거리에 있는 백양산 약수터.

약수터 주변의 운동시설을 이용하는 인근 주민들.

약수터 옆 정자에서 휴식을 취하는 인근 주민들의 얼굴 표정이 밝다.

산수

산수는 어떻게 논하는가?	何以論山水
백두산은 여진과 조선의 경계에 있으면서	白頭山在女眞 朝鮮之界
온 나라의 빛나는 지붕이 되어 있다.	爲一國華蓋
산 위에 못이 있는데 들레가 80리다.	上有大澤 周迴八十里
(그 못물이) 서쪽으로 흘러 혼동강混同江이 되었다.	西流爲鴨綠江
두만강과 압록강 안쪽이	東流爲豆滿江 豆滿 鴨綠之内
바로 우리나라다.	卽我國也
산수는 정신을 즐겁게 하고	夫山水也者
감정을 화창하게 한다.	可以怡神暢情者也
사는 곳에 산수가 없으면	居而無此
사람을 촌스럽게 만든다.	則令人野矣

백양산 서쪽의 낙동강은 낙동정맥이 만들어낸 물길이다. 아버지와 아들이 백양산 정상에서 낙동강을 바라보며 야호를 외치고 있다.

2) 과학에서 말하는 5가지

지진파(seismic wave, earthquake)

피진기避震氣(진기를 피하는 법)	避震氣
땅 속의 지맥은 조리가 서로 관통하고	地中之脈 條理相通
그 안에 기가 잠복하여 행하고 있다.	有氣伏行焉
강하고 조밀한 조리에 들어간 사람은	强而密理中人者
아홉 개의 구멍이 모두 막혀서	九竅懊塞
어지럽고 답답하여 죽는다.	迷悶而死
무릇 산마을의 높은 곳에 그러한 곳이 많고	凡山鄉高亢之地
저습한 곳에는 드물게 있다.	多有之澤 國鮮焉
이곳이 지진이 발생하는 곳이기 때문에	此地震之所由也
진기라고 부른다.	故曰震氣
무릇 우물을 파다가 이러한 곳을 만나면	凡鑿井遇此
어떤 기운이 스산하게 사람에게 침노함을 느끼게 되는데	覺有氣颯颯侵人
그러면 급히 일어나 피해야 한다.	急起避之
그 기가 다 빠져나간 뒤	俟洩盡
다시 아래로 파내려간다.	更下鑿之
그 기가 다 없어졌는지 알아보려면	欲候知氣盡者
줄에다 등불을 매달아 아래로 내려보내서	縋燈火下視之
불이 꺼지지 아니하면 이것은 기가 다 없어진 것이다.	火不滅是氣盡也

- 《임원경제지》에서

일본 기상청JMA의 진도표震度表

강도 명칭	강도	느끼는 정도
무감無感 (no feeling)	가속도 0.8Gal(cm/sec)	사람이 느낄 수는 없으나 지진계에는 기록되는 정도의 지진
미진微震 (slight)	가속도 0.8~2.5Gal(cm/sec) 이하	정지하고 있는 사람이나 특히 지진에 주의 깊은 사람의 경우 느낄 수 있는 정도의 지진
경진輕震 (weak)	가속도 2.5~8Gal(cm/sec) 이하	대부분 사람이 느낄 수 있으며 창문이 약간 흔들릴 정도의 지진
약진弱震 (rather strong)	가속도 8.0~25Gal(cm/sec) 이하	건물이 흔들리고 창문과 문틀이 삐걱거리는 소리를 내고, 전등처럼 끈으로 매달려 있는 물건은 상당히 흔들리며, 그릇에 담긴 물의 움직임을 알 정도의 지진
중진中震 (strong)	가속도 25~80Gal(cm/sec) 이하	건물의 진동이 심하고, 안전성이 나쁜 꽃병이 쓰러지고, 물그릇에 담긴 물이 넘쳐 흐른다. 걸어가고 있는 사람도 느낄 수 있으며, 많은 사람들이 집 밖으로 뛰쳐나올 정도의 지진
강진强震 (very strong)	가속도 80~250Gal(cm/sec) 이하	건물의 벽에 금이 가고 비석과 석등이 쓰러지고 굴뚝처럼 진동에 약한 건물은 파손될 정도의 지진
열진烈震 (disastrous)	가속도 250~400Gal(cm/sec) 이하	건물의 30% 정도가 파괴되고 산사태가 일어나며, 지면이 갈라지고 많은 사람들이 앉아 있을 수 없을 정도의 지진
격진激震 (very disastrous)	가속도 400Gal(cm/sec) 이상	건물의 파괴가 30% 이상이며, 산사태가 나고 지면이 갈라지고 단층이 생길 정도의 지진

342

지진은 '지속적인' 자연현상이다: 단지 인간이나 기계의 감지 여부의 문제이다

지구상의 어느 곳도 지진으로부터 안전한 곳은 없다. 지진의 원인에 대해서는 판구조론板構造論(theory of plate tectonics)이 가장 설득력 있는 이론으로 받아들여지고 있다. 판구조론은 지구의 지표면을 몇 개의 판으로 이루어진 구조체로 보고 이러한 판의 경계점에서 끊임없는 변화가 일어나면서 지진이 발생한다고 본다.

대부분 판의 경계는 바닷속에 있는데, 이 경계에는 쉴 새 없이 용암이 흘러나오고 동시에 고체로 굳어진다. 흘러나온 용암이 굳는 과정에서 주변의 판을 밀게 되는데, 1년에 1cm에서 18cm 정도의 비율로 대지의 움직임을 일으킨다고 한다. 이러한 힘이 지각의 마찰저항에 의해서 축적되며 극에 달하면 지각의 판이 미끄러지면서 소모된다.

마찰저항보다 더 큰 힘이 축적되어 이완의 과정을 거칠 때 지각은 진동하게 된다. 이러한 지각판의 진동을 지진이라 하고 급작스럽고 순간적일 때 대규모의 지진으로 인간에게 다가오는 것이다. 그런데 중요한 것은 지진은 없다가 갑작스럽게 발생하는 것이 아니라 지금 이 시간에도 용암이 계속적으로 분출되고 굳어지는 과정에서 발생되는 미는 힘 때문에 지각의 판이 조금씩 흔들리고 있는 것이다. 또한 이러한 지진의 강도는 당연히 지역에 따라 각기 다를 수 있는 것이고, 인간이 자신의 삶의 터전을 정할 때 신중해야 할 이유가 된다.

중력(force of gravity)

내 집터 아래 땅 속에 무엇이 들어 있는지에 따라 중력의 세기가 달라질 수 있다. 지구상의 모든 물체는 지구의 중심을 향해 떨어지는 현상을 피할 수 없다.

이러한 현상은 지구의 중심이 아주 비중이 높은 물질로 이루어져 있음을 나타내는 것이다. 평균적인 지구 핵의 비중은 5.5g/㎤ 정도로 알려져 있는데, 이 수치는 일반적인 쇳덩어리의 비중과 맞먹는다. 이것이 지구상에 있는 모든 것들을 지구 중심으로 잡아당기고 있는 힘의 원천이다. 그런데 중력이 서로 다른 비중을 갖고 있는 물체 사이에 작용하는 힘이라면 땅 속 물체의 구성 성분에 따라 지표면 위의 물체에 대하여 작용하는 중력의 세기가 지역에 따라 다를 수 있다는 것을 의미한다. 지하에 비중이 높은 물질이 있는 곳에 집을 짓는다면, 우리는 다른 곳에 비해서 땅 쪽으로 당기는 힘을 많이 받으면서 생활하게 된다.

$$A와 B 간의 중력 = 상수 \times (A \times B) / 거리의 제곱$$

지구자기장(magnetic field): 지구는 거대한 자석이다

지구는 남극과 북극을 잇는 자기장 그물 속에 있다. 인간은 이러한 자기장의 영역 속에서 매일 생활하고 있는 것이다. 지구자기장의 세기가 가장 강한 곳은 남극과 북극이다. 이는 지구의 자기장이 남극에서 나와서 북극으로 들어가기 때문에 남극과 북극에는 나가고 들어오는 자기장의 밀도가 높아지게 된다. 우리는 나침반이나 패철佩鐵을 가지고 방향을 가늠하는데, 자침이 가리키는 방향을 자북磁北이라 한다. 자북은 지구의 자전축으로서 북극성이 가리키는 진북과는 각도의 차이를 보여주고 있다. 그런데 이러한 자기장의 극점極點은 고정되어 있지 않고 조금씩 변화하는 것으로 알려져 있다. 자기장의 극점인 자북과 진북의 각도의 차이가 점차 좁혀지는 방향으로 자기장의 극점이 움직이고 있는 것이다.

지열(geothermal energy): 땅에서 열이 난다

우리가 발을 딛고 사는 땅은 쉴 새 없이 열을 발산하고 있는데, 이것은 낮 시간에 태양에서 받은 에너지만을 말하는 것이 아니다. 이는 땅 자체가 갖고 있는 것으로서 땅 속의 마그마에서 전달받은 열의 발산을 말하는 것이다. 지열은 땅 속으로 들어갈수록 온도가 올라가는 것을 말하는데, 1km씩 깊이 들어갈 때마다 섭씨 25도 정도가 증가하는 것으로 나타나고 있다. 이러한 지열은 깊은 갱도 속에서 일하는 광부들을 괴롭히는 악조건 중의 하나이다.

최근 이러한 지열을 이용하여 산업에 사용하려는 시도들이 많다고 한다. 또한 전통적 방법으로 겨울철 무가 얼지 않도록 땅에 묻거나 김장 김치를 적절히 숙성시키기 위해서 김칫독을 땅에 묻는 것도 지열을 이용하는 것이다. 땅 속의 열은 아주 느린 속도로 지상으로 배출되고 있다.

수맥(blackwater): 수맥에 대한 과학적 규명이 미미하다

최근 들어 많은 사람들이 수맥에 대해서 관심을 갖고 있다. 시중에서는 자기장에 관한 것 못지않게 수맥을 차단하기 위한 관련 제품들이 많이 소개되고 있다. 그런데 이렇게 높은 관심도에 비해서 수맥파의 발생 원인과 그 영향에 대한 과학적 규명은 미미한 편이다. 사람에게 영향을 미친다는 수맥의 존재는 인정하면서도 그것이 어떠한 이유에서 건물의 벽체에 균열이 생기게 하고 사람의 수면을 방해하는지에 대해서는 의견이 분분하다.

수맥파가 발생하는 것이 지하의 수맥과 관련이 있다는 것은 사실인 것 같다. 또한 지하수도 생명체와 같아서 자신의 생명을 유지하기 위해서 계속해서 물을 공급받으려는 의지가 있다. 따라서 물 공급에 방해가 되는 장애물들을 제거하고 물길을 틔우려는 의지에서 수맥파가 발생한다는 설도 있다.

땅기운地氣과 하늘의 기운天氣

땅기운이란 복합적인 환경인자의 총칭이다: 땅기운과 관련하여 인간의 생활에 영향을 미칠 수 있는 환경인자는 여러 가지이다. 현재까지 알려진 5가지가 전부가 아님에 주목해야 한다. 모든 환경인자에 비하면 이제까지 과학이 밝혀낸 것은 너무나 미미한 수준이다. 또한 비교적 계량화할 수 있고 과학적으로 규명된 5가지 사항조차도 각각의 개별적 방식으로 작용하기보다는 상호 복합적인 작용에 의해서 생태계에 영향을 주고 있다.

땅기운은 과학적 규명이 어려운 대상이다: 더욱이 순수하게 지하에서 발생되는 땅기운만이 아니라 하늘의 기운까지를 포괄해서 생각한다면 앞에서 정리된 5가지 사항으로는 인간의 생활환경 속에서 일어나는 삼라만상을 설명할 수 없다. 그것은 앞으로 과학으로도 정확하게 계량화하기 어려울지 모른다.

《택리지》의 복거사요卜居四要: 이중환의 《택리지》에서는 4가지 사항을 들고 있다. 인간이 살 만한 터를 정할 때 지리, 생리, 인심, 산수가 어떠한지를 따져보자는 것으로, 결국은 환경인자를 종합적으로 검토하자는 것이다.

결국 풍수지리도 같은 이야기이다: 결국 풍수지리라는 것도 인간이 살기에 좋은 땅과 환경을 선택하고 가꾸어가는 것인데, 땅기운과 하늘의 기운을 종합적으로 파악하고 판단하는 논리 체계의 하나로 보면 크게 틀리지 않다. 즉, 풍수지리학적으로 좋은 곳이라면 현대과학으로 규명해도 역시 좋은 곳이다.

2. 주례동 한일유앤아이 건립지는 이래서 좋은 터입니다

1) 의미 있는 땅입니다

주례周禮라는 말은 잘 감싸인 터라는 의미에서 시작되었다. "주례동의 '주례' 라는 말의 어원은 '두리'로 파악되고 있다. '두'와 '주'가 같은 음이며, '리'가 '례'로 적힌 예도 있다."(www.metro.busan.kr) 주례동의 주례라는 말은 둥글다 는 의미로서 잘 감싸고 있다는 뜻이다. 이는 공동체적인 삶의 방식으로 돌아가 며 돕는다는 뜻의 '두레'와 어원이 같다. '주례'의 어원으로서 '두리'라는 말은 '둘레'라는 의미를 가지고 있다.

"종이를 가로로 길게 이어 둥글게 돌돌 만 물건을 두루마리周紙라고 하고, 한 복의 겉저고리를 두루마기周衣라 한다. 그런데 여기에서의 두루는 '둥글게' 또 는 '감싼다'는 뜻이다. 이외에도 두리목(둥근재목), 두리반(두레상), 두리새암(우물 의 사투리), 두리함지박(둥근 함지박) 등과 같은 말이 있다. 그렇다고 보면 산마루가 두루뭉술하거나 어느 고장을 울타리 치듯 둥글게 휘어 돈 산을 두루산 또는 이 에 가까운 음의 산 이름으로 굳어질 수도 있다. 그래서 아직도 두레산, 두른산,

중앙에 종鐘을 엎어 놓은 듯한 산이 백양산(해발 641.5m)이다.

도른산과 같은 방언 지명이 남아 있게 되었고, 더러는 두류頭流, 두로(頭老, 斗露), 두륜斗輪 등의 한자식 산 이름으로 표기하게 되었을 것이다."(배우리,《우리 땅이름의 뿌리를 찾아서》)

둥글다는 의미는 주례동의 주산인 백양산이 둥글게 생겨 후덕하다는 것을 의미하는 것이기도 하고, 주례동이 주변의 산들에 의해서 둥글게 잘 감싸인 곳이라는 의미일 수도 있다. 둥글게 잘 감싸인 곳이라는 것은 풍수지리학상 좋은 곳이라는 의미와 통한다.

두레는 서로 돕고 사는 인심을 말하는 것이다

두레는 서로 어려운 일에 대하여 힘을 합하여 해결하는 것이며, 이른바 품앗이를 하고 농악을 중심으로 결속하며 농촌사회의 공동체를 이루는 단체였으며, 이 두레가 한자로 표기된 것이 '주례'가 되었을 수 있다.《동래부지》(1740)에 보면, "사천면 상단上端 주례리周禮里라 하여 부의 남쪽 30리에 있다"고 기록하고 있다. 주례동의 위치가 동평현의 현치縣治가 있던 곳에서 서쪽으로 나오다

엄광산, 구봉대, 팔경대가 보인다(해동지도)).

낙동강변으로 도는 곳에 있어 이런 마을 이름이 붙었다고 하고, 낙동강변에 있어서 변邊, 즉 가邊라고 하여 이런 이름이 붙었다고 할 수 있다(www.metro.busan.kr).

두레는 돌려가며 서로 돕는다는 의미를 갖고 있다는 측면에서 고을 인심이 좋은 곳이라는 뜻도 된다.

팔경대八景臺란 주변의 산수가 빼어나다는

18세기 중엽에 작성된 〈동래부지도〉이
다(〈해동지도〉).

옛 팔경대 근처에서 바라보니 저 멀리 낙동강 하구가 한눈에 들어온다.

의미를 담고 있다. 18세기 중엽에 작성된 것으로 여겨지는 영남지도를 보면 낙동강 하류라는 글씨가 보이고 엄광산, 사천면 상단, 팔경대라는 지명이 있는데, 아마도 이 팔경대 근처가 주례동이 아닐까 한다. 팔경대라는 것은 그곳에서 8가지의 절경을 볼 수 있다는 의미일 것이다. 팔경이 무엇을 말하는지는 구체적으로 알 수 없으나 낙동강과 섬들이 만들어내는 절경을 말하는 것으로 산수가 좋다는 의미로 볼 수 있다.

2) 낙동정맥洛東正脈의 본줄기에 속한 땅입니다

낙동정맥이란

우리나라의 산들을 하나의 족보와 같이 체계적으로 설명해주는 것이《산경표山經表》이다.《산경표》에 따르면, 우리나라의 산줄기를 백두산에서 지리산에 이르는 '백두대간'과 여기에서 2차적으로 갈라져 나온 '1정간−13정맥'으로 분류하고, 이러한 줄기에서 다시 제3, 제4의 갈래가 뻗어나가는 것으로 나타내고 있다. 낙동정맥이란 낙동강의 동쪽에 있는 산줄기를 말한다. 낙동정맥의 시작은 태백산부터이다.

낙동강에 물을 모아주는 수역을 나타낸다(《대동여지전도》).

"태백산 왼쪽에서 큰 줄기 하나가 나와 동해에 바싹 붙어 내려오다가 동래 바닷가에서 그쳤다. (또) 오른쪽에서도 큰 줄기 하나가 나와 소백산(1,412m), 작성산鵲城山, 주흘산主屹山(1,105m), 희양산曦陽山(1,063m), 청화산青華山(927m), 속리산(1,058m), 황악산(1,111m), 덕유산(1,915m), 지리산(1,915m) 등이 되었다가 남해가에서 그쳤다左出一大支 薄東海 止於東萊海上 右出一大支 爲小白 鵲城 曦陽青華 俗離 黃岳 德裕 智異等山 止於南海上 兩支間沃野千里."《택리지》)

부산은 낙동정맥에 속한 땅입니다

부산은 백두대간의 낙동정맥에 속한 지역이다. 남북 방향으로 뻗어내려온 낙동정맥의 산들이 부산을 통과한다. 양산梁山의 가지산 갈래에서 두 가지로 갈라져 하나는 동쪽의 기장군 쪽으로 뻗어내려 철마산 산줄기가 되고, 하나는 명실

부산의 서쪽에서 도도하게 흐르는 낙동강 전경.

상부한 부산의 본줄기로서 금정산金井山이 되었다. 금정산의 줄기는 낙동강 하구인 몰운대沒雲臺까지 연결되어 입수함으로써 태백산에서 시작된 낙동정맥의 가장 긴 여정을 마무리하게 된다.

백양산은 낙동정맥의 본줄기입니다

현지 답사 결과, 백양산은 금정산과 엄광산 사이를 연결시켜주는 산임이 확인되었다. 〈대동여지도〉상에는 주례동 일대에 대해 자세하게 표현하지 않았지만 지세의 흐름이 약간 잘못 표기된 것으로 파악된다.

고산자古山子 김정호金正浩 선생이 전국 곳곳을 직접 발로 답사하면서 작성한 〈대동여지도〉도 실제 지형과는 약간 다른 점이 있음을 인정해야 할 것이다. 〈대동여지도〉상의 백양산은 선암산仙岩山으로 표기되어 있다. 따라서 〈대동여지도〉상의 선암산을 백양산이라고 보면, 백양산이 낙동정맥의 본줄기로서 당당한 위치를 차지하고 있음을 알 수 있다.

백양산에서 바라본 엄광산.

3) 낙동강 수역에 속한 땅입니다

황지가 낙동강의 발원지이냐 하는 것은 약간의 논란이 있다. 하지만《택리지》에서는 낙동강을 이야기하면서 황지를 제일 먼저 거론하고 있다.

"황지潢池는 천연적으로 이뤄진 못인데, 태백산 상봉 밑에 있다. (황지의 물이) 산을 뚫고 흘러나와, 북에서 남으로 내려와 예안禮安에 이르고, 동쪽으로 굽어졌다가 다시 서쪽으로 흐르면서 안동 남쪽을 둘러 흐른다. 용궁과 함창咸昌 경계에 이르러 비로소 남쪽으로 굽어 흐르며 낙동강이 된다. 낙동洛東이란 말은 상주尙州의 동쪽이라는 뜻이다. 강은 김해로 들어가면서 온 도道의 한가운데를 가로지른다. 강 동쪽을 좌도左道라 하고, 강 서쪽을 우도右道라고 한다. 두 갈래가 김해에서 크게 합쳐지고, 70고을의 물이 한 수구로 빠져나가면서 큰 형국을 만들었다."(《택리지》)

당당한 낙동정맥의 본줄기

한일유앤아이 건립지로서 사상구에 속한 주례동은 학장천의 수계로서 서쪽으로 흘러 낙동강 물과 합수됨으로써 당당한 낙동정맥이며, 낙동강 수역에 속하는 산이라고 할 수 있다. 사실 부산진은 부산포에서부터 시작된 것이므로 처음부터 강보다는 바다에 의존한 터였다고 보는 것이 타당하고 풍수적인 형국의 단순 비교는 적합하지 않다고 본다. 하지만 바닷물과 직접 관련되는 부산진 지역과 강물과 연결되는 주례동 지역은 근본적으로 물의 성격이 다른 곳이다. 행정구역상 부산에 같이 속해 있긴 하지만 터의 성격이 완전

(주례동) 백양산 줄기는 낙동강과 관련이 있다.

(부산진) 구봉산 줄기는 남해와 관련이 있다.

히 다른 곳이라고 할 수 있다. 예부터 '노는 물이 다르다' 는 말이 있는데, 이것을 두고 하는 말이다. 주례동에 부는 바람은 강바람이고 부산진 쪽에 부는 바람은 바닷바람이다.

4) 낙동정맥의 열매가 맺힌 터입니다

풍수지리학에서는 산줄기를 나무의 줄기에 비유하여 사람이 살기 좋은 터나 묘터로서 좋은 자리를 두고 줄기에 열매가 맺힌 것으로 비유하기도 한다. 열매

2
풍수마케팅 사례

주례동
한일유앤아이
건립지는
이런 땅입니다!

가 맺히는 그곳이 길한 곳이라는 뜻이다. 열매에는 종족 보존을 위한 씨앗이 들어 있고, 그 씨앗에는 유전자 정보가 들어 있다. 땅기운이 만들어내는 열매를 풍수지리학에서는 혈穴이라는 용어로 정의한다.

제비집 형상의 터 – 와혈

혈은 땅기운이 모여 만들어낸 결정체이다. 낙동정맥은 몰운대까지 달려오는 동안 여러 번의 혈처을 만들어 놓았는데, 주례동 한일유앤아이의 터가 이중 하나이다. 혈의 종류는 크게 유혈乳穴, 겸혈鉗穴, 와혈窩穴, 돌혈突穴의 4가지로 구분한다. 유혈과 돌혈은 주변에 대해서 다소 돌출된 형태를 말하고 와혈과 겸혈은 다소 오목한 형상을 뜻한다. 주례동 한일유앤아이 건립지와 같이 큰 형국으로 볼 때 잘 감싸인 제비집과 같은 터를 와혈이라고 한다.

5) 부산은 좋은 터를 찾기가 아주 어려운 지역입니다

부산에 부산이 없다

"부산은 동평현에 있으며, 산이 가마솥 모양과 같아서 이렇게 이름 지었다. 그 아래가 바로 부산포釜山浦이니, 늘 살고 있는 왜호倭戶가 있으며 북쪽으로 현까지의 거리는 21리이다." 《신증동국여지승람》 제23권, 〈동래현〉 '산천조')

부산釜山이라는 지역의 이름을 갖게 한 산으로서 부산이라는 명칭을 가진 산은 없다. 다만 부산은 한자의 뜻으로 볼 때 가마솥과 같이 생긴 모양의 산을 말한다.

증산甑山이 부산을 말한다

"1643년(인조 21년)에 통신사 종사관으로 일본으로 건너간 신유申濡의 《해사록》에 실려 있는 〈등부산시登釜山詩〉에 '산 모양이 가마와 같고 성문이 해수에 임하여 열려'라고 한 구절이 나온다. 이때 부산진성은 오늘날 동구 좌천동 북쪽의 증산을 둘러싸고 있는 정공단 자리에 성문이 있어 성문 바로 아래가 바다와 접해 있었으므로 이 시문에 나오는 산은 증산을 말하는 것으로 보인다. 또 18세기 중엽에 우리나라 사람이 그린 〈부산

부산을 상징하는 산으로 증산(131.3m)을 말하는데, 부산항을 들어오면서 먼저 눈에 띄는 것은 구봉산(405m)이 아닐까 한다.

왜관도〉를 보면 이 증산을 점초点抄하여 〈부산고기釜山古基〉라고 기록되어 있다." (www. metro.busan.kr)

2
풍수마케팅 사례

주례동
한일유앤아이
건립지는
이런 땅입니다!

부산관광안내도에는 부산의 산들이 서로 연결되어 있지 아니하고 마치 독립된 섬들처럼 표현되어 있다.

부산으로 불리게 된 계기를 제공한 증산은 부산항으로 들어오는 입구에 있던 산으로 규모는 작지만 배를 타고 들어오는 뱃사람들에게는 지역의 정체성을 제공하는 이정표 구실을 한 것으로 생각된다. 지금 증산은 증산공원이 되어 좌성초등학교가 있는 해발 131.1m의 언덕이다. 부산으로 볼 때는 의미 있는 곳으로 잘 보전되어야 할 것이다.

부산은 산이 많은 도시: 낙동정맥 끝자락의 여러 갈래

부산의 대표적 산인 증산은 부산이라는 이름을 생기게 했지만 지금은 지도상에 이름조차 표시되지 않을 정도로 규모가 작은 언덕이 되었다. 부산에는 증산 외에도 너무나 유명하고 덩치가 큰 산들이 즐비하다. 부산 지역에 산이 유달리 많은 이유는 낙동정맥 끝자락의 가지가 여러 갈래로 갈라지면서 부산 전역을 감싸고 있기 때문이다.

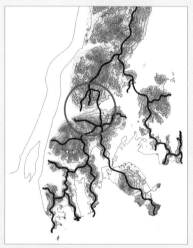

지형도에서 볼 수 있는 것처럼 부산의 형국은 매우 복잡하여 넓은 들을 찾아보기 어렵다. 동그라미 부분이 주례동 한일유앤아이의 형국을 나타낸다.

동해 쪽의 낙동정맥

백두대간은 한반도의 척추에 해당하는데, 금강산에서부터 동해 쪽으로 바짝 붙어서 남진하게 된다. 백두대간 동해 쪽의 동쪽 사면에 속한 지역들의 경우(장전, 고성, 거진, 간성, 속초, 양양, 주문진, 강릉, 동해, 삼척, 원덕, 울진, 평해, 영덕)는 서쪽으로

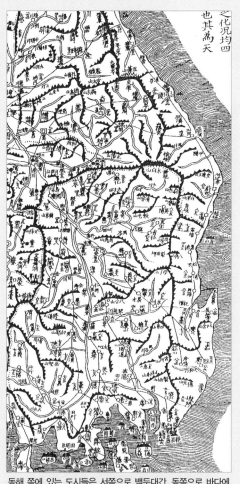

는 높은 백두대간에 접하고 동쪽으로는 동해 바다에 접하고 있어 넓은 면적의 가용 토지를 얻기가 어려운 지형적 조건을 가지고 있다. 태백산에서 갈라진 낙동정맥의 경우도 마찬가지인데, 부산의 경우도 이러한 지형적 조건을 보여주는 곳이다. 결국 부산이라는 도시는 낙동정맥 끝자락의 가지들이 뻗어내린 틈 사이에 만들어진 도시이다.

동해 쪽에 있는 도시들은 서쪽으로 백두대간, 동쪽으로 바다에 접하고 있어 지형적으로 넓은 터를 확보하기 어렵다(《대동여지전도》).

부산에는 다른 대도시에 비해서 쓸 만한 땅이 많이 남아 있지 않다

부산은 기타의 광역시와 비교할 때 성장가능한 여유공지가 많지 않다는 한계를 갖고 있는 도시이다. 부산광역시를 광주광역시와 비교할 때 전체의 면적에 비해서 임야가 차지하는 비율이 10% 가까이 높은 편이다. 대구광역시와 비교하면 대구광역시가 임야의 비율이 높게 나타나고 있으나 대지 비율에서 부산의 경우는 거의가 산비탈에 조성된 대지임을 감안한다면 부산의 여건이 대구보다 좋다고 말하기는 어려운 실정이다.

부산, 광주, 대구 지목별 면적(km²) 비교표

광역시	전체 면적 / 비율		임야 면적 / 비율		대지 면적 / 비율	
부산	759.87	100	368.17	48	93.86	12.3
광주	501.44	100	200.71	20	46.85	9.34
대구	885.53	100	487.37	55	71.87	8.12

더욱이 대구의 경우는 〈대동여지전도〉상의 산세도에서 보여주듯이 경산, 한양, 성주, 칠곡 등의 인근의 도시로 확장되어갈 가능성을 갖고 있다는 측면에서 대지 공급의 여유가 있는 편이다. 반면 부산은 북쪽으로 양산군 가지산(922m), 남쪽으로는 남해 바다, 서쪽으로는 낙동강, 동쪽으로는 동해 바다를 경계로 하고 있어 더 이상의 확장도 어려운 조건이다. 이러한 점에서 부산 지역의 택지 조성은 산을 깎아서 조성한다든지 하천부

1. 부산은 낙동정맥의 산줄기와 바다에 갇혀 확장 여지가 별로 없는 형편이다.
2. 광주지역은 무등산 서쪽으로 넓은 터를 확보할 수 있다.
3. 대구는 북쪽으로 금호강을 끼고 있어 배산임수의 전형에는 맞지 않지만 경산, 하향, 성주, 칠곡 등으로 확장해 갈 여지가 많다.

지를 매립하여 조성하는 방법이 제시될 수 있는데, 택지의 선택에 주의를 요하는 부분이기도 하다.

부산에서 배산임수가 갖추어진 터 찾기: 한양의 청계천과 주례동의 학장천

서울의 내명당수인 청계천과 경복궁의 관계를 비교해보면 배산임수의 형국을 쉽게 이해할 수 있다. 서울의 경우 경복궁의 주산인 북악산에서 발원한 물줄기가 내명당수인 청계천이 되어서에서 동으로 흐르다가 한강의 큰물을 만나서 합수된다. 주례동의 경우 백양산에서 발원한 물줄기가 학장천이 되어 서쪽으로 흐르다가 낙동강과 만나는 형국으로 되어 있다. 청계천의 경우는 서에서 동으로 흐르는 물길이고, 주례동 앞을 흐르는 물줄기는 동에서 서로 흐르는 물길이다.

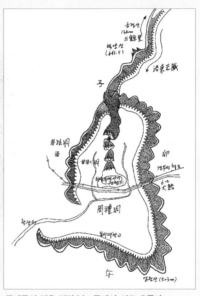

주례동의 경우 명당수는 동에서 서로 흐른다.

학장천은 강물과 합쳐지고 동천은 바닷물과 합쳐진다

부산진구와 사상구의 경계가 되는 고개는 주례동을 중심으로 할 때 청룡자락이 된다. 이 청룡자락이 동천과 학장천을 구분하는 분수령이 된다. 이 고개를 경계로 부산진구 쪽으로 흘러내린 물은 동천이 되어 남해로 흘러들어가고 사상구

주례동 쪽으로 흘러내린 물은 학장천이 되어 낙동강과 합수된다.

큰 형국으로 본 부산.

고개 위에서 사상구 쪽으로 바라본 모습이다. 이 고개 위로 청룡자락이 엄광산으로 넘어간다.

주유소 건물이 보이는 치峙가 부산진구와 사상구를 분分하는 고개이다.

부산에서 찾기 드문 양지바른 터 '한일유앤아이 건립지'

부산에서 양지바른 터 세 곳: 부산의 지형이 세로(남북 방향)로 세워진 지형 구조이기 때문에 산의 동쪽이나 서쪽 사면의 면적이 훨씬 넓다. 따라서 부산에서 주거지로서 형국이 잘 갖추어진 남쪽 사면을 찾아보면 결국 세 군데 정도로 압축된다. 첫 번째가 상학봉 산줄기의 남쪽 사면으로 북구 만덕동 일대이다. 두 번째가 백양산의 남쪽 사면으로 사상구 주례동 한일유앤아이가 있는 곳이며, 세 번째가 구덕산 남쪽 사면으로 사하구 괴정동 양지말 일대이다. 더욱이 한일유앤아이 건립지는 위의 세 곳의 가운데에 있다.

부산에서 남쪽 사면의 양지바른 터 찾기: 부산 지역에서는 앞에서 언급한 세 군데 외에 주거지로 쓸 만한 남쪽 사면을 찾기가 어려운 실정이다. 부산의 지형적인 특수성으로 인해 거의가 동쪽 사면이나 서쪽 사면을 이용하고 있으며, 심지어 는 북쪽의 사면이나 수맥 통과가 우려되는 골짜기 매립지, 하천부지까지도 개 발되고 있다. 이렇게 볼 때 주례동 한일유앤아이 건립지는 부산에서 찾기 어려 운 남쪽 사면의 양지바른 터이다.

낙동정맥은 낙동강의 동쪽 산줄기로서 강줄기를 따라 남쪽으로 내려온다. 부

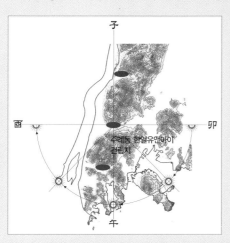

산 지역에 이르러 세 곳의 과협처 過俠處를 만들었는데, 모두 남쪽 사 면을 이루고 있다.

한일유앤아이 건립지는 이 세 곳 가운데 위치하고 있으면서 백 양산의 지세 흐름의 대세가 남동 쪽을 향하고 있어 주거지로서는 더욱 좋은 곳이라 할 수 있다.

6) 풍수지리학적 형국이 갖추어진 터입니다

마을 뒷산은 어머니의 품속과 같은 산이다

풍수지리학에서는 혈처를 만들고 뒤에서 받쳐주는 산을 주산主山이라고 한

어머니가 팔을 벌려 감싸안으려는 모습과 같다.

다. 풍수지리학에서는 집 안에서 보는 앞산 경관도 중요시하지만 마을을 들어오면서 보게 되는 뒷산을 더욱 중요시한다. 주산의 성격에 따라 터의 성격이 가장 많이 결정되기 때문이다. 한일유앤아이를 받쳐주는 뒷산으로서 백양산은 어머니와 같은 산이다.

우리나라의 모든 산은 족보를 갖고 있다: 백양산은 백두산의 113세손

우리나라의 모든 산은 족보를 갖고 있다. 족보의 제일 정점에는 백두산이 있고, 1대간, 1정간, 13정맥으로 크게 분류된다. 이러한 산의 족보를 체계적으로 다루고 있는 것이 《산경표》이다. 주례동의 주산이 되는 백양산이 속한 낙동정맥은 13정맥의 하나이다. "백두산을 1세 시조할아버지로 본다면 지리산은 123세손이 되고, 가장 길게 뻗어나간 마지막 자손인 전남 광양의 백운산白雲山은 171세손이 된다."(현진상, 《한글산경표》) 한편 금정산은 112세손, 엄광산은 114세손이 되며, 두 산의 사이에 있는 백양산은 화지산과 동급으로서 113세손 정도로 파악되고 있다.

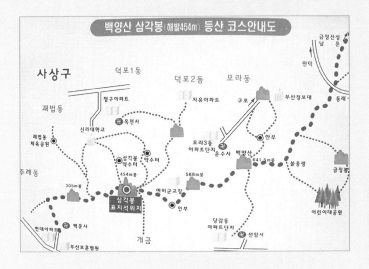

한일유앤아이 건립지 바로 뒤쪽의 등산로를 올라가면 안내판에 표시된 등산코스(점선)가 된다.

백양산의 이름

"백양산은 해발 642m로 부산의 등줄인 금정산맥의 주능선에 솟은 산으로, 부산진구와 사상구의 경계를 이루며 북쪽으로는 금정산과 이어져 있다. ……《동래부지》(1740)에는 백양산이라는 이름이 나타나지 않는다. 그러나 백양사라

제일 높게 보이는 것이 삼각봉(454m)이다.

이 봉우리를 넘으면 백양산 정상(641.5m)이 나타난다. 삼각봉에서 조금 더 올라가면 안내판에서 588m봉이라고 표시한 곳에 다다른다.

는 절 이름은 나오는데 …… 백양사에서 그 이름이 유래한 것으로 보인다."
(www.metro.busan.kr)

주례동 중심으로 본 사신사

　사신사의 구조: 풍수지리라고 하면 대개의 경우 좌청룡·우백호부터 떠올리게
된다. 풍수지리학에서는 좌청룡·우백호·전주작·후현무를 합쳐서 사신사라
부른다. 풍수지리학에서 터를 본다고 할 때는 사신사의 성격이 어떠하며 얼마
나 집터나 묘터를 포근하고 유정하게 잘 감싸주고 있는가 하는 것에 주목한다.
형국도에서 보여지는 바와 같이 사신사로 감싸이는 범위 내에는 부산보훈병원
과 반도보라아파트 그리고 주례동 한일유앤아이 건립지가 속해 있음을 알 수
있다. 특히 주례동 한일유앤아이 건립지는 사신사로 이루어지는 형국의 중심적
자리에 있다는 것을 알 수 있다. 한일유앤아이 건립지는 백양산에서 흘러들어
오는 땅기운을 가장 강력하게 받아들이
는 터라고 할 수 있다.

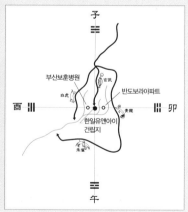

　회룡고조형回龍顧祖形: 주례동 한일유앤아
이 건립지의 경우는 청룡자락이 길게 연
결되어 주작까지 연결되고 있는데, 이를
두고 회룡고조형으로 말한다. 회룡고조
형의 경우는 천하의 명당으로 알려져 있
는 여주의 세종대왕릉英陵이 이와 같은
형국으로 술사들 사이에 회자되고 있다.
주례동 한일유앤아이 건립지의 경우도

낙동정맥의 산줄기가 힘차게 내려오고 청룡과 백
호가 감싸고 있으며, 명당수가 낙동강 쪽으로 흐
르고 있다.

앞산이 엄광산으로 다소 높은 경우에 해당한다고 볼 수 있다.

　　본신용호本身龍虎: 주산을 기준으로 볼 때 좌청룡·우백호가 본줄기에서 가지가 뻗어나와 이루어진 형국을 두고 본신용호라 일컫는다. 청룡과 백호가 집터를 옹호, 호위하는 직분을 갖고 있다고 볼 때 자신의 맥을 이어받은 부모와 자식의 관계로 이해할 수 있다. 호위받는 입장에서 볼 때 이보다 더 든든한 것이 어디 있겠는가.

화지산, 선암산, 백양산은 같은 산의 다른 이름이다

　　《산경표》를 보면 금정산과 엄광산 사이에는 화지산花池山이라는 산 이름이 등장한다. 더욱이 《산경표》상의 화지산花池山은 현재의 백양산과 화지산和池山으로 갈라지기 이전의 만덕터널 바로 아래의 산을 의미하는 것이 아닌가 한다. 즉, 《산경표》상의 화지산花池山은 현재의 화지사華智寺와 정씨 시조(정문도)묘가 있는

백양산에서 동쪽으로 화지산, 황령산으로 갈라지는 산줄기를 보여준다.

화지산和池山과 연결은 되어 있으나 다른 산을 말하는 것이다. 따라서 〈대동여지도〉와 《산경표》상의 낙동정맥의 본줄기는 금정산에서 선암산(백양산), 엄광산, 몰운대로 이어지는 만큼, 백양산이 낙동정맥의 본줄기에 해당하는 뼈대 있는 산줄기임은 증명되었다.

학장천의 발원지로서 주례동

주례동 한일유앤아이 건립지와 관련이 있는 물줄기는 세 곳이다. 우선 대지 바로 좌측의 짧은 골짜기에서 시작되는 물줄기인데, 물의 양은 많지 않지만 아주 맑은 물이 흐른다. 이 물은 개금동 골짜기에서 흐르는 물길과 만나서 서쪽으로 흘러가는데, 보훈병원과 주강초등학교 사이로 흐르는 세 번째 물과 합수되어 낙동강 하구 쪽으로 흘러가게 된다.

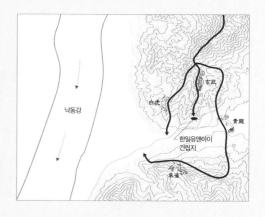

수구가 잘 여며진 곳

이러한 명당수의 합수 과정에서 백호가 한 번 걸어주고 최종적으로 청룡(청룡이면서 주작)이 또 한 번 걸어줌으로써 수구가 잘 여며져 있다고 볼 수 있다. 비록 현재는 일부가 복개되어 볼 수 없으나 지도상의 물길을 따라가보면 부산 지역

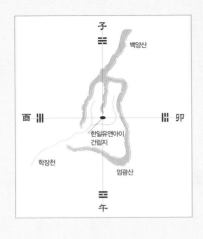

의 다른 곳에 비해서 수구가 잘 여며져 있는 곳임을 알게 된다. 명당수의 흘러가는 물의 청정함을 유지하기 위해서는 복개 구간이 다시 원상태로 회복될 필요가 있다. 서울에서는 이미 청계천이 복원되어 청계천의 맑은 물이 서울의 중심을 흐르는 모습을 볼 수 있다. 결국 주례동 한일유앤아이 건립지는 배산임수이면서 수구가 잘 여며진 길한 곳이라고 할 수 있다.

7) 고층 아파트가 잘 어울리는 터입니다

주례동 한일유앤아이 건립지는 회룡고조형으로서 앞산이 다소 높은 형국에 속한다. 앞산이 가깝게 높이 위압적으로 서 있는 경우 그곳에 사는 사람은 답답한 느낌을 가지게 된다. 도시의 높은 빌딩 숲을 지날 때도 이러한 느낌을 갖게 되는 것은 동일한 이치이다. 건축에서는 이러한 심리적인 압박감을 최소화하기 위해서 도로의 폭에 따른 높이제한(사선제한) 규정을 두고 건축물의 높이를 제한하고 있다. 풍수지리학에서는 이러한 심리적 압박감을 능압凌壓에 걸린다고 표현한다. 즉, 주인된 산에 비해서 객으로 간주되는 안산案山이나 조산朝山이 지나치게 높아 위압적인 경우는 흉하게 본다. 그런데 주례동 한일유앤아이 건립지처럼 회룡고조형일 경우는 앞산이 다소 높다고 하더라도 같은 맥에서 나온 동질적인 땅기운을 가진 존재이기 때문에 피를 나눈 한 가족이 감싸고 있다는 것으로 볼 수 있다. 어쨌든 앞산인 엄광산이 심리적으로 다소 높게 여겨지기 때문

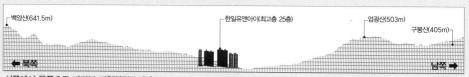

서쪽에서 동쪽으로 바라본 지형단면도이다.

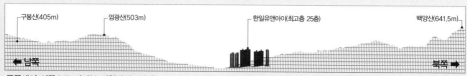

동쪽에서 서쪽으로 바라본 지형단면도이다.

에 이러한 기세에 눌리지 않을 대책이 필요하다. 따라서 주례동 한일유앤아이는 낙동정맥 본줄기의 땅기운을 감당할 수 있고 엄광산의 기세에 눌리지 않을 정도의 고층 대단위 아파트가 어울리는 터라고 볼 수 있다.

자궁子宮의 터

주례동이라는 이름은 어원이 '두리'라는 것이고 포근하고 안전한 공간으로서 잘 감싸고 있는 동네라는 의미이다. 새삼 사신사를 운운하지 않아도 그 이름만으로도 잘 감싸인 어머니 자궁 속과 같은 고을의 성격을 이해할 수 있을 것 같다.

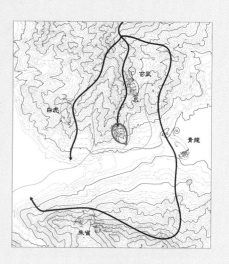

"내 집은 자궁이고 자궁의 집은 어머니이며, 어머니의 집은 가옥이며, 집

의 집은 환경이다."

– 건축가 김수근

기운이 뭉쳐지는 곳은 생기가 충만한 곳이 된다. 만물이 잉태되어 생명을 얻는 곳으로 사신사가 이를 안정감 있게 잘 감싸고 있다.

맹모삼천孟母三遷의 땅

"쌍봉산이 있으므로 마을에 쌍둥이가 많고 주위의 산들이 오행상생五行相生을 이루고 있으므로 고귀한 인물이 태어나고, 연꽃이 물 위에 둥실 뜬 듯한 지세이니 그 결실이 아름답고, 옥녀가 출산의 자세를 취하고 있으니 논밭 풍년, 자식 풍년이 기대되고 주산이 마주보는 조산에 눌렸으니 신하의 역모, 바깥 참견이 두렵고, 청룡 산세 수려하니 여걸이 태어나고 …… 장군이 대좌한 산세에서 장군이 태어나고"(최창조, 《좋은 땅이란 어디를 말함인가》)라고 하는 것은 원인과 결과의 사실성 여부를 떠나서 풍수지리학에서 환경지각적인 측면이 많이 강조되어 있음을 말한다. 즉, 좋은 환경 속에서 훌륭한 인재가 난다는 것으로 함축된다. 맹자의 어머니가 맹자를 교육시키기 위하여 세 번째로 이사를 한 곳이 학

좌측 하단의 반도보라아파트 옆이 주례동 한일유앤아이 건립지이다.

주례동 한일유앤아이 건립지 맞은편에 동서대학교가 있다.

백양산의 서쪽에는 신라대학교 캠퍼스가 있다.

교가 보이는 곳이었다. 주례동 한일유앤아이를 마주보는 엄광산 자락에는 동서대학교, 동의대학교, 인제대학교를 비롯하여 중고등학교와 초등학교 등이 자리하고 있다.

설계도면에 대한 이야기

주례동 한일유앤아이 건립지는 와혈에 속하는 터이기는 하나 좁은 형국에서 따지자면 와혈 중에서도 돌혈에 해당하는 터라고 할 수 있다. 이는 움푹한 지형에서도 약간 도드라진 지형을 말한다. 이처럼 움푹 꺼진 지형 속의 도드라진 것이나 도드라진 지형 속에서 약간 오목한 지형이 갖추어진 것을 풍수지리학에서는 길하게 생각하는데, 이는 음양의 조화가 이루어진 것을 의미하기 때문이다. 한일유앤아이는 이러한 지형적 조건을 최대한 반영하는 설계 원칙을 세우고 경사지를 이용한 배치계획이 잘 이루어진 실례이다.

또한 주례동 한일유앤아이 건립지는 자연녹지지역과 직접 접해 있어서 자연적인 환경이 파괴되지 않고 지속적으로 보장받을 수 있는 곳이라 할 수 있다. 따라서 주례동 한일유

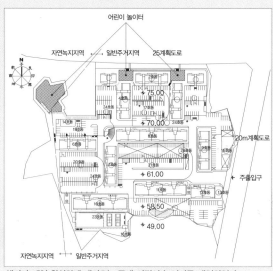

생기가 제일 왕성하게 내려오는 곳에 어린이 놀이터를 배치하였다.

앤아이 건립지의 땅기운은 주산인 백양산에서 내려온다. 백양산의 생기가 제일 많이 응결되는 단지의 뒤쪽에 어린이 놀이터를 배치하여 어린이의 생기발랄함과 땅기운이 잘 어울리도록 하였다.

사생활이 최대한 보장되는 평면계획이다

외부로부터 안정적인 공간의 확보는 주택이 인간의 은신처로서 갖추어야 할 첫 번째 조건이다. 이러한 점에서 전통건축에서는 외부에서 집 안으로 곧바로 출입하는 것은 좋지 않은 것으로 받아들였으며, 좌선左旋 또는 우선右旋하는 방법을 통하여 이러한 문제를 해결하였다. 이러한 동선계획의 사례로서 하회마을의 대표적인 양반 댁인 양진당과 충효당을 들 수 있다. 양진당은 우선하고, 충효당은 좌선하는 방법을 통하여 안채와 외부를 구분하고 있다. 전통건축에서나 아파트 건축에서나 공적인 공간과 사적인 공간을 구분하고 연결하는 것은 건축계획에 고려되어야 할 중요한 요소이다.

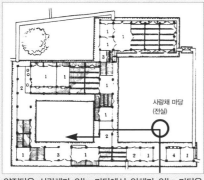

양진당은 사랑채가 있는 마당에서 안채가 있는 마당을 직접 볼 수 없는 구조로 되어 있다.

사랑채가 있는 마당에서 안채의 출입구 쪽을 바라본 전경이다.

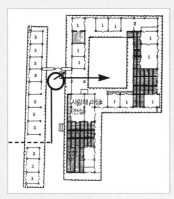

충효당은 솟을대문을 통하여 사랑채 마당에 들어서면 안채로 들어가기 위해서 좌선하게 되어 있다.

사랑채 마당과 안채 마당을 구분하는 일각대문 앞에서 좌선하면 안채로 들어가는 출입문이 있다.

좌선우선으로 땅 기운을 모아준다

공유공간과 전유공간의 완충공간으로서 전실을 두어 사생활을 최대한 보장하고 있다. 이는 단순히 공간만 확대한 것이 아니라 땅기운이 흩어지지 않게 좌측의 유니트 세대는 좌선하고 우측의 세대는 우선하는 평면계획이다.

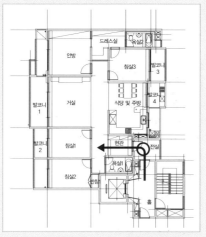

계단실과 아파트 유니트 사이에는 전실이 설치되어 있는데, 엘리베이터를 기준으로 좌측의 세대는 좌선하고 우측의 세대는 우선하는 형식으로 동선계획이 되어 있다.

8) 산수가 좋아 생기가 넘치는 명랑한 터입니다

〈대동여지도〉상의 백양산은 선암산仙岩山으로 표기되어 있고 국립지리원에서 발행한 지형도(1/25,000)에는 백양산白陽山으로 되어 있으며, 부산광역시 홈페이지에는 백양산白楊山으로 되어 있다.

등산로를 따라서.

주례동 한일유앤아이 건립지 뒷산에 만들어진 정자의 이름을 백양정白楊亭으로 명명한 것으로 미루어 백양산白楊山이 정확한 이름이다. 뒷산이 백양산이라 곧바로 올라가면 능선을 따라서 금정산까지 갈 수 있다. 피로한 심신을 달래고 수양을 할 수 있는 곳이다.

아빠와 함께한 백양산.

그곳에는 난쟁이붓꽃도 있고
참조팝나무 꽃잎(350m 지점)에 앉은
풀색꽃무지와 풍이도 있으며
털두꺼비하늘소도 있네!(400m 지점)
앗! 애기세줄나비!(등산로 입구)

참고문헌

■ 논문 및 정기간행물

<강남역 주변 1.1km 강력범죄 발생 최다>, 《매일경제》, 2005년 11월 28일.

《경회루 실측조사 및 수리공사보고서》, 문화재청, 2000년 8월.

<공인중개사 시험에 14만 7천 명 신청>, 《중앙일보》, 2006년 9월 1일.

김경우, <나무, 사람에게 할 말이 있는데>, 《어린이과학동아》, 2006년 3월 31일.

김경태, <죽전−분당 도로 위의 초등학생들>, 《연합뉴스(성남)》, 2004년 11월 19일.

김영민, <이건희 새 저택의 감춰진 이야기: '용의 눈' 피해 '명당' 잡았다>, 《민주신문》, 2005년 10월 7일.

김정동, <한국근대건축의 재조명>, 《건축사》, 대한건축사협회, 1988년 6월호.

김종호, <혹시 새 빌딩 때문에 … 현대차 때아닌 풍수논란>, 《조선일보》, 2006년 4월 7일.

김태철, <기 샌다 … 대검 주차장 출입구 폐쇄−악재 겹쳐 '입방아'>, 《한국경제》, 2002년 10월 21일.

노형석, <광화문 현판 글씨 맘에 안 든다. 박정희, 석 달 만에 고쳐>, 《한겨레》, 2005년 1월 27일.

<법조부패의 온상은 법·검·변의 '동업자의식'>, 《조선일보》, 2006년 8월 17일.

성종수, <용산 상권 민자역사 속으로>, 《중앙일보》, 2004년 10월 19일.

송채수, <살아 있는 개펄 … 일산 기우뚱>, 《스포츠조선》, 2003년 1월 24일.

송희라, <송희라의 맛과 멋: 서울 종로 탑클라우드>, 《동아일보》, 1999년 12월 23일.

신준봉, <한국 현대사 속 문인과 정치권 3공 땐 '교분', 5공 땐 '차출'>, 《중앙일보》, 2003년 12월 30일.

신치영, <국세청−종로타워빌딩으로 청사 이전 … 내달부터 업무>, 《동아일보》, 1999년 8월 27일.

신현규, <삼성−농심 '李회장집' 갈등>, 《매일경제》, 2005년 2월 28일.

심규석, <대법원장 '재판 국민 납득할 수 있어야'>, 《한겨레》, 2006년 2월 20일.

안진우, 〈350평 김우중 회장실 세입자 급구: 수요자 없어 10달째 빈방, 대우건설 전세금 20억 손
　　실〉, 《문화일보》, 2001년 10월 4일.

양영유, 〈이순신 동상 옮겨? 말아?〉, 《중앙일보》, 2004년 2월 24일.

이광회, 〈1,355억! 대한전선 유가족 사상 최대 상속세〉, 《조선일보》, 2006년 9월 17일.

이길성, 〈"수사기록 던져 버려라" 李대법 "검사조서 법정진술보다 못해"〉, 《조선일보》, 2006년 9월
　　20일.

＿＿＿ , 〈기고파문 검사에 총장 경고〉, 《조선일보》, 2006년 10월 12일.

이범, 〈가상문답 3: 물의 특성〉, 《BeScientists》, 2001년 3월호.

이상해 · 조인철, 〈경복궁 경회루의 건축계획적 논리체계에 관한 연구: 정학순의 「경회루전도」를
　　중심으로〉, 《건축역사연구》, 한국건축역사학회, 2005년 9월호.

이용재, 《건축과 환경》, 1988년 10월호.

이충일, 〈뻥 뚫린 도로가 지역 경제 장애물로: 상권분리 부작용 심각〉, 《조선일보》, 2006년 5월 19일.

이태희, 〈삼성−엘지전자 입씨름 1위 다툼?〉, 《한겨레》, 2005년 2월 28일.

이항수 · 이길수, 〈검찰이 쥐던 '사법권력' 법원으로 간다〉, 《조선일보》, 2006년 9월 27일.

이호갑, 〈한국−세계 최고 '이혼천국' 임박〉, 《동아일보》, 2003년 12월 28일.

〈작년 수마, 올해 화마 … 불운의 마산상가〉, 《조선일보》, 2004년 11월 17일.

전봉희, 〈조선시대 씨족마을의 내재적 질서와 건축적 특성에 관한 연구〉, 서울대학교 대학원 박사
　　학위논문, 1992.

정재승, 〈모래시계에서 발견한 물리학〉, 《과학동아》, 2000년 8월호.

정지섭, 〈곱창 굽는 냄새에 서울역사박물관은 '한숨' 만〉, 《조선일보》, 2006년 9월 19일.

정혜전, 〈목숨 끊는 한국인 OECD 으뜸〉, 《조선일보》, 2006년 9월 19일.

조인철, 〈풍수향법의 논리 체계와 의미에 관한 연구〉, 성균관대학교 대학원 박사학위논문, 2005.

＿＿＿ , 〈한국의 건축가 9−김중업 2: 김중업건축과 샤머니즘〉, 《건축사》, 대한건축사협회, 1997년
　　4월호, vol.336.

최재용, 〈인천 앞바다 섬 셋 육지 된다: 2013년까지 연륙교 연결〉, 《조선일보》, 2006년 10월 31일.

〈테헤란밸리 스타타워 풍수지리괴담〉, 《스포츠서울》, 2003년 10월 20일.

홍원상, 〈땅속으로 내려간 아파트: 화성 고도제한 따라 8m 파내고 세워 옹벽과의 거리 3m 안 돼

뒤늦게 시정조치〉,《조선일보》, 2004년 11월 19일.

황세희,〈'우울증=마음의 병' 은 편견, 뇌기능의 문제 … 약으로 치유해야〉,《중앙일보》, 2004년
　10월 27일.

《C3KOREA》, 2001년 1월호.

GUO Qinghua, Tomb Architecture of Dynastic China: Old and New Questions,
　《2002 서울 동아시아 건축사학 국제학술대회 논문집: 현대 동아시아와 전통건축》, 한국건축역
　사학회, 2002.

〈km당 사고 서울외곽순환로 최다—경찰청 2006 도로교통안전백서 … 사고사망 10만 명당 13명
OECD 30개국 중 26위〉,《조선일보》, 2006년 10월 17일.

■ 단행본

고탁장로皐託長老,《입지안전서》, 청호선사淸湖仙師 역, 청운문화사, 2003.

〈국호를 화령과 조선으로 정하여 황제의 재가를 청하는 주문〉,《태조실록》, 태조 1년 11월 29일.

김수근,《김수근공간인생론: 좋은 길은 좁을수록 좋고 나쁜 길은 넓을수록 좋다》, 공간사, 1989.

김교빈 외,《기학의 모험 1》, 들녘, 2004.

《인자수지》, 김동규 역, 불교출판사, 1982.

김성환,《국선도 단전호흡법: 이론과 실제 초급편》, 덕당, 2004.

김용옥,《동양학 어떻게 할 것인가》, 통나무, 1987.

김용운 · 김용국,《제3의 과학혁명: 프랙탈과 카오스의 세계》, 우성, 2000.

김종대 외,《한국의 산간신앙: 경기도 · 강원도 편》, 민속원, 1996.

노형석,《한국근대사의 풍경》, 생각의 나무, 2006.

라이얼 왓슨,《초자연, 자연의 수수께끼를 푸는 열쇠》, 박광순 역, 물병자리, 2001.

로버트 솜머,《개인의 공간》, 이경회 외 역, 기문당, 1983.

376

리원허, 《중국고전건축의 원리》, 이상해 외 역, 시공사, 2003.

리처드 니스벳, 《동양과 서양, 세상을 바라보는 서로 다른 시선: 생각의 지도》, 최인철 역, 김영사, 2004.

마루야마 도시아키, 《기란 무엇인가》, 박희준 역, 정신세계사, 1989.

마르탱 모네스티에, 《자살, 도대체 왜들 죽는가》, 한명희 역, 세움, 1999.

서선계・서선술, 《지리정교地理精校 인자수지人子須知》, 금장도서국, 민국11년(1922).

서유구, 《임원경제지》, 보경문화사, 1983.

서지막, 〈탁옥부琢玉斧〉, 《풍수지리총서》, 경인문화사, 1969.

소두영, 《구조주의》, 대우학술총서・인문사회과학 14, 민음사, 1986.

손석우, 《터》, 답게, 2002.

신중섭, 《포퍼의 열린사회와 그 적들》, 자유기업센터, 1999.

《신증동국여지승람》, 민족문화추진회, 1985.

어린이과학동아, 《호기심과학백과》, 동아사이언스, 2005.

에드워드 티 홀, 《보이지 않는 차원》, 김광문 외 역, 세진사, 1982.

《엣센스국어사전》, 민중서림, 2004.

《엣센스영한사전》, 민중서림, 1990.

왕기형 외, 《풍수이론연구》, 천진대학출판사, 1992.

유홍준, 《나의 문화유산답사기》, 창작과 비평사, 1993.

은남근, 《오행신론: 오행의 새로운 이해》, 이동철 역, 법인문화사, 2000.

이병도, 《고려시대의 연구: 특히 지리도참사상의 발전을 중심으로》, 을유문화사, 1948.

이중환, 《택리지》, 허경진 역, 한양출판, 1999.

장입문 외, 《기의 철학》, 김교빈 외 역, 예문서원, 2004.

_____ , 《리의 철학》, 안유경 역, 예문서원, 2004.

조석필, 《태백산맥은 없다》, 사람과 산, 2001.

조정동, 《회도양택삼요繪圖陽宅三要》, 천경당서국, 1924.

주디스 올로프, 《좋은 운명을 끌어들이는 포지티브에너지》, 김소연 역, 한언, 2004.

최원석, 《한국의 풍수와 비보: 영남지방 비보경관의 양상과 특성》, 민속원, 2004.

《청오경 · 금낭경》, 최창조 역, 민음사, 2003.

최창조, 《좋은 땅이란 어디를 말함인가》, 서해문집, 1990.

최한기, 《기학: 19세기 한 조선인의 우주론》, 손병욱 역, 통나무, 2004.

칼 R. 포퍼, 《열린사회와 그 적들 1》, 이한구 역, 민음사, 1985.

홍만선, 《국역산림경제》, 민족문화추진회, 1982.

Carla W. Montgomery, *Environmental Geology - Forth Edition*, WCB, 1995.

Clarence Gerald Collins, *Fingerprint Science*, USA: Belmont, Wadsworth / Thomson
  Learning, 2001.

David McGeary et al., *Physical Geology: Earth Revealed*, McGraw- Hill, 2001.

재물을 부르고 사람을 살리는
부동산 생활풍수

조인철 지음

발 행 일 초판 1쇄 2007년 4월 30일
          초판 3쇄 2008년 4월 30일
발 행 처 평단문화사
발 행 인 최석두
책임편집 조현철 · 박상문 · 김민정
디 자 인 조은덕
영 업 부 최주민
관   리 정명남 · 김주원

인쇄 · 제본 한영문화사 / 출력 예컴
등록번호 제1-765호 / 등록일 1988년 7월 6일
주   소 서울시 마포구 서교동 480-9 에이스빌딩 3층
전화번호 (02)325-8144(ft) FAX (02)325-8143
이메일 pyongdan@hanmail.net
ISBN 978-89-7343-246-2 03980

이 도서의 국립중앙도서관 출판시도서목록(CIP)은 e-CIP 홈페이지
(http://www.nl.go.kr/cip.php)에서 이용하실 수 있습니다.
(CIP제어번호: CIP2007001147)

저희는 매출액의 2%를 불우이웃돕기에 사용하고 있습니다.